高等学校水利学科教学指导委员会组织编审

高等学校水利学科专业规范核心课程教材·农业水利工程

水土保持学

主　编　云南农业大学　文　俊
副主编　西安理工大学　李占斌
　　　　河 海 大 学　郭相平
主　审　四 川 大 学　曹叔尤

中国水利水电出版社
www.waterpub.com.cn

内 容 提 要

本书为高等学校水利学科专业规范核心课程教材。书中阐述了土壤侵蚀原理以及各种综合治理措施体系。主要内容包括绪论，土壤侵蚀，水土保持工程措施，水土保持林草措施，水土保持农业措施，水土保持规划，开发建设项目水土保持方案，水土保持效益估算与评价，水土保持管理及信息系统，水土保持动态监测等内容。

本书作为高等院校水利类专业本科核心课程，适用于水利水电工程、农业水利工程、水文水资源等水利类专业，也可供土木工程、环境工程等专业选用，同时，还可供从事水利工程管理等专业的技术人员使用参考。

图书在版编目（CIP）数据

水土保持学 / 文俊主编. -- 北京 : 中国水利水电出版社, 2010.2(2023.12重印)
高等学校水利学科专业规范核心课程教材. 农业水利工程
ISBN 978-7-5084-7244-7

Ⅰ. ①水… Ⅱ. ①文… Ⅲ. ①水土保持－高等学校－教材 Ⅳ. ①S157

中国版本图书馆CIP数据核字(2010)第026972号

书 名	高等学校水利学科专业规范核心课程教材·农业水利工程 **水土保持学**
作 者	主 编 云南农业大学 文 俊 副主编 西安理工大学 李占斌 河海大学 郭相平 主 审 四 川 大 学 曹叔尤
出版发行	中国水利水电出版社 （北京市海淀区玉渊潭南路1号D座 100038） 网址：www.waterpub.com.cn E-mail：sales@mwr.gov.cn 电话：（010）68545888（营销中心）
经 售	北京科水图书销售有限公司 电话：（010）68545874、63202643 全国各地新华书店和相关出版物销售网点
排 版	中国水利水电出版社微机排版中心
印 刷	清淞永业（天津）印刷有限公司
规 格	175mm×245mm 16开本 16.75印张 397千字
版 次	2010年2月第1版 2023年12月第10次印刷
印 数	30501—33500册
定 价	**49.00**元

高等学校水利学科专业规范核心课程教材

编审委员会

农业水利工程专业教材编审分委员会

总前言

随着我国水利事业与高等教育事业的快速发展以及教育教学改革的不断深入，水利高等教育也得到很大的发展与提高。与1999年相比，水利学科专业的办学点增加了将近一倍，每年的招生人数增加了将近两倍。通过专业目录调整与面向新世纪的教育教学改革，在水利学科专业的适应面有很大拓宽的同时，水利学科专业的建设也面临着新形势与新任务。

在教育部高教司的领导与组织下，从2003年到2005年，各学科教学指导委员会开展了本学科专业发展战略研究与制定专业规范的工作。在水利部人教司的支持下，水利学科教学指导委员会也组织课题组于2005年底完成了相关的研究工作，制定了水文与水资源工程、水利水电工程、港口航道与海岸工程以及农业水利工程四个专业规范。这些专业规范较好地总结与体现了近些年来水利学科专业教育教学改革的成果，并能较好地适用不同地区、不同类型高校举办水利学科专业的共性需求与个性特色。为了便于各水利学科专业点参照专业规范组织教学，经水利学科教学指导委员会与中国水利水电出版社共同策划，决定组织编写出版“高等学校水利学科专业规范核心课程教材”。

核心课程是指该课程所包括的专业教育知识单元和知识点，是本专业的每个学生都必须学习、掌握的，或在一组课程中必须选择几门课程学习、掌握的，因而，核心课程教材质量对于保证水利学科各专业的教学质量具有重要的意义。为此，我们不仅提出了坚持“质量第一”的原则，还通过专业教学组讨论、提出，专家咨询组审议、遴选，相关院、系认定等步骤，对核心课程教材选题及其主编、主审和教材编写大纲进行了严格把关。为了把本套教材组织好、编著好、出版好、使用好，我们还成立了高等学校水利学科专业规范核心课程教材编审委员会以及各专业教材编审分委员会，对教材编纂与使用的全过程进行组织、把关和监督。充分依靠各学科专家发挥咨询、评审、决策等作用。

本套教材第一批共规划52种，其中水文与水资源工程专业17种，水利水电工程专业17种，农业水利工程专业18种，计划在2009年年底之前全部出齐。尽管已有许多人为本套教材作出了许多努力，付出了许多心血，但是，由于专业规范还在修订完善之中，参照专业规范组织教学还需要通过实践不断总结提高，加之，在新形势下如何组织好教材建设还缺乏经验，因此，这套教材一定会有各种不足与缺点，恳请使用这套教材的师生提出宝贵意见。本套教材还将出版配套的立体化教材，以利于教、便于学，更希望师生们对此提出建议。

高等学校水利学科教学指导委员会

中国水利水电出版社

2008年4月

前　言

《水土保持学》2007年由高等学校水利学科教学指导委员会正式列入“高等学校水利学科专业规范核心课程教材”，其主要任务是系统地介绍水土保持学的方法原理及其应用。

《水土保持学》是高等学校水利类专业的通用教材，主要适用于水利水电工程、农业水利工程、土木工程、环境科学等专业，而非水土保持专业的教材，因此，教材编写是在水土保持专业所用《水土保持学》基础上，根据水利类专业课程设置，特别是针对水利工程专业学生对水土保持最新进展和工程管理知识的要求，对水文学原理、沙漠化综合防治技术和偏于灾害科学的“山洪及泥石流防治技术”等内容进行了删减，同时增加了开发建设项目水土保持方案编制等新的内容。

本教材由云南农业大学文俊教授主编，西安理工大学李占斌、河海大学郭相平老师任副主编。全书共分10章，各章节编写人员为：第1章由文俊编写；第2章由李占斌编写；第3章由郭相平编写；第4章由新疆农业大学何春梅编写；第5章由东北农业大学王忠波和云南农业大学杨蕊老师共同编写；第6章由云南农业大学王龙编写；第7章由云南农业大学杨蕊和王龙共同编写；第8章由文俊编写；第9章由四川大学李龙国编写；第10章由内蒙古农业大学杨树青编写。

本教材由四川大学曹叔尤教授主审。主审人对书稿进行了认真细致的审查，从编写大纲到初稿都提出了许多建设性的修改意见，编者在此深表谢意。

本教材编写中，参考和引述了国内相关教材、著作和技术资料，并在每章的最后列出了主要参考文献。本书的出版，得到了中国水利水电出版社的大力支持，编者在此一并致谢。

最后，恳请读者对本书的不妥之处提出宝贵意见。

编　者

2009 年 12 月

目　录

第1章 绪论

【本章提要】 本章主要介绍水土保持学的研究对象及意义，并对水土保持学的发展概况、水土保持基本原理、主要内容及与其他学科的关系作了简要阐述，同时，对课程涉及的主要内容及研究方法进行了总体说明，为后续内容教学做好铺垫。

1.1 水土保持学的研究对象及意义

1.1.1 研究对象

《中国水利百科全书·水土保持分册》中明确指出：水土保持（soil and water conservation）是指防治水土流失、保护、改良与合理利用水土资源，维护和提高土地生产力，以利于充分发挥水土资源的生态效益、经济效益和社会效益，建立良好的生态环境的事业。水和土是人类赖以生存的基本物质条件，是发展农业生产的重要因素，水土保持工作对于改善水土流失地区的农业生产条件，减少水、旱、风沙等灾害，实现水土资源可持续利用均具有重要意义。

水土保持研究的对象不只是土地资源，还包括水资源。保持的内涵不只是保护，而且包括改良与合理利用。当然不能把水土保持理解为土壤保持、土壤保护，更不能将其等同于土壤侵蚀控制，水土保持是自然资源保育的主体。水土保持扼要的含义是："保育和有效利用与人类生活密切关联的水土资源，以增进人类生活。"美国Dr. Robtert. M. Salter曾说："水土保持是合理的土地利用，保护土地使其不发生任何形态的土壤恶化现象，重建或恢复冲蚀的土壤；改进草原、林地和野生动物地，保护土壤水分，供作物利用；适当的农业灌溉、排水及防洪，增进产量与收益。"换言之，是要以明智合理的土地利用方式，使我们和我们的后代永远享用水资源和土地资源。

水土保持范围主要包括：合理利用土地；防治水土流失；防治土壤退化；充分利用有限的自然资源；控制地表径流；为农地保蓄水分；节水灌溉与适当排水；改善生态环境和提高农业生产等。

水土保持按项目类型又主要分为农地水土保持、林地水土保持、草地水土保持、道路水土保持、工矿区水土保持、库区水土保持、城市水土保持、生态环境建设等。

水土保持的范围具体体现在以下几个方面：

（1）土壤方面：增加土壤腐殖质，增进土壤蓄水及渗透能力，改良土壤结构及物理特性，增强土壤抗蚀性能。

（2）植物方面：保护性耕作栽培、营造防护林及植草均属于此范围。轮作、等高耕作、免耕等保护性耕作栽培措施以及种草等都是有效的水土保持方法，由不同防护林结构的多级防护林种所组成的防护林有机整体可有效发挥防御自然灾害的生态效益与功能。

（3）工程方面：应因地制宜，采用不同的措施，主要有坡地水土保持工程、沟道水土保持工程、山洪及泥石流排导工程和小型蓄水保土工程等。

1.1.2 水土保持的重要意义

水土保持是江河保护治理的根本措施，是生态文明建设的必然要求。水土流失是我国重大的环境问题。目前我国水土流失面积尚有294.91万km^2，占国土面积的30.7%，严重的水土流失导致水土资源破坏、生态环境恶化、自然灾害加剧，威胁国家生态安全、防洪安全、饮水安全和粮食安全，是我国经济社会可持续发展的突出制约因素。

《中华人民共和国水土保持条例》总则的第一条指出："防治水土流失，保护和合理利用水土资源，是改变山区、丘陵区、风沙区面貌、治理江河、减少水、旱、风沙等灾害，建立良好生态环境，发展农业生产的一项根本措施，是国土整治的一项重要内容。"水土保持的重要意义，具体表现如下。

1. 充分利用、保护好我国有限的水土资源

水土资源是重要的自然资源，是发展国民经济的基础。我国国土总面积居世界第三位，耕地面积占世界第四位，但按人均耕地仅及世界平均水平的27%；林地只及世界平均数的12%；草地不及世界平均数的一半。我国人均水资源量不及世界平均水平的1/4，而且水资源的年际和季节间的变幅很大，地区分布很不平衡。今后随着人口的继续增长和工农业的发展，水、土资源不足，人多地少的矛盾将日益尖锐。水土流失是破坏土地资源的一个重要方面，也是社会生产力低的表现，水土流失严重地区一般情况下经济发展都较为落后，仅能维持简单的再生产。水土流失导致的土壤肥力下降、土层变薄，将会完全丧失生产条件，不仅影响到我们当代人的生产生活，还将影响到子孙后代和民族的生存。

2. 促进生态系统的良性循环

水土保持可以促进生态系统向良性循环转化，减少或消灭自然灾害的频发，有力改善生态环境，促进良性循环。例如：日本的国土中，山地丘陵占81%，中央山脉纵贯南北，山高坡陡，河川短急，火山、地震、台风和暴雨频繁，重力侵蚀严重，针对上述问题，日本吸取历史教训，大力进行国土保育，控制并减轻了自然灾害的发生，为日本经济发展起到了重要作用。

我国朱显谟院士根据全国水土流失调查，提出在黄土高原实行"全部降雨就地拦蓄入渗"、长江流域实行"排水保土"的分区治理措施，形成了目前我国黄土高原淤

地坝系建设和长江流域兴修梯田并辅以坡面水系工程的水土保持综合治理的良好局面。黄土高原地区几十年的淤地坝建设实践充分证明，坝系建设具有显著的生态效益、社会效益和经济效益，在治理水土流失、减少入河泥沙、发展区域经济、提高群众生活水平和改善生态环境等方面具有不可替代的作用。据统计，经过50多年的建设与发展，黄土高原地区现有淤地坝11万余座，主要分布在陕西、山西、甘肃、内蒙古、宁夏、青海和河南等7省（自治区），拦沙210亿m^3，淤成坝地31.3万hm^2，保护川台地1.87万hm^2，初步治理面积13.37万km^2，减沙效益显著。

根据《全国水土保持规划》（2015—2030年）数据，通过长期不懈的努力，我国水土流失面积减少，土壤侵蚀强度降低。水土保持步入国家重点治理与全社会广泛参与相结合的规模治理轨道，水土流失防治取得了显著成效。截至2013年，累计综合治理小流域7万多条，实施封育80多万km^2。全国水土流失面积由2000年的356万km^2下降到2011年的294.91万km^2，减少了17%；中度及以上水土流失面积由194万km^2下降到157万km^2，减少了19%。

3. 促进水利、航运、水产、旅游等国民经济的发展

水土流失不仅危害江河、湖泊、水库、渠道等水利设施，而且阻塞航运、污染环境、影响到水能开发和水产、旅游事业的发展。新中国成立以来，由于水土流失，造成水库淤积，经济损失巨大。据估算，黄河中游的大型水库，每年损失库容近1亿m^3；湖南的八百里洞庭湖，由于淤积，大大降低了调蓄长江洪水能力，威胁到湖南、湖北长江两岸人民生命财产的安全。

水土流失造成的河道阻塞、河床抬高，影响到交通航运，造成洪水泛滥。水土流失造成的河流含沙量增高、环境恶化和污染，还将影响到水能利用、水产和旅游事业的开发与发展。

1.2 水土保持基本原理概述

1.2.1 水土流失带性规律

自然地理要素在地球表面的规律性组合与分布导致了水土流失，因为自然地理要素的带性规律与地域分布，导致了水土流失成因、类型、类型组合及侵蚀强度等不同，从而导致其治理方式的不同，因此遵循水土流失带性规律是因地制宜进行水土保持工作的前提。

1. 自然地理环境的地域分异规律

全球范围的自然地理环境是一个整体，但是它的各个部分又存在着地域上的分异。换言之，自然地理环境除了具有整体性外，与之相对应的是地域性，即地域分异规律。所谓地域分异是指自然地理环境各组成要素或自然综合体沿地表按确定的方向有规律地发生分化所引起的差异。支配这种分化现象的客观规律也就称为地域分异规律，它包括地带性规律和非地带性规律，生命因素（包括人）的演化规律和时间尺度的变化。

形成地域分异的基本因素有两种：一是太阳辐射；二是地球的内能。它们在自然地理环境中空间上和时间上的作用都是不平衡的，其作用的效应呈现出显著的矛盾

性。两者在地表自然界中的异质的特殊作用，便决定了地域分异的两个最基本的、最普遍的规律性，即地带性与非地带性。

地带性规律包括纬向地带性、经向地带性和垂直地带性，是由于地球的形状和运动，以及它在宇宙中的位置，使得太阳辐射在地球表面有规律地变化（由低纬向高纬逐渐减弱），从而使得地表的热量条件和许多自然现象随纬度而呈现出有规律的相应变化。换言之，一些自然地理成分沿纬线方向常具有相似的属性和组合特征。这种呈带状的地域分化现象称之为纬度地带性（规律），而太阳辐射和地表的热量条件便是促成自然地理环境发生纬度地带性分异的主要因素，气候带、生物带、土壤带主要受其控制。纬向地带性在陆地连续，地表结构比较简单，山脉走向为东西向的地区表现得更为明显，如亚洲大陆东部的纬向变化。

经向地带性是指地理环境各组成要素和自然综合体按经线方向由海洋向内陆变化的规律。主要由海陆位置、低空盛行风向（如季风）、水分状况（干燥度）的差异，引起东西向递变的规律。因此，海陆位置、低空盛行风向和干燥度等是经向地带性因素，它们可以影响气候带、生物带和土壤带的分布。经向地带性在陆地连续，山脉走向呈南北向的地区表现得更为突出，如我国的中纬地区。要指出的是，并非所有的经向地带性因素都必然导致东西向的地域分异。在局部地段，它可能加剧了纬向地带性的作用。如：我国华南地区（南岭以南）的地域分异中，纬向地带性分异是鲜明的，其原因除了纬向地带性因素起着巨大作用外，同时，诸如地势的北高南低、山脉多为东北—西南或西北—东南走向、东部及南部濒临海洋等非地带性因素，不仅没有抹杀或减弱地带性因素，反而起着促进作用，加强了该地域的南北向分异。纬向地带性和经向地带性结合为水平地带性，它有两种表现形式，即带段性和省性。前者是指非地带性单位内的地带性分异，后者则指地带性单位内的非地带性分异。

垂直地带性规律是由于海拔高度的差异引起的自然景观的垂直递变规律。垂直地带性受水平地带性（纬向地带性和经向地带性）的制约，不同的水平带具有不同的垂直带，其基带、带数、带幅、优势带等均有差异，所以说，垂直带也体现出地带性规律。具体来说，它同时受到两种基本的地域分异因素作用，是叠加了地带性影响的非地带性在地表垂直方向的具体表现，即垂直地带性与纬向地带性及经向地带性相互作用，共同支配着自然地理环境三度空间的地域分异，被合称为“三维地带性”。任何一个地方的垂直自然带都是纬向、经向和高度变化因素对自然环境共同影响和作用的结果。C・Troll在20世纪中叶，在高山研究中引入了“三维地带性”的概念，在山地自然地理研究中得到广泛的应用。就一个山地或高原而言，“三维地带性”的概念包含两方面的含义。一是“三维分异”，即任何一个地带可以同时沿纬度、经度和垂直梯度方向分异，其空间分异是三维的，水平地带和垂直地带同处于一个三维空间中；二是“三位一体”，即一个地带所处的带谱是纬度地带性、经度地带性和垂直地带性共同作用的产物。所谓三维结构，即以三维的坐标轴来表示自然地理环境的空间分布，可以得到下列函数式：$S=f(W, J, G)$。即任何一个地点的自然地理环境，应该是纬向变化因素对自然环境的影响（W），经向变化因素对自然环境的影响（J）和高度变化因素对自然环境的影响（G）的函数。显然，在平原地区，G为常数或接近于常数，函数式可简化为$S=f(W, J)$。同样的道理，在面积不大的山地，W，J

可以视为常数或接近于常数，函数式又可改写为 $S=f(G)$。绝对高度和相对高度是垂直地带性因素。垂直地带性在中低纬度高海拔地区（中国的横断山区）表现得更为明显和复杂。

由于地球内能作用而产生的海陆分布、地势起伏等区域性分异，称为非地带性。非地带性规律是自然景观的一种隐域性分布规律，它是受隐域性因子（如地下水、岩性、特殊的地表组成物质等）控制，在地理分布上具有地方性特点，可以呈带状或斑状分布。分布区间不一定有严格的顺序。非地带性因素包括地质构造、岩性、地貌单元、坡度、坡向、山脉走向和地下水等。它们也可以影响气候、生物和土壤的类型和分布。

地方性分异是中尺度的地域分异。它是在地方地形、地方气候、较大范围地面组成物质差异的影响下，自然环境各组成成分和自然综合体沿地势剖面发生变化的规律。它主要表现为有序性和重复性。有序性是指在地方地形的影响下，自然环境各组成成分和自然综合体沿一定梯度有规律地依次更迭，可称为生态系列，或称为地球化学联系。重复性即复区性，由于近期发育历史相同，几个小流域内各自然单元重复出现，组成多次重复的组合。造成地方性分异的因素主要有：地方地形的垂直分化、生物生境的差异和第四纪疏松沉积物的分布。

隐域性是叠加了地带性影响的非地带性表现，是复杂化了的地域分异规律，一般也表现为中尺度。例如，沼泽是非地带性的，是由长期或周期性积水生境下发育的湿生多年生草本植物所构成的自然环境。不少沼生植物，如芦苇、苔草等具有很强的适应性，分布相当广泛。但是，不同的水平地带的沼泽却具有不同的特征。温带平原和山地积水条件下的沼泽属温湿性沼泽，由芦苇和拂子茅根茎禾草层、密丛的苔草、镳草层片组成，而与属于热湿—暖湿型的热带、亚热带沼泽的建群种显著不同。大范围的岩性差异同样会使整个自然地理环境改变性质。如，不易风化的石灰岩构成雄伟陡峭的山峰，发达的喀斯特现象与土层很薄的石灰土；花岗岩与黄土状物质构成的地形与自然环境则另具特点，微域分异是最小范围的地域分异。地貌部位差别是最重要的微域分异。不同的小地貌部位有不同的小气候条件、地表水排水条件、潜水的埋藏深度和流动性，甚至潜水的化学性质等都直接或间接地与地貌部位有关。再配合岩性土质的差异，则有不同的生物群落和土壤。地貌部位结合小气候条件，决定了不同地貌部位的干湿状况。由于基岩风化壳直接影响土壤的发育，在同一地貌部位，岩性的差别可以形成不同的生境，生长不同的植物种类。如，华北的石灰岩山坡，土壤呈碱性，多生长柏树；花岗岩风化的山坡，土壤呈酸性，多生长油松。微域分异往往具有不同的空间组合特征和形式。例如，陕北的黄土高原就具有树枝状沟谷镶嵌和相间排列组合形式、塬梁组合形式、斑状镶嵌组合形式和阴阳坡组合形式等四种因微域分异而产生的空间组合形式。

2. 土壤侵蚀的地理分布

土壤侵蚀是各种侵蚀力与土壤（母质）相互作用的产物，由于地表水、热状况的差异控制着其形式的地理分布不同。

不同性质的外营力及其强度在很大程度上由地表的水热状况影响，岩石的风化、坡面块体运动、流水作用、风沙作用、冰川冻融作用这些外营力无不与水、热状况相关，例如，土体、岩屑的流动、滑动和蠕动在干旱地区明显弱于高温湿润区、分沙作用在干旱地区最强，而在高温多雨地区最弱等。

从侵蚀来看，全球可分为3个气候侵蚀带：①冰雪气候侵蚀带；②湿润气候侵蚀带；③干旱气候侵蚀带。每一带内水、热状况差异，侵蚀营力、侵蚀强度及侵蚀方式组合不同。

冰雪气候侵蚀带的气候特点是降雪量大于消融量，形成冰川，或融水下渗，结成冻土。它包括两个侵蚀亚带：极地和终年积雪的高山，为冰川侵蚀亚带；冰川外缘，在森林线以上的山地为冻融侵蚀亚带。

湿润气候侵蚀带的又称常态侵蚀带，其气候特点为气温较高，降水量大于蒸发量，多余的水渗入地下成为潜水或地下径流，未渗入地下的水形成地表径流，该带以水力侵蚀为主。根据带内水、热差异和侵蚀形式又可分为：湿润气候亚带和湿热气候侵蚀亚带。湿润气候侵蚀亚带，年平均气温10℃左右，年降水400～800mm，物理风化和化学风化同等重要，在植被遭到破坏的地区，水力侵蚀最为活跃。除降水量外，降水强度的变化也产生强烈影响。在水蚀的诱导下，重力侵蚀、混合侵蚀十分严重，主要分布在中纬度地区，南北纬40°到南、北回归线之间的地区。湿热气候侵蚀亚带，年均气温在18℃以上，降水量800mm以上，分布在低纬度赤道两侧南北回归线之间的地区。该区域化学风化强烈，由于植被作用，水力冲刷很弱，化学溶蚀占据优势，矿物质和有机质多呈分子溶胶或胶体溶液随水流迁移。在植被稀疏或遭破坏的地区，强大的暴雨会造成严重的水蚀、重力侵蚀和混合侵蚀。

干旱气候侵蚀带地区，地面蒸发量大于降水，空气干燥，植被生长受到限制，风力作用强烈，形成风沙流破坏地表，带内可分为半干旱侵蚀亚带和干旱侵蚀亚带。半干旱侵蚀亚带，降水量在250～400mm，年平均气温在10℃以下。水力侵蚀为主，风湿在干旱季节占优势，物理风化强烈，尤其被开垦无植被的地区。它分布在干旱侵蚀带与湿润侵蚀带之间，在雨季该带相对缩窄，在干季相对展宽。

干旱侵蚀亚带，年降水低于250mm，蒸发量是降水的数十倍。在温带干旱侵蚀区，冬季酷寒，夏季炎热，年温差60～70℃，日温差35～50℃。在热带与副热带干旱侵蚀区，年温差相对小而日温差很大。因此，植被极为稀少，地面裸露，物理风化剧烈，风力侵蚀突出，风蚀、搬运与堆积随处可见。此外，洪流侵蚀、重力侵蚀在山地十分发育。

1.2.2 水、沙平衡原理

水、沙平衡原理是水土保持措施布设的主要理论之一，主要包括水量平衡、容许土壤流失量和冲淤平衡三方面内容。

1. 水量平衡

水量平衡是指对于任意自然区域（或某一水体），在给定的时段内，各种形式的输入水量等于各种形式的输出水量与区域内该时段的储量的增量之和。通常可用如下公式表示为

$$I = O + (W_1 - W_2) = O + \nabla W \tag{1-1}$$

式中：I为给定时段内输入区域的各种水量之和；O表示给定时段内输出的各种水量之和；W_1、W_2表示区域内给定时段始、末的储水量；∇W为时段内储水量的增量，

$\nabla W>0$，区域内储水量增加，反之为减少。

水量平衡还可以表示流域水平衡方程，并根据地面分水线与地下分水线之间的关系具有不同的表现形式。

2. 容许土壤流失量

容许土壤流失量（Soil Loss Tolerance）即 T 值，每年每单位面积上可容许的最大土壤流失量，单位常用 t/（km² · a）表示。目前多认为容许土壤流失量是指在维持土地高生产力水平的前提下的最大土壤侵蚀速率，或与岩石的化学风化成土率保持平衡的侵蚀速度。T 值在土壤侵蚀强度分级标准中是划分侵蚀区与非侵蚀区的判别指标，为制定合理的水土流失控制目标，进行水土保持规划，配置水保措施等提供理论指导。T 值取决于某地的风化成土速度 V 和土壤可溶物质移动速度 D。可以用如下公式表示为

$$T=V-D \tag{1-2}$$

若用 P_S 表示风化成土原地保存率，即 $P_S=\frac{\text{原地保存量}}{\text{风化成土量}}$，则

$$T=VP_S \tag{1-3}$$

式（1-2）表示基岩减少量与物质移动总量相等，式（1-3）表示基岩表面以成土速率较低。将式（1-3）代入式（1-2），得到

$$D=V-T=V(1-P_S) \tag{1-4}$$

$$T=\frac{VP_S}{V(1-P_S)}\cdot D=D\left(\frac{P_S}{1-P_S}\right) \tag{1-5}$$

若能测定出 D 和 P_S 值，则可以确定 T 值。

一般认为，当 $P_S=0.8$ 左右时即可满足植物生长的需要；D 值因为各地条件差异而不同。

美国在 20 世纪 70 年代初，提出了如表 1-1、表 1-2 所示的 T 值选用标准。

表 1-1　不同根系土壤深度的 T 值

根系层深度（cm）	T（t/hm²）		根系层深度（cm）	T（t/hm²）	
	可更新土壤	不可更新土壤		可更新土壤	不可更新土壤
0～25	2.2	2.2	100～150	9.0	6.7
25～50	4.5	2.2	＞150	11.2	11.2
50～100	6.7	4.5			

表 1-2　不同范围的 T 值

<table>
<tr><th>范围大小</th><th>T（t/hm²）</th><th colspan="2">范围大小</th><th>T（t/hm²）</th></tr>
<tr><td>深厚肥沃土壤</td><td>6～11</td><td rowspan="3">（农田）</td><td>土层深度 50～100cm</td><td>5～7</td></tr>
<tr><td>薄层易侵蚀土壤</td><td>2～5</td><td>土层深度 100～150cm</td><td>7～9</td></tr>
<tr><td>很深厚的土壤</td><td>13～15</td><td>土层深度大于 150cm</td><td>11</td></tr>
<tr><td>土层深度 0～25cm</td><td>2</td><td colspan="2">大范围（流域）</td><td>2</td></tr>
<tr><td>土层深度 25～50cm</td><td>2～5</td><td colspan="2">小范围（试验场地）</td><td>25</td></tr>
</table>

一般来说，耕地土层深厚且剖面肥力接近的情况下，容许流失量可取大值；对于土层薄、少量侵蚀即会显著降低生产力的情况，取小值。国外采用多为 2～11t/（km^2·a）和 2～6t/（km^2·a）。

我国根据有效土层厚的抗蚀年限，划分出土壤潜在的危害程度。从表 1－3 中可以看出，无险型土壤抗蚀年限最长，容许流失量可大些，极险型和毁坏型，容许流失量应取最小值。《开发建设项目水土保持技术规范》（GB 50433—2008）明确指出：在不同成土条件下，容许流失量 T 值分别为 200t/（km^2·a）、500t/（km^2·a）和 1000t/（km^2·a）。

表 1－3 土壤侵蚀潜在危险程度分级指标

级别	抗蚀年限（a）	级别	抗蚀年限（a）
Ⅰ无险型	＞1000	Ⅳ极险型	＜20
Ⅱ较险型	100～1000	Ⅴ毁坏型	裸岩、明沙、土层不足 5cm
Ⅲ危险型	20～100		

3. 冲淤平衡

冲淤平衡包括了纵向平衡、断面平衡和平面平衡，冲淤平衡是治沟、治河和灌溉设计的依据。

纵向平衡就是来水与河（沟）段或渠段挟沙能力的平衡问题，一般包括不冲不淤两种情况。不冲不淤平衡是指来水的含沙量，通过河段或渠段，既不冲刷也不淤积的平衡状态，一般情况下，凡是纵横能够不冲不淤的渠段，来水含沙量与挟沙能力的关系，必须同时满足，来水量最大含沙量小于或等于挟沙能力，来水最小含沙量大于或等于不冲挟沙能力。冲淤平衡的河段或渠段，既有冲刷，又有淤积，但是在一定时间内，它的冲刷量等于它的淤积量，也就是处于一种动态平衡状态。如果以夏季不淤为标准，工程设计时就设法使渠道夏季的淤积量等于冬季的冲刷量，以使其保持平衡。

断面平衡就是床面上的水流的作用流速，与床面土质的抗冲能力，以及断面内的横向输沙、都能互相平衡，不致引起断面型的改变。

平面平衡主要指游荡型河流的稳定问题。游荡型河道在来水条件、来沙条件及河道边界条件等因素的影响下，导致河流发生游荡，从而引起河道的平面平衡问题，在水、沙及河道治理的问题中，游荡河道的平面平衡是重要的研究内容。

1.2.3 生态系统平衡原理

水土流失必然造成生态系统退化，对其恢复和重建时，遵循生态系统平衡原理是其基本要求。

生态系统就是在一定空间中共同栖居着的所有生物（生物群落）与其环境之间由于不断地进行物质循环和能量流动过程而形成的统一整体。生态系统可概括为非生物和生物两大部分，或者分为非生物环境、生产者、消费者和分解者 4 种基本部分，它们都是生态系统的组成部分。非生物部分包括：气候因子，如光、温度、湿度、风、雨雪等；无机物质，如 C、H、O、N、CO_2 及各种无机盐等；有机物质，如蛋白质、碳水化合物、脂类和腐殖质等。

生态系统中，非生物成分主要是为生物成分提供生存的场所和空间，以及能量和物质。生产者是能用简单的无机物制造有机物的自养生物，包括所有的绿色植物和某些细菌，是生态系统最基础的成分；消费者是不能用无机物制造有机物的生物，它们直接或间接地依赖于生产者所制造的有机物质，因此，为异养生物；分解者均属于异养生物，如细菌、真菌、放线菌、土壤原生动物和一些无脊椎动物，这些异养生物在生态系统种连续地进行着分解作用，把复杂的有机物质逐步分解为简单的无机物，最终以无机物的形式回到环境中，因此，这些异养生物又常称为还原者。

1.2.3.1 生态系统的结构

生态系统的结构可以从两个方面理解。其一是形态结构，如生物种类、种群数量、种群的空间格局、种群的时间变化，以及群落的垂直和水平结构等。形态结构与植物群落的结构特征相一致，外加土壤、大气中非生物成分以及消费者、分解者的形态结构。其二为营养结构，营养结构是以营养为纽带，把生物和非生物紧密结合起来的功能单位，构成以生产者、消费者和分解者为中心的三大功能类群，它们与环境之间发生密切的物质循环和能量流动。

生态系统中生物种类及各种生物的种群数量均具有一定的时间分布和空间配置，在一定时期内处于相对稳定的状态，从而使生态系统能保持一个相对稳定的形态结构。

在生态系统中，各种动物、植物和微生物的种类和数量在空间上的分布构成垂直结构和水平结构。在各种类型的生态系统中，森林生态系统的垂直结构最为典型，具有明显的成层现象。在地上部分，自上而下有乔木层、灌木层、草木植物层和苔藓地衣层。乔木层上部的叶片受到全量的光照，灌木层只能利用从乔木层透射下来的残余光照。通过灌木层再次减弱的太阳光，被草本层利用的只相当于入射光的1%～5%。透过草本层到达苔藓地衣层的阳光，一般只占入射光的1%左右。在地下部分，有浅根系、深根系及根际微生物。动物具有空间活动能力，但是它们的生活直接或间接地依赖于植物，因此，在生态系统中动物也依附于植物的各个层次而呈现出成层分布现象，如许多鸟类以其食性的不同而分别在林冠、树干、林下灌木和草本层中觅食和作巢，许多兽类在地面筑窝，许多鼠类在地下掘洞等。

水平分布构成生态系统的水平结构。由于光照、土壤、水分、地形等生态因子的不均匀及生物间生物学特性的差异，各种生物在水平方向上呈镶嵌分布。如森林生态系统中，森林边缘与森林内部分布着明显不同的动植物种类。

同一个生态系统，在不同时期或不同季节，表现出一定的周期性变化。如森林生态系统表现出的“季相”。生态系统的时间配置，除表现在季节周期性变化外，还表现为月相变化和昼夜周期变化，如蝶类和蛾类在昼夜间的交替出现，鱼类在昼夜间的垂直迁移等。

生态系统的营养结构是指生态系统中的无机环境与生物群落之间和生产者、消费者与分解者之间，通过营养或食物传递形成的一种组织形式，它是生态系统最本质的结构特征。

生态系统各种组成成分之间的营养联系是通过食物链和食物网来实现的。食物链是生态系统内不同生物之间类似链条式的食物依存关系，食物链上的每一个环节称为营养级。每个生物种群都处于一定的营养级，也有少数种兼处于两个营养级，如杂食动物。生态系统中的食物链包括活食食物链和腐食食物链两个主要类型。活食食物链从绿色植物固定太阳能、生产有机物质开始，它们属于第一营养级，食草动物属于第二营养级，各种食肉动物构成第三、第四及更高的营养级。腐食食物链则从有机体的残体开始，经土壤动物的粉碎与分解和细菌、真菌的分解与转化，以无机物的形式归还给环境，供绿色植物再次吸收。从营养级来划分，分解者处于第五或更高的营养级。老鼠以谷物为食，鼬鼠以老鼠为食，鹰又以鼬鼠为食，鹰死后的残体被各种微生物分解成无机物质，便是简单食物链的一个例子。然而，自然界中的食物链并不是孤立存在的，一个易于理解的事实是，几乎没有一种消费者是专以某一种植物或动物为食的，也没有一种植物或动物只是某一种消费者的食物，如老鼠吃各种谷物和种子，而谷物又是多种鸟类和昆虫的食物，昆虫被青蛙吃掉，青蛙又是蛇的食物，蛇最终被鹰捕获为食；谷物的秸秆还是牛的食物，牛肉又成为人类的食物。可见，食物链往往是相互交叉的，形成复杂的摄食关系网，称为食物网。一般来说，一个生态系统的食物网结构愈复杂，该系统的稳定性愈大。

1.2.3.2 生态系统的功能

生态系统的基本功能包括3个方面：①遵循热力学第一定律和热力学第二定律的能量流动；②包括碳循环、氮循环、硫循环、磷循环的物质循环；③包括物理信息、化学信息、营养信息、行为信息的信息传递。

生态系统从大气、水体和土壤等环境中获得营养物质，通过绿色植物吸收，进入系统，被其他生物重复利用，最后，再归还于环境中的过程，称之为物质循环或生物地球化学循环。

生态系统的物质循环可以分为内部的物质流动和外部系统系统间的物质流动。内部物质流动是指物质沿着食物链流动，不过这种流动最初起源于外部的物流，最终又归还于外部，生态系统外部或系统之间的营养交换主要由地质的、气象的和生物学的能力引起的。

热力学第一定律规定：在自然界发生的所有现象中，能量既不能消失也不能凭空产生，它的值能以严格的当量比例由一种形式转变为另一种形式。由此可见，一个体系的能量发生变化，环境的能量也必定发生相应的变化。如果体系的能量增加，环境的能量就要减少，反之亦然。生态系统也不例外，在封闭系统中，一切过程都伴随着能量的改变，在能量的传递和变化过程中，除了一部分可以继续传递和做功的能量外，总有一部分不能继续传递和做功，而以热的形式消散，这部分能量使系统的熵和无序性增加，即热力学第二定律。就生态系统而言，能量以食物的形式在生物之间传递时，食物中相当一部分能量转化为热而消散，其余则用于合成新的组织而作为潜能储存下来。

与封闭系统不同，生态系统是一个开放系统。在生态系统中，由复杂的生物量结构所规定的“有序”是靠不断排放无序的总群落呼吸来维持的。生态系统对能量的利用效率是很低的，最大观测值是30%，一般来讲，从供体到受体的一次能量传递只能有5%～20%的能量被利用。

生态系统中的信息可分为营养信息、化学信息、物理信息和行为信息等。他们通过多种方式使种群之间，种群内部个体与个体之间，甚至生物与环境之间取得联系，并像能流、物流一样，把生态系统各组分联系成一个整体，并具有系统稳定性的作用。

1.2.3.3 生态系统平衡

“生态平衡”（ecological balance）是生态系统在一定时间内结构与功能的相对稳定状态，其物质和能量的输入、输出接近相等，在外来干扰下，能通过自我调节（或人工控制）恢复到原初稳定状态。当外来干扰超越生态系统自我调节能力，而不能恢复到原初状态谓之生态失调，或生态平衡的破坏。生态平衡是动态的。维护生态平衡不只是保持其原初状态。生态系统在人为有益的影响下，可以建立新的平衡，达到更合理的结构、更高效的功能和更好的生态效益。

从上述定义可知，生态平衡所包含的内容是相当广泛的。E. P. Odum 对其有如下总结。

1. 生态能量学特征

幼年期生态系统总生产量 P/群落呼吸量 $R>1$，而成熟稳定的生态系统中 P/R 接近于 1。由此可见，P/R 比率是表示生态系统相对成熟的最好的功能性指标。在发展早期，如果 R 大于 P 被称为异养演替（heterotrophic succesion）；相反，如果早期的 P 大于 R，称为自养演替（autotrophic succesion）。但是从理论上讲，上述两种演替中，P/R 比率都随着演替发展而接近于 1。换言之，在成熟的或“顶极”的生态系统，固定的能量与消耗能量趋向平衡。

2. 食物网特征

幼年期生态系统的食物链结构简单，往往是直线的，随后发展成为以放牧食物链为主，到成熟期，食物链结构十分复杂，大部分通过腐食物链途径。成熟系统复杂的营养结构，使它对于物理环境的干扰具有较大的抵抗能力。这也是处于平衡的动态系统自我调节能力的表现。

3. 营养物质循环上的特征

在生态系统发展的过程中，主要的营养物质，如 N、P、K、Ca，当生态系统中生物地球化学循环，向着更加稳定的方向发展时，成熟系统具有更大的网络和保持住营养物质的功能。营养物质丧失量少，输入量和输出量接近平衡。

4. 群落结构的特征

在演替过程中，一般认为物种多样性趋向于增加，某一物种或少数类群占优势的情形减少，即均匀性有增加的趋势。但到达顶极时期，多样性指数可能有所下降。物种多样性增加，营养结构复杂化，种间竞争更为激烈，导致生态分化，物种生活史更为复杂化。

有机化合物多样性增加，不仅表现在生物量上，而且有机代谢物在调节生态系统组成和稳定上发挥重要作用。

5. 选择压力

岛屿生态学研究证明，在生物移植早期，即物种数少而不拥挤时期，具有高增殖潜力的物种（即 r 选择者）有较大生存的可能性。相反，在系统接近平衡的晚期，选择压力有利于低增殖潜力具有较强竞争力的物种（即 K 选择者）。因此，量的生产是幼年期生态系统特征，而质的生产和反馈控制则是成熟生态系统的标志。

6. 稳态

成熟期的生态系统的稳态，主要表现在系统内部的生物间相互联系或内部共生发达，保持住营养物质能力的提高，对外界干扰抵抗力较大和具有较大的信息和较低的熵值。

开放系统要保持其功能的稳定性，就必须具备系统对环境的适应能力和自我调节能力。

1.2.3.4 流域生态经济系统及平衡

流域生态经济系统（eco - economic system in watershed）是一个复合的开放系统。它是由生态系统和经济系统相互交织而组成的。充分体现了以人为核心组成要素的特征。因此，它有独立的特征和结构，有其自身运动的规律，并且能通过调控、优化利用各种资源，形成生态经济合力，产生经济功能和效益。

1. 流域生态经济系统的一般特征

流域生态经济系统是由人口、环境、资源、物资、资金和科学技术等六大要素所组成。其中，人是该系统的核心成员。由于人类活动具有两重性，因此，人口要素在流域生态经济系统中起着促进或延续生态发展的作用。

人在生态经济系统中，若具备了一定身体素质、科学知识、生产经验和劳动技能时，他们经过对环境的改造、资源的开发、物质资料的利用和资金的循环流通等，会使系统保持良好的生态环境，并最大限度地满足人们日益增长的物质、文化和生态的要求，实现持续发展，反之亦然。

可见，流域生态经济系统各要素是以人的需求为结合动力，以投入产出为结合渠道和以科学技术为结合手段的。在其再生产过程中，充分体现了自然、经济和人口再生产的统一。

流域生态经济系统是一个远离平衡状态的开放系统。系统内部不同元素之间存在着非线性的机制。因此，流域生态经济系统是一个典型的有序的组织结构，即耗散结构。系统中各要素之间的相互结构，不仅是点的结合和单链条上的结合，而且是纵横交织的网络结构。人们通过对太阳能的充分利用，使系统中的植物（含作物）种植具有立体的层状结构，故流域生态经济系统结构是一个有序、网络、立体的结构。

流域生态经济系统的生产和再生产过程是物流、能流、信息流、价值流的交换和融合过程。因此，流域生态经济系统具有物质循环、能量流动、价值增值和信息传递四大功能。

2. 流域生态经济系统的平衡

流域生态经济系统的平衡（eco - economic system balance in watershed），是保持生态平衡条件下的经济平衡，是生态平衡与经济平衡有机结合、相互渗透的矛盾统一体，是在自然选择与人工选择的进化过程中，流域管理的生态目标和经济目标相统一的平衡状态。这种平衡主要表现在结构平衡、机制平衡和功能平衡 3 个方面。王礼先根据生态目标和经济目标的不同组合，将生态经济系统平衡总结为稳定的生态经济平衡模式、自控的生态经济平衡模式、优化的生态经济平衡模式 3 种模式。

在稳定的生态经济平衡模式状态下，系统自我调节力因抵偿外部不当的干预力而减弱，但能够勉强维持系统原来的结构功能，生态系统和经济系统都处于保持原有水平和规模的再生产运动，在运动中不出现非正常的异变。

在自控的生态经济平衡状态下，由于各种内外因的激发使生态经济系统出现各种异变时，系统可凭借自身的自我调节机制，迅速恢复生态经济系统的稳定状态，保证生态经济系统的正常运行和生态经济功能的正常发挥，保持原来的生态经济平衡状态。

在优化的生态经济平衡模式状态下，系统中各要素以及结构与功能之间都处于融洽协调的关系中，生态经济系统在自控、稳定的同时，不断完善和进化。生态系统与经济系统同步协调发展，最终达到良性循环。

1.2.3.5 受损生态系统的恢复

1975 年 3 月，在美国弗吉尼亚工业研究所和弗吉尼亚州州立大学召开了题为"受损生态系统的恢复"国际会议，专家们首先讨论了生态系统的恢复和重建等许多重要的生态学问题。

生态系统的受损，主要来自于干扰。按干扰来源，可分为自然干扰和人为干扰。自然干扰如火、冰雹、洪水、干旱、泥石流等，它对环境的影响是局部的和偶然发生的。而人为干扰的影响可以涉及到从种群乃至整个生物圈。正常的生态系统是生物群落与自然环境取得平衡的自我维持系统，各种组分的发展变化是按照一定规律并在某一平衡位置作一定范围的波动，从而达到一种动态平衡的状态。但是，生态系统的结构和功能也可以在自然干扰和人为干扰的作用下发生位移（displacement），位移的结果打破了原有生态系统的平衡状态，使系统的结构和功能发生变化和障碍，形成破坏性波动或恶性循环，这样的生态系统称之为受损生态系统（damaged ecosystem）。

受损生态系统的恢复可通过恢复、改建和重建来完成。恢复（restoration）是将受损生态系统从远离初始状态的方向推移回到初始状态；恶化（dedrgdation）与恢复的方向相反，使生态系统受到更大破坏，重建（enhancement）是将生态系统的现有状态进行改善，结果是增加人类所期望的"人造"特点，压低人类不希望的自然特点，使生态系统进一步远离它的初始状态；改建（rehabilitation）是将恢复和重建措施有机地结合起来，并使恶化状态得到改造。因此，受损生态系统因管理对策不同，可能会出现：①恢复到它原来的状态；②重新获得一个既包括原来不同状态，又包括对人类有益的新特性状态；③由于管理技术的使用，形成一种改进的和原来不同的状态；④因适宜条件不断损失的结果，保持受损状态等 4 种结果。

受损生态系统的恢复可依据 2 个模式途径进行：一种是当生态系统受害不超过负荷并没有发生不可逆的变化，压力和干扰被移去后，恢复可在自然过程中发生，如退化草场的围栏保护；另一种是生态系统的受害是超负荷的，并发生不可逆变化，只依靠自然过程并不能使生态系统恢复到初始状态，必须依靠人的帮助，必要时需用非常特殊的方法，至少要使受害状态得到控制。

1.2.4 景观生态学的几个基本概念

景观生态学是研究景观的空间结构与形态特征对生物活动、人类活动影响的科学。它以生态学的理论框架为依托，吸收现代地理学与系统科学之所长，研究景观的结构（空间格局）、功能（生态过程）和演化（空间动态），研究景观和区域尺度上的资源、环境经营管理。用景观生态学的原理，研究园林绿地系统规划，使城市景观符合生态学意义，将有助于解决城市资源、环境和发展问题。

1.“斑块—廊道—基质”理论

景观是一个由不同生态系统组成的异质性陆地区域，其组成单元称为景观单元，按照各种要素在景观中的地位和形状，景观要素分成3种类型：斑块、廊道与基质。

斑块是外貌上与周围地区（本底）有所不同的非线性地表区域，其形状、大小、类型、异质性及其边界特征变化较大。斑块的大小、数量、形状、格局有特定的生态学意义。单位面积上斑块数目关系到景观的完整性和破碎化。景观的破碎化对物种灭绝有重要影响。斑块面积的大小不仅影响物种的分布和生产力水平，而且影响能量和养分的分布。斑块面积越大，能支持的物种数量越大，物种的多样性和生产力水平也随面积的增加而增加。园林绿地系统中的斑块一般指各级公园、各企事业单位、居住区等。

景观中的廊道是两边均与本底有显著区别的狭带状地，有着双重性质：一方面将景观不同部分隔开，对被隔开的景观是一个障碍物；另一方面又将景观中不同部分连接起来，是一个通道。

基质在景观要素中基质是占面积最大、连接度最强、对景观控制作用也最强的景观要素。作为背景，它控制影响着生境斑块之间的物质、能量交换，强化和缓冲生境斑块的“岛屿化”效应；同时控制整个景观的连接度，从而影响斑块之间物种的迁移。

2. 景观连通性与景观连接度

在景观生态学中，景观连通性是指景观元素在空间结构上的联系，用来测定景观的结构特征，可从斑块大小、形状、同类斑块之间的距离、廊道存在与否、不同类型树篱之间的相交频率和有树篱组成的网络单元的大小得到反映；而景观连接度是指景观中各元素在功能和生态过程上的联系，用来测定景观功能特征，景观连接度要通过斑块之间物种迁徙或其他生态过程发展的顺利程度反映，廊道是景观连接度的一种表现形式，在生物群体之间的个体交换、迁徙和生存中起着重要作用。

3. 景观异质性与景观多样性

景观组分和要素在景观中的不均匀分布构成了景观异质性，景观异质性的存在促进了景观格局的多样性。而景观多样性是景观单元在结构和功能上的多样性，包括斑块多样性、类型多样性和格局多样性，反映了景观的复杂程度。

1.2.5　生物多样性与可持续发展

1.2.5.1　生物多样性的概念

生物多样性（Biodiversity，biological diversity）是指生物及其与环境形成的生态复合体以及与此相关的各种生态过程的总和。它包括数以百万计的动物植物、微生物和它们所拥有的基因，以及它们与生存环境形成的复杂的生态系统。因此生物多样性是一个内涵十分广泛的重要概念，它包括多个层次或水平。即遗传多样性、物种多样性、生态系统多样性及景观多样性。

遗传多样性是指物种内基因的不同，包括物种内显著不同的种群间和同一种群内的遗传变异，亦称为基因多样性。物种内的多样性是物种以上各水平多样性的最重要来源，所有的遗传多样性都发生在分子水平，并且都与核酸的理化性质紧密相关，新的变异是突变的结果，自然界中存在的变异源于突变的积累。上述过程形成了丰富的遗传多样性。

物种多样性是指物种水平的生物多样性，是指一个地区内物种的多样化，主要是从分类学系统学和生物地理学角度对一定区域内物种的状况进行研究。其中，受威胁现状物种多样性的形成演化及维持机制等是物种多样性的主要研究内容。物种水平的生物多样性编目即物种多样性编目是一项艰巨而又亟待加强的课题，是了解物种多样性现状包括受威胁现状及特有程度等的最有效的途径。然而目前我们甚至不能将地球上的物种估计到一个确定的数量级，要想搞清这些问题困难是相当大的。此外物种的濒危状况灭绝速率及原因、生物区系的特有性、如何对物种进行有效地保护与持续利用等都是物种多样性研究的内容。

生态系统多样性是指生物圈内生物群落和生态过程的多样化，以及生态系统内生境差异、生态过程变化的多样性。此处的生境主要是指无机环境，如地貌气候土壤水文等生境的多样性，是生物群落多样性甚至是整个生物多样性形成的基本条件。生物群落的多样性主要指群落的组成结构和动态，包括演替和波动方面的多样化。

景观多样性是指景观结构、功能和时间变化方面的多样性，是在景观水平上生物组成多样化程度的表征，景观多样性构成了其他层次生物多样性的背景，并制约着这些层次生物多样性的时空格局及其变化过程。目前，有关遗传多样性、物种多样性、生态系统多性等层次上的研究工作较多，而景观多样性及其与其他层次生物多样性之间的跨尺度综合研究则起步较晚，近年刚刚受到重视。

1.2.5.2 生物多样性保护

一般来说，生物多样性保护包括就地保护、迁地保护和离体保护 3 种措施。

就地保护的主要途径就是建立自然保护区，通过对自然保护区的建设和有效管理，使生物多样性切实得到保护。自然保护区的建立，通常要考虑：①选择地段的代表性，也就是拥有典型物种和群落的地区，如高山、丘陵、湿地、河流、岛屿等。②生物多样性保护区应设在物种多样性或群落多样性较高的地区，以使较多的物种得到保护。③保护的有效性，即：自然保护区的面积应能满足被保护物种生存繁衍的需要，满足生态系统能流、物流及各种生态过程圆满实现；应能对保护区周围的人类活动加以控制。④空间的连续性，保护区应建立在包括非生物因子的各种度变化的连续性境内，如应包括从低海拔到高海拔的各种高度或从干旱到湿润的各种水分梯度变化的地区。

对自然保护区意外生物多样性的保护，通常采取：①将生物多样性保护纳入国家经济计划；②采用有利于生物多样性保护的林业经营措施，如禁伐等；③推广生态农业措施，如保持水土，防治水蚀与风蚀等；④保护自然保护区以外的生境；⑤保护海岸及海洋的方法。

迁地保护是指为了保护生物多样性，把因生存条件不复存在，物种数量极少或难以找到配偶等原因，而生存和繁衍受到严重威胁的物种迁出原地，移入动物园、植物园、水族馆和濒危动物繁殖中心，进行特殊的保护和管理。

迁地保护是为行将灭绝的生物提供了生存的最后机会。一般情况下，当物种的种群数量极低，或者物种原有生存环境被自然或者人为因素破坏甚至不复存在时，迁地保护成为保护物种的重要手段。通过迁地保护，可以深入认识被保护生物的形态学特征、系统和进化关系、生长发育等生物学规律，从而为就地保护的管理和检测提供依据，迁地保护的最高目标是建立野生群落。

1.2.5.3 可持续发展

“可持续发展”亦称“持续发展”。1987年挪威首相布伦特兰夫人在她任主席的联合国世界环境与发展委员会的报告《我们共同的未来》中，把可持续发展定义为“既满足当代人的需要，又不对后代人满足其需要的能力构成危害的发展”。它们是一个密不可分的系统，既要达到发展经济的目的，又要保护好人类赖以生存的自然资源和环境，使子孙后代能够永续发展和安居乐业。可持续发展与环境保护既有联系，又不等同。环境保护是可持续发展的重要方面。可持续发展的核心是发展，但要求在严格控制人口、提高人口素质和保护环境、资源永续利用的前提下进行经济和社会的发展。发展是可持续发展的前提；人是可持续发展的中心体；可持续长久的发展才是真正的发展。

可持续发展特别强调四项基本原则，这就是公平性原则、协调性原则、持续性原则和共同性原则。

1. 公平性原则

可持续发展是一种机会、利益均等的发展。它既包括同代内区际间的均衡发展，即一个地区的发展不应以损害其他地区的发展为代价；也包括代际间的均衡发展，即既满足当代人的需要，又不损害后代的发展能力。该原则认为人类各代都处在同一生存空间，他们对这一空间中的自然资源和社会财富拥有同等享用权，他们应该拥有同等的生存权。因此，可持续发展把消除贫困作为重要问题提了出来，要予以优先解决，要给各国、各地区的人、世世代代的人以平等的发展权。

2. 协调性原则

社会（人口、科教等）、经济与环境（包括资源）三者是可持续发展系统中更小的系统，它们彼此相互联系，相互制约，共同组成一个整体。因此，可持续发展的关键是要使社会、经济、环境协调发展。为了实现这一目标，需要人类通过不断理性化的行为和规范，协调人类社会经济行为与自然生态的关系，协调经济发展与环境的关系，协调人类的持久生存与资源长期利用的关系，做到经济发展与生态平衡的和谐统一，经济发展对自然资源的需求和供给能力的和谐统一，经济发展与环境保护的和谐统一，经济发展与社会发展的和谐统一。

3. 持续性原则

在“发展”的概念中还包含着制约因素，因此，在满足人类需要的过程中，必然有限制因素的存在。主要限制因素有人口数量、环境、资源，以及技术状况和社会组织对环境满足眼前和将来需要能力施加的限制。最主要的限制因素是人类赖以生存的物质基础——自然资源与环境。因此，持续性原则的核心是人类的经济和社会发展不能超越资源与环境的承载能力，从而真正将人类的当前利益与长远利益有机结合。

4. 共同性原则

可持续发展是超越文化与历史的障碍来看待全球问题的。它所讨论的问题是关系到全人类的问题，所要达到的目标是全人类的共同目标。虽然国情不同，实现可持续发展的具体模式不可能是唯一的，但是无论富国还是贫国，公平性原则、协调性原则、持续性原则是共同的，各个国家要实现可持续发展都需要适当调整其国内和国际政策。只有全人类共同努力，才能实现可持续发展的总目标，从而将人类的局部利益与整体利益结合起来。

1.3 水土保持学与相关学科的关系

水土保持学作为一门自然科学，具有很强的综合性，不但涉及到基础性自然科学，而且与许多应用科学关系紧密，是一门交叉性学科。

1.3.1 水土保持学涉及的相关基础科学

1. 土壤学

土壤是各种侵蚀的主要对象，不同类型的土壤具有不同的贮水、下渗和抗蚀能力，因此，研究土壤侵蚀规律和防治水土流失，必须具备一定的土壤科学知识；同时，提高土壤肥力、改良土壤性状、提高土壤生产力更加需要对土壤有深入的了解。

2. 水文、气象科学

水文、气象要素对水土流失具有直接或间接的影响，在不同的水文、气象要素影响下，形成不同的水土流失特征，同时，下垫面条件对水文、气象的响应使得二者关系复杂和紧密。水土保持工作一方面需根据水文、气象因素特征，采取相应的水土保持措施；同时，也要充分考虑通过综合治理后，下垫面条件的改变对局部地区小气候及水文特征的调和和改善。

3. 地质、地貌科学

地形、地貌与水土流失关系密切，地形条件影响水土流失，侵蚀对地形的塑造具有重要影响，而各种侵蚀地貌又是水土保持学的研究对象；地质构造、岩石特性均影响水土流失，水土保持综合治理的大量工程措施又必需水文地质和工程地质的知识。

1.3.2 水土保持学涉及的相关应用科学

1. 农业科学

水土保持一方面为农业生产服务，另一方面适当的农艺措施可以起到保水、保土和保肥的作用。水土保持通过控制水土流失，提高土地生产力，创造高稳产条件，为农业服务，同时，通过深翻改土、等高种植、轮作、套种、间种等措施，起到水土保持的作用。

2. 林业科学

营造防护林、植被恢复是重要的水土保持措施。林业科学通过树种选育、森林培育、混交等技术措施，不但能够建立良好的生态环境，而且能够很好地防治水土流失。

3. 水利科学

水利科学为水土保持工程设计提供理论和技术依据。首先，水力学为阐明水土流失规律和水土保持工程措施提供了许多基本原理；其次，水文学的原理与方法对于研究水力侵蚀中径流、泥沙的形成、搬运具有重要意义；第三，水土保持工程设计需要用到大量的水工建筑物、农田水利和水利规划等方面的知识。

4. 环境科学

土壤侵蚀对河流水质的污染作用和对生物的危害作用均表明水土保持科学与环境科学关系密切。通过水土保持，减少入库、入河的泥沙及其他溶质，可以有力地促进生态环境建设。

1.4 我国水土保持科学研究的进展及展望

1.4.1 新时代水土保持工作的要求

1.4.1.1 总体要求

1. 指导思想

以习近平新时代中国特色社会主义思想为指导，深入贯彻党的二十大精神，全面贯彻习近平生态文明思想，完整、准确、全面贯彻新发展理念，加快构建新发展格局，认真落实节水优先、空间均衡、系统治理、两手发力的治水思路，牢固树立和践行绿水青山就是金山银山的理念，以推动高质量发展为主题，以体制机制改革创新为抓手，加快构建党委领导、政府负责、部门协同、全社会共同参与的水土保持工作格局，全面提升水土保持功能和生态产品供给能力，为促进人与自然和谐共生提供有力支撑。

2. 工作要求

坚持生态优先、保护为要。尊重自然、顺应自然、保护自然，从过度干预、过度利用向自然修复、休养生息转变，建立严格的水土流失预防保护和监管制度，守住自然生态安全边界，提升生态系统质量和稳定性。

坚持问题导向、保障民生。坚持以人民为中心的发展思想，着力解决水土保持领域人民最关心最直接最现实的利益问题，充分发挥水土保持的生态效益、经济效益、社会效益，不断增强人民群众的获得感、幸福感、安全感。

坚持系统治理、综合施策。从生态系统整体性和流域系统性出发，遵循自然规律和客观规律，统筹推进山水林田湖草沙综合治理、系统治理、源头治理，因地制宜、科学施策，坚持不懈、久久为功。

坚持改革创新、激发活力。坚持政府和市场两手发力，充分发挥市场在资源配置中的决定性作用，更好发挥政府作用，深化水土保持体制机制创新，加强改革举措系统集成、精准施策，进一步增强发展动力和活力。

3. 主要目标

到2025年，水土保持体制机制和工作体系更加完善，管理效能进一步提升，人为水土流失得到有效管控，重点地区水土流失得到有效治理，水土流失状况持续改善，全国水土保持率达到73%。到2035年，系统完备、协同高效的水土保持体制机制全面形成，人为水土流失得到全面控制，重点地区水土流失得到全面治理，全国水土保持率达到75%，生态系统水土保持功能显著增强。

1.4.1.2 全面加强水土流失预防保护

1. 突出抓好水土流失源头防控

按照国土空间规划和用途管控要求，建立水土保持空间管控制度，落实差别化保护治理措施。将水土保持生态功能重要区域和水土流失敏感脆弱区域纳入生态保护红线，实行严格管控，减少人类活动对自然生态空间的占用。有关规划涉及基础设施建设、矿产资源开发、城镇建设、公共服务设施建设等内容，在实施过程中可能造成水土流失的，应提出水土流失预防和治理的对策和措施，并征求同级水行政主管部门意见。

2. 加大重点区域预防保护力度

统筹布局和加快实施重要生态系统保护和修复重大工程，推进国家重点生态功能区、生态保护红线、自然保护地等区域一体化生态保护和修复。以江河源头区、重要水源地、水蚀风蚀交错区等区域为重点，全面实施水土流失预防保护。对暂不具备水土流失治理条件和因保护生态不宜开发利用的高寒高海拔冻融侵蚀、集中连片沙化土地风力侵蚀等区域，加强封育保护。

3. 提升生态系统水土保持功能

把巩固提升森林、草原生态系统质量和稳定性作为水土流失预防保护的重点，严禁违法违规开垦，加强天然林和草原保护修复，落实草原禁牧休牧和草畜平衡制度，充分发挥林草水土保持功能。以保护农田生态系统为重点，健全耕地休耕轮作制度，强化耕地质量保护与提升，推进高标准农田建设，完善农田灌溉排水体系，因地制宜建设农田防护林，提升土壤保持能力。实施城市更新行动，推进城市水土保持和生态修复，强化山体、山林、水体、湿地保护，保持山水生态的原真性和完整性，推动绿色城市建设。

1.4.1.3 依法严格人为水土流失监管

1. 健全监管制度和标准

依法落实生产建设项目水土保持方案制度，加强全链条全过程监管。针对不同区域、不同行业特点，明确差异化针对性要求，分类精准监管。完善农林开发等生产建设活动水土流失防治标准，严格依照标准实行监管。深化“放管服”改革，持续推进水土保持审批服务标准化、规范化、便利化，进一步优化营商环境，培育和激发市场主体活力。

2. 创新和完善监管方式

建立以遥感监管为基本手段、重点监管为补充、信用监管为基础的新型监管机制。全覆盖、常态化开展水土保持遥感监管，全面监控、及时发现、精准判别人为水土流失情况，依法依规严格查处有关违法违规行为。加大对造成水土流失的生态破坏行为的惩治力度，对造成生态环境损害的，依法依规严格追究生态环境损害赔偿责任。全面实施水土保持信用评价。深入推进“互联网+监管”，积极推行基于企业自主监控的远程视频监管等方式。加强对人为水土流失风险的跟踪预警，提高监管精准化、智能化水平，推动实现无风险不打扰、低风险预提醒、中高风险严监控。

3. 加强协同监管

强化部门间协同监管和联动执法，建立完善监管信息共享、违法线索互联、案件通报移送等制度。加强水土保持行政执法与刑事司法衔接、与检察公益诉讼协作，充分发挥司法保障监督作用。健全与纪检监察机关沟通机制，及时将发现的党员干部和公职人员涉嫌违纪违法问题线索移送纪检监察机关处理。畅通公众监督和举报渠道，发挥社会监督作用。加强水土保持监管能力建设，提高专业化水平和现代科技手段应用能力，保障必要的经费和装备投入。

4. 强化企业责任落实

生产建设单位应依法履行水土流失防治责任，严格落实水土保持“三同时”（水土保持设施应与主体工程同时设计、同时施工、同时投产使用）要求。大力推行绿色设计、绿色施工，严格控制耕地占用和地表扰动，严禁滥采乱挖、乱堆乱弃，全面落实表土资源保护、弃渣减量和综合利用要求，最大限度减少可能造成的水土流失。生产建设项目主管部门要有针对性加强行业指导。

1.4.1.4 加快推进水土流失重点治理

1. 全面推动小流域综合治理提质增效

统筹生产生活生态，在大江大河上中游、东北黑土区、西南岩溶区、南水北调水源区、三峡库区等水土流失重点区域全面开展小流域综合治理。各地要将小流域综合治理纳入经济社会发展规划和乡村振兴规划，建立统筹协调机制，以流域水系为单元，整沟、整村、整乡、整县一体化推进。以山青、水净、村美、民富为目标，以水系、村庄和城镇周边为重点，大力推进生态清洁小流域建设，推动小流域综合治理与提高农业综合生产能力、发展特色产业、改善农村人居环境等有机结合，提供更多更优蕴含水土保持功能的生态产品。

2. 大力推进坡耕地水土流失治理

聚焦耕地保护、粮食安全、面源污染防治，以粮食生产功能区和重要农产品生产保护区为重点，大力实施坡耕地水土流失治理工程，提高建设标准和质量。加快推进长江上中游坡耕地水土流失治理，因地制宜完善田间道路、坡面水系等配套措施，提升耕地质量和效益。推进黄土高原旱作梯田建设，加强雨水集蓄利用，发展高效旱作农业。加大东北黑土区坡耕地和侵蚀沟水土流失治理力度，统筹推进保护性耕作和高标准农田建设，保护好黑土资源。有条件的地区要将缓坡耕地水土流失治理与高标准农田建设统筹规划、同步实施。

3. 抓好泥沙集中来源区水土流失治理

以减少入河入库泥沙为重点，突出抓好黄河多沙粗沙区特别是粗泥沙集中来源区综合治理，大力开展黄土高原高标准淤地坝建设，加强病险淤地坝除险加固和老旧淤地坝提升改造，实施固沟保塬工程。积极推进南方丘陵山地带崩岗综合治理，保护和合理利用水土资源。

1.4.1.5 提升水土保持管理能力和水平

1. 健全水土保持规划体系

落实全国水土保持规划，制定全国重要江河流域水土保持规划，推进上中下游、左右岸、干支流协同治理。地方各级政府要依据全国及流域水土保持规划，及时制定或修订本行政区水土保持规划，合理确定水土保持目标，明确水土流失防治布局和任务。强化规划实施跟踪监测评估。

2. 完善水土保持工程建管机制

创新水土流失重点治理工程组织实施方式，优化项目审批程序。积极推行以奖代补、以工代赈等建设模式，发挥好村级组织、土地使用者、承包经营者作用，支持和引导社会资本和治理区群众参与工程建设。完善治理成果管护制度，按照“谁使用、谁管护”和“谁受益、谁负责”的原则，明确管护主体，落实管护责任。建立工程运行维护费用政府和受益主体分摊机制。

3. 加强水土保持考核

实行地方政府水土保持目标责任制和考核奖惩制度，将考核结果作为领导班子和领导干部综合考核评价及责任追究、自然资源资产离任审计的重要参考。对水土保持工作中成绩显著的单位和个人，按照国家有关规定予以表彰和奖励。

4. 强化水土保持监测评价

构建以监测站点监测为基础、常态化动态监测为主、定期调查为补充的水土保持监测体系，完善全国和重点区域土壤侵蚀模型，深化监测评价和预报预警，充分发挥水土保持监测在生态系统保护成效监测评估中的重要作用。优化水土保持监测站网布局，按照事权划分，明确中央与地方支出责任，健全运行机制。按年度开展全国水土流失动态监测，及时定量掌握全国各级行政区及重点流域、区域水土流失状况和防治成效。建立水土保持监测设备计量制度，保证监测数据质量。

5. 加强水土保持科技创新

推进遥感、大数据、云计算等现代信息技术与水土保持深度融合，强化水土保持监管、监测等信息共享和部门间互联互通，提高管理数字化、网络化、智能化水平。围绕水土流失规律与机理、水土保持与水沙关系、水土保持碳汇能力等，加强基础研究和关键技术攻关。支持水土保持领域重点实验室、野外科学观测研究站等科技创新平台建设，促进科技成果转化和技术推广。

1.4.2 水土保持科学研究趋势

根据《全国水土保持科技发展规划纲要》，水土保持科学的重点是研究水土流失地区水土资源与环境演化规律及各要素之间相互作用过程，建立土壤侵蚀综合防治理论和技术体系，促进人与自然的和谐和经济社会可持续发展。世界环发大会和 21 世纪议程均将土壤侵蚀防治列为优先发展领域。许多国家都十分重视水土保持与生态环境保护工作，投入了大量的人力、物力和财力开展土壤侵蚀和水土资源保护研究，取得了一系列成就，分析近年来国外水土保持学科发展动态，可概括为以下几个方面。

1. 注重土壤侵蚀机理研究

建立土壤侵蚀预报模型，强调开发水土保持生态环境效应评价模型，扩展土壤侵蚀模型的服务功能，将模型引入农业非点源污染物的运移机理与预报研究。以美国、英国等为代表的西方发达国家先后研发了通用土壤流失方程（RUSLE2.0）、土壤侵蚀预报的物理模型，如 WEPP、EUROSEM、LISEM、GUEST、WEPS 等。

2. 注重研究手段革新

应用空间技术和信息技术，推动水土保持的数字化研究；美国等发达国家，利用高分辨率的遥感对地观测技术、计算机网络技术和强大的数据处理能力，开展了全球尺度的土壤侵蚀与全球变化关系研究。利用核素示踪技术和径流泥沙含量与流量在线实时自动测量等新技术，使得对土壤侵蚀和水土保持过程的描述更加精细，水土保持科学逐步向精确科学发展。

3. 水土保持的理念不断深化，多学科交叉的趋势明显

将水土保持与环境保护、江河污染和全球气候变化，水土保持与提高土地生产力、区域生态修复、环境整治，水土保持与水利工程安全、地质灾害等联系起来开展多学科交叉研究，不但深化了水土保持的理念，开拓了水土保持的研究领域，而且提高了水土保持在国家经济、社会可持续发展中的地位与价值。

4. 注重生态系统健康评价与生态修复的研究

近年来世界各国纷纷出台有关生态保护、生态建设的政策，并组织科研机构和专业人员进行系统研究。2005 年在西班牙召开的第 17 届国际恢复生态学大会和第 4 届欧洲恢复生态学大会，标志着恢复生态学的研究重心由北美开始向世界拓展。当前生态系统修复研究最受关注的问题是生态系统健康学说，主要包括从短期到长期的时间尺度、从局部到区域空间尺度的社会系统、经济系统和自然系统的功能，从区域到全球胁迫下的地球环境与生命过程。其目标是保护和增强区域甚至地球环境容量及恢复力，维持其生产力并保持地球环境为人类服务的功能。

5. 注重流域水土资源开发与保护，将水土流失治理与河流健康相结合

自 20 世纪 80 年代在欧洲和北美，人们开始反思水土流失治理与河流保护问题。人们认识到河流是系统生命的载体；不仅要关注河流的资源功能，还要关注河流的生态功能。许多国家通过制定、修改水法和环境保护法，加强河流的环境评估，以实现水土等自然资源的合理经营及河流的服务功能。

6. 注重水土保持与全球气候变化研究。

全球气候变化是世界各国高度关注的问题，投入了大量人力、物力用于研究应对策略。其中，植树种草引起的土地覆被变化（碳循环变化），土壤侵蚀和泥沙搬运引起的土壤有机碳的变化，进而与全球生源要素（C、N、P、S）循环乃至全球气候变化的耦合关系等已成为国内外研究的热点问题。

1.4.3 水土保持科技重点研究领域展望

1.4.3.1 基础理论研究

1. 土壤侵蚀动力学机制及其过程

应用力学与能量学经典理论与研究方法，研究土壤侵蚀过程及其侵蚀力、抗蚀力的演变，能量传递与作用机制，全面揭示土壤侵蚀的过程与机制。

近期研究的重点：水力侵蚀过程与动力学机理，风力侵蚀过程与动力学机制，重力侵蚀，如滑坡、泥石流与崩岗等发生机理，人为侵蚀与特殊侵蚀过程机制。

2. 土壤侵蚀预测预报及评价模型研究

用数学方法定量描述各个因子对土壤侵蚀的影响及侵蚀过程，最终预报土壤流

失量。

近期研究的重点：土壤侵蚀因子定量评价，坡面水蚀预测预报模型，小流域分布式水蚀预测预报模型，风蚀预测预报模型，区域土壤侵蚀预测评价模型，农业非点源污染模型，滑坡、泥石流预警预报模型，多尺度土壤侵蚀预测、预报及评价模型，以及各类预报模型的适用范围及效果评价。

3. 土壤侵蚀区退化生态系统植被恢复机制及关键技术

不同类型区生态系统植被退化的类型及成因，不同类型区退化生态系统植被恢复机制和途径及近自然恢复程度。

近期研究的重点为：不同类型区植被自然恢复过程人工干预的条件和技术，不同类型区植被潜力、稳定性维持机制，不同区域植被区系与生态环境因子耦合关系，不同区域植被的生态功能评价技术、不同类型区植被建设的区域布局和不同尺度的景观格局及其对生态系统间相互关系的影响。

4. 水土流失与水土保持效益、环境影响评价

长时期和大范围的土壤侵蚀，以及长期开展和正在实施的重大生态建设工程，对环境构成多方面的深刻影响，使得水土保持和土地利用活动成为侵蚀地区现代环境发展演化的主要驱动力之一。分析揭示水土流失、水土保持对本地、异地区域环境过程和环境要素的影响，为区域社会经济持续发展和进一步的水土保持决策提供支持。

近期研究的重点：水土流失与水土保持对环境要素和环境过程影响的研究，水土保持效益、环境影响评价指标与模型，土壤侵蚀与全球变化关系。

5. 水土保持措施防蚀机理及适用性评价研究

我国水土保持历史悠久，水土流失治理措施丰富多样，系统分析总结各地区水土保持措施，阐明各种措施的防蚀机理与适用区域，对指导我国生态建设及丰富世界水土保持措施知识库具有重要作用。

近期研究的重点：水土保持措施防蚀机理，水土保持措施适用性评价，水土保持措施效益分析。

6. 流域生态经济系统演变过程和水土保持措施配置

流域是相对完整的自然单元，它既是地表径流泥沙汇集输移的基本单元，也是水土保持措施配置的单元。根据流域土壤侵蚀、水土资源的时空分异规律，综合布设各种治理措施。研究小流域尺度的土壤侵蚀过程、土壤侵蚀治理过程及两者共同驱动下的生态经济系统演替过程，是土壤侵蚀与水土保持学科的重要组成部分。

近期研究的重点：小流域土壤侵蚀及其环境演化过程研究，侵蚀—治理双向驱动下小流域生态系统结构与功能研究，小流域水土保持措施配置和流域健康诊断，数字流域及其流域过程模拟。

7. 区域水土流失治理标准与容许土壤流失量研究

水土流失治理目标已从单一维护土地生产力转向保护侵蚀区生态环境、减少非侵蚀区的损失等多目标并重。区域水土流失治理标准与容许土壤流失量、水土流失危险性程度、土壤可改良程度、社会经济发展水平、环境质量要求等紧密相关。

近期研究重点：影响区域水土流失治理标准的因素及其定量计算方法，区域水土流失治理标准分级系统与计算方法，容许土壤流失量的影响因素及其定量计算方

法等。

8. 水土保持社会经济学研究

水土流失和水土保持都是与一定社会经济条件相联系的，随着经济社会的发展，水土保持与人类文明的关系愈来愈密切。应在研究自然科学方法和手段的同时，加强水土保持与社会经济、法律、道德伦理、文化、管理体制等人文和社会经济学方面的研究。

近期研究重点：水土流失和社会经济发展的关系，社会经济政策对水土保持的影响，水土保持对社会经济发展的贡献，不同区域的人口承载力，人口、土地利用结构对水土流失的影响。

9. 水土保持生态效益补偿机制

水土流失不仅造成上游流失区土地退化，生态恶化，制约经济的持续发展，更严重危害流域中下游地区生态、防洪安全。限制上游地区的一些生产经营行为与规模，保护生态，以及通过经济补偿的形式解决上游地区人们的生存与发展问题，愈来愈成为人们普遍关注的热点。

近期研究重点：水土流失区土地生态经济功能分区、评价模式，水土保持与流域防洪减灾的关系，水土保持生态效益补偿标准及其补偿机制。

10. 水土保持与全球气候变化的耦合关系及评价模型

人类活动引起全球气候变化加剧，造成灾害性天气频发，影响人类经济与社会发展结论已被科技界研究证实，并日益引起世界各国政府的高度关注。水土流失与水土保持改变下垫面，影响全球碳循环，引起气候的变化，同时全球气候的变化也会影响区域水土流失强度与水土保持的效果。

近期研究重点：水土流失、水土保持与全球气候变化的内在联系、评价指标与标准，全球气候变化对区域水土流失、水土保持造成的影响，水土保持与全球气候变化的耦合关系及其评价模型。

1.4.3.2 关键技术

1. 水土流失区林草植被快速恢复与生态修复关键技术

针对我国目前土壤侵蚀区区域植被结构不尽合理，林草措施成活率与保存率低，植被生产力及经济效益不高等问题，应加强区域植被快速建造与持续高效生产方面的研究。主要有：高效、抗逆性速生林草种选育与快速繁殖技术，林草植被抗旱营造与适度开发利用技术，林草植被立体配置模式与丰产经营利用技术，特殊类型区植被的营造及更新改造与综合利用技术，不同类型区生态自我恢复的生物学基础与促进恢复技术，生物能源物种的筛选与水土保持栽培管理技术，经济与生态兼营型林、灌、草种的选育与栽培技术，小流域农林复合经营技术。

2. 降雨地表径流调控与高效利用技术

水土流失是水与土两种资源的流失，“水”既是水土流失的动力，又是流失的对象。在当前水资源十分紧缺的形势下，更应切实保护和高效利用水资源。要通过汇集、疏导地表径流等措施使“水”、“土”两种资源更有效地结合，提高利用率。需要研究的关键技术有：降雨—地表径流资源利用潜力分析与计算方法，降雨径流安全集蓄共性技术，降雨径流网络化利用技术，降雨地表径流高效利用的配套设备。

3. 水土流失区面源污染控制与环境整治技术

水土流失是面源污染的载体，流失的水体和土壤携带的大量氮素、磷素、农药等物质，是下游河湖、水库面源污染物的主要来源。水土保持应与提供清洁水源和环境整治相结合，在改善当地生产条件、提高农民生活水平的同时，控制面源污染，保障城乡饮用水安全。需要研究和开发的关键技术有：氮磷流失过程及其综合调控技术，流失养分的局域多层空间综合防治措施优化配置调控技术，水源地面源污染防治技术，农村饮用水源的生态保护与生活排水处理技术，生态清洁型小流域建设技术，流域尺度面源污染防治措施及控制技术体系，土壤侵蚀区农村生态家园规划方法及景观设计技术，土壤侵蚀区农村环境整治与山水林田路立体绿化技术。

4. 开发建设项目与城市水土流失防治技术

新时期，随着我国经济社会快速发展，工业化、城市化步伐的加快，开发建设项目和城市建设过程中人为造成新的水土流失防治的关键技术研究十分迫切。主要有：不同下垫面开发建设项目弃土弃渣土壤流失形式、流失量及危害性评价，城市土壤侵蚀特点、流失规律、危害与防治对策，开发建设项目与城市土壤侵蚀综合防治规划与景观设计，开发建设严重扰动区植被快速营造模式与技术，不同类型区开发建设项目水土保持治理模式与技术标准。

5. 水土流失试验方法与动态监测技术

长期以来作为研究工作基础的土壤侵蚀实地试验观测和动态监测工作还比较薄弱，亟待加强。同时，监测体系刚刚建立，各地开展监测的内容、技术和方法不一，观测资料难以统一分析和对比。亟须加强的关键技术研究有：区域水土流失快速调查技术，坡面和小流域水土流失观测设施设备，沟蚀过程与流失量测验技术，风蚀测验技术，滑坡和泥石流预测方法与观测设备，冻融侵蚀监测方法，水土流失测验数据整编与数据库建设，全国水蚀区小流域划分及其数据库建设，水土保持生态项目管理数据库建设等。

6. 坡耕地与侵蚀沟水土综合整治技术

坡耕地改造是改变微地貌、有效遏制水土流失的关键技术。研究重点是：不同类型区高标准梯田、路网、水系合理布局与建造技术，不同生态类型区坡地改造与耕作机具的研制与开发，梯地快速培肥与优化利用技术。

沟壑整治与沟道治理开发是水土保持主要措施之一。研究重点：坝系合理安全布局、设计与建造技术，沟壑综合防治开发利用技术，淤地培育与提高利用率技术，泥石流、滑坡、崩岗综合防治技术。

7. 水土保持农业技术措施

缓坡耕地将在我国一定时期内的农业生产中长期存在，大量坡耕地的存在又是我国土壤侵蚀的主要策源地，在农牧交错区、黑土区，以及土层极薄的土石山区，由于受地形和投入等因素的限制，大量坡耕地难以通过基本农田建设及时加以改造。因而，亟须加强水土保持保护性耕作、保护性栽培、管理等关键技术研发。主要有：水土保持土地整治与带状种植模式技术，缓坡耕地水土保持保护性耕作机具研究，不同作物水土保持保护性耕作专用技术与模式，免耕、等高耕作技术。

8. 水土保持数字化技术

水土保持数字化是数字地球思想及其技术在水土保持领域的应用与发展。“水土保持数字化”可以定义为按地理坐标对水土保持要素状况的数字化描述和处理，它借助地球空间信息技术，对水土流失影响因子、水土流失以及水土保持防治措施、水土保持管理等信息按照数字信号进行收集、储存、传输、分析和应用。主要研究的内容有：水土保持数字化的技术标准，水土保持信息基础设施的构建，水土保持数据库设计与开发，业务应用服务和信息共享平台建设技术，应用信息系统开发。

9. 水土保持新材料、新工艺、新技术

水土保持也必须吸收相关学科和行业的发展成果，加快新材料、新工艺和新技术的应用研究。需研究的关键技术有：核素示踪技术在土壤侵蚀过程与规律研究方面的应用，土壤侵蚀动态监测的“3S”技术开发和应用，风沙区表土固结材料与技术，工程开挖造成的陡峭崖壁喷混植生技术，植生袋技术，坡面植被恢复过程中土壤保湿剂使用技术等。

复习思考题

1. 试述水土流失和水土保持的概念及其区别。
2. 水土保持的特点是什么？
3. 简述水土保持学的景观生态学原理。

参考文献

[1] 王礼先. 中国水利百科全书·水土保持分册. 北京：中国水利水电出版社，2004.
[2] 关君蔚. 水土保持原理. 北京：中国林业出版社，1996.
[3] 吴发启. 水土保持学概论. 北京：中国农业出版社，2003.
[4] 唐克丽，等. 中国水土保持. 北京：科学出版社，2004.
[5] 王礼先，等. 林业生态工程学. 北京：中国林业出版社，1998.
[6] 郑师章，吴千红，等. 普通生态学—原理、方法和运用. 上海：复旦大学出版社，1994.
[7] 全国水土保持科技发展规划纲要（水保〔2008〕361号），中华人民共和国水利部，2008.

第2章 土壤侵蚀

【本章提要】 本章主要介绍土壤侵蚀的基本概念、土壤侵蚀动力及其分类，系统地分析了土壤侵蚀发生和发展的基本规律，对影响土壤侵蚀发生的自然因素进行了分析，给出了部分常用的土壤侵蚀预测预报模型。

土壤侵蚀是指土壤及其母质在水力、风力、冻融、重力等外营力作用下，被破坏、剥蚀搬运和沉积的过程。因此，它的本质也是地球的外营力对地表的塑造与夷平。这一过程从陆地形成以后就在不断地进行着，只是在人类的出现与参与下，发生了根本变化，故通常将地史时期纯自然条件下发生和发展的侵蚀作用与过程，称为自然侵蚀或正常侵蚀（normal erosion）。它的特点是侵蚀速率缓慢，不受人为活动影响的纯自然过程，因而又可称为常态侵蚀。人类出现以后、他们为了生存，就自觉与不自觉地加入到了改造自然的过程中，在生产方式落后、效益低下的情况下，这一作用往往加快了土壤侵蚀的过程。所以，有史以来（距今约5000年左右），人类大规模的生产活动逐渐形成，改变和促进了自然侵蚀过程，这种快速的侵蚀过程，称为加速侵蚀（accelerated erosion）。其特点是侵蚀速度快、破坏大、影响深远，除了有常态侵蚀作用外，还有人类活动的参与，两者作用相叠加，大大加速了侵蚀的发生与发展。

2.1 土壤侵蚀的概念

2.1.1 基本概念

1. 土壤侵蚀

《中国大百科全书·水利卷》（1992年3月）对土壤侵蚀（soil erosion）的定义为：土壤及其母质在水力、风力、冻融、重力等外营力作用下，被破坏、剥蚀、搬运和沉积的过程。

2. 水土流失

水土流失（water and soil loss）在《中国水利百科全书·第一卷》（1990年12月）中定义为在水力、重力、风力等外营力作用下，水土资源和土地生产力的破坏和损失，包括土地表层侵蚀及水的损失，亦称水土损失。

3. 土壤侵蚀量

土壤在外营力作用下产生位移的物质量，称土壤侵蚀量（the amount of soil erosion）。

4. 土壤侵蚀速度

单位面积单位时间内的土壤侵蚀量称为土壤侵蚀速度（或土壤侵蚀速率）（the rate of soil erosion）。

2.1.2 水土流失与土壤侵蚀关系

从土壤侵蚀和水土流失的定义中可以看出，二者虽然存在着共同点，即都包括了在外营力作用下土壤、母质及浅层基岩的剥蚀、搬运和沉积的全过程；但是也有明显差别，即水土流失中包括了在外营力作用下水资源和土地生产力的破坏与损失，而土壤侵蚀中则没有。

虽然水土流失与土壤侵蚀在定义上存在着明显差别，但水土流失一词源于我国，在科研、教学和生产上使用较为普遍。而土壤侵蚀一词为传入我国的外来词，其含义显然狭于水土流失的内容。随着水土保持这一学科的逐渐发展和成熟，在教学和科研方面人们对二者的差异给予了越来越多的重视，而在生产上人们常把水土流失和土壤侵蚀作为同一词来使用。

2.1.3 水土保持与土壤侵蚀关系

土壤侵蚀是水土保持的工作对象，水土保持就是在合理利用水土资源的基础上，采用水土保持林草措施、水土保持工程措施、水土保持农业措施、水土保持管理措施等构成的水土保持综合措施体系，以达到保持水土、提高土地生产力、改善山丘区和风沙区生态环境的目的。

2.2 土壤侵蚀的动力与分类

2.2.1 内营力作用

内营力作用的主要表现是地壳运动、岩浆活动、地震等。

1. 地壳运动

（1）概念。地壳运动使地壳发生变形和位移，改变地壳构造形态，因此又称为构造运动（tectonic movement）。

（2）类型。根据地壳运动的方向，可分为垂直运动和水平运动两类。

（3）垂直运动。垂直运动也叫升降运动或振荡运动。运动方向垂直于地表（即沿地球半径方向）。这种运动表现为地壳大范围区域的缓慢上升与下降。出现于大陆和洋底，具有此起彼伏的补偿运动性质。垂直运动的一个显著特点是作用时间长，影响范围广。

（4）水平运动。水平运动的方向平行于地表，即沿地球切线方向运动。现代科学技术发展证实世界大陆的形成经历了长距离的水平位移。水平运动使板块互相冲撞，形成高大的山脉，如喜马拉雅山、安第斯山等。印度大陆向喜马拉雅山脉方向运动的速度达 5cm/a，我国山东郯城至安徽庐江的断裂，其西北盘与东南盘相对错动达 150～200km，汾渭断裂深达 4000m 以上，这些都反映出地壳存在着水平运动。地壳在内营力作用下发生水平运动，同样也会导致侵蚀基准面发生变化而影响到土壤侵蚀的发生和发展。

(5) 褶皱运动。褶皱运动是使岩层发生波状弯曲的地壳运动。垂直运动和水平运动都可以使岩层发生褶皱。

(6) 断裂运动。断裂运动可分为水平断裂运动和垂直断裂运动。两者往往是伴生的很难严格区分。

2. *岩浆活动*

岩浆活动是地球内部的物质运动（地幔物质运动）。地球内部软流圈的熔融物质会在压力、温度改变的条件下，沿地壳裂或脆弱带侵入或喷出。岩浆侵入地壳形成各种侵入体，喷出地表则形成各种类型的火山，改变原来形态，造成新的起伏。

3. *地震*

地震也是内营力作用的一种表现，它往往与断裂、火山现象相联系。世界主要火山带、地震带与断裂带分布的一致性即是这种联系的反映。

2.2.2 外营力作用

外营力作用的主要能源来自太阳能。地壳表面直接与大气圈、水圈、生物圈接触，它们之间发生复杂的相互影响和相互作用，从而使地表形态不断发生变化。外营力作用总的趋势是通过剥蚀、堆积（搬运作用则是将二者联系成为一个整体）使地面逐渐夷平。外营力作用的形式很多，如流水、重力、波浪、冰川、风沙等。各种作用对地貌形态的改造方式虽不相同，但是从过程实质来看，都经历了风化、剥蚀、搬运和堆积（沉积）几个环节。

1. *风化作用*

风化（weathering）作用就是指矿物、岩石在地表新的物理、化学条件下所产生的一切物理状态和化学成分的变化，是在大气及生物影响下岩石在原地发生的破坏作用。风化作用可分为物理风化作用和化学风化作用。而生物风化就其本质而言，可归入物理风化或化学风化作用之中，它是通过生物有机体去完成的。

2. *剥蚀作用*

各种外营力作用（包括风化、流水、冰川、风、波浪等）对地表进行破坏，并把破坏后的物质搬离原地，这一过程或作用称为剥蚀（denudation）作用。狭义的剥蚀作用仅指重力和片状水流对地表侵蚀并使其变低的作用。一般所说的侵蚀作用，是指各种外营力的侵蚀作用，如流水侵蚀、冰蚀、风蚀、海蚀等。鉴于作用营力性质的差异，作用方式、作用过程、作用结果不同，于是将侵蚀作用分为水力侵蚀、风力侵蚀、冻融侵蚀等类型。

3. *搬运作用*

风化、侵蚀后的碎屑物质，随着各种不同的外营力作用转移到其他地方的过程称为搬运（transportation）作用。根据搬运的介质不同，分为流水搬运、冰川搬运、风力搬运等。在搬运方式上也存在很多类型，有悬移、拖曳（滚动）、溶解等。我国黄河每年平均输沙16亿t，全世界每年有23亿～49亿t溶解质被搬运入海洋。

4. 堆积作用

被搬运的物质由于介质搬运能力的减弱或搬运介质物理、化学条件的改变，或在生物活动参与下发生堆积或沉积，称为堆积作用或沉积（deposition）作用。按沉积的方式可分为机械沉积作用、化学沉积作用、生物沉积作用等。搬运物堆积于陆地上，在一定条件下就会形成“悬河”并导致洪水灾害发生；堆积在海洋中，会改变海洋环境，引起生物物种的变化。

2.3 土壤侵蚀的类型及形式

2.3.1 划分方法

根据土壤侵蚀研究及其防治的侧重点不同，土壤侵蚀类型（the type of soil erosion）的划分方法也不一样。最常用的方法主要有以下3种，即按导致土壤侵蚀的外营力种类来划分土壤侵蚀类型、按土壤侵蚀发生的时间划分土壤侵蚀类型和按土壤侵蚀发生的速率划分土壤侵蚀类型。

2.3.2 按导致土壤侵蚀的外营力种类划分

按导致土壤侵蚀的外营力种类进行土壤侵蚀类型的划分，是土壤侵蚀研究和土壤侵蚀防治等工作中最常用的一种方法。一种土壤侵蚀形式的发生往往是由一种或几种外营力导致的，因此这种分类方法就是依据引起土壤侵蚀的外营力种类划分出不同的土壤侵蚀类型。

在我国引起土壤侵蚀的外营力种类主要有水力、风力、重力、水力和重力的综合作用力、温度（由冻融作用而产生的作用力）作用力、冰川作用力、化学作用力等，因此土壤侵蚀类型就有水力侵蚀类型、风力侵蚀类型、重力侵蚀类型、冻融侵蚀类型、冰川侵蚀类型、混合侵蚀类型和化学侵蚀类型等（图2-1）。

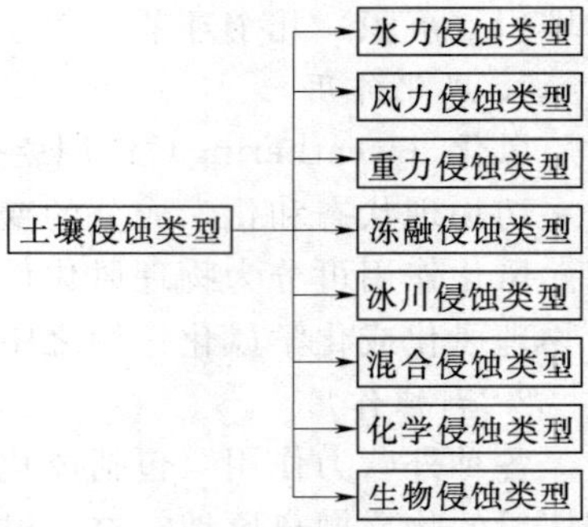

图2-1 土壤侵蚀类型

2.3.3 按土壤侵蚀发生的时间划分

以人类在地球上出现的时间为分界点，将土壤侵蚀划分为两大类：一类是人类出现在地球上以前所发生的侵蚀，称之为古代侵蚀（ancient erosion）；另一类是人类出现在地球上之后所发生的侵蚀，称之为现代侵蚀（modern erosion）。人类在地球上出现的时间从距今200万年之前的第四纪开始时算起。

1. 古代侵蚀

古代侵蚀是指人类出现在地球上以前的漫长时期内，由于外营力作用，地球表面不断产生发生的剥蚀、搬运和沉积等一系列侵蚀现象。这些侵蚀有时较为激烈，足以对地表土地资源产生破坏；有些则较为轻微，不足以对土地资源造成危害。但是其发生、发展及其所造成的灾害与人类活动无任何关系和影响。

2. 现代侵蚀

现代侵蚀是指人类在地球上出现以后，由于地球内营力和外营力的影响，并伴随着人们不合理的生产活动所发生的土壤侵蚀现象。这种侵蚀有时十分剧烈，可以给生产建设和人民生活带来严重恶果，此时的土壤侵蚀称为现代侵蚀。

一部分现代侵蚀是由于人类不合理活动导致的，另一部分则与人类活动无关，主要是在地球内营力和外营力作用下发生的，将这一部分与人类活动无关的现代侵蚀称为地质侵蚀（geological erosion）。因此地质侵蚀就是在地质营力作用下，地层表面物质产生位移和沉积等一系列破坏土地资源的侵蚀过程。地质侵蚀是在非人为活动影响下发生的一类侵蚀，包括人类出现在地球上以前和出现后由地质营力作用发生的所有侵蚀。

2.3.4 按土壤侵蚀发生的速率划分

1. 加速侵蚀

加速侵蚀是指由于人们不合理活动，如滥伐森林、陡坡开垦、过度放牧和过度樵采等，再受到自然因素的影响，使土壤侵蚀速率超过正常侵蚀（或称自然侵蚀）速率，导致土地资源的损失和破坏。一般情况下所称的土壤侵蚀就是指发生在现代的加速土壤侵蚀部分。

2. 正常侵蚀

正常侵蚀是指在不受人类活动影响下的自然环境中，所发生的土壤侵蚀速率小于或等于土壤形成速率的那部分土壤侵蚀。这种侵蚀不易被人们所察觉，实际上也不会对土地资源造成危害。

不同侵蚀之间的关系见图 2-2。

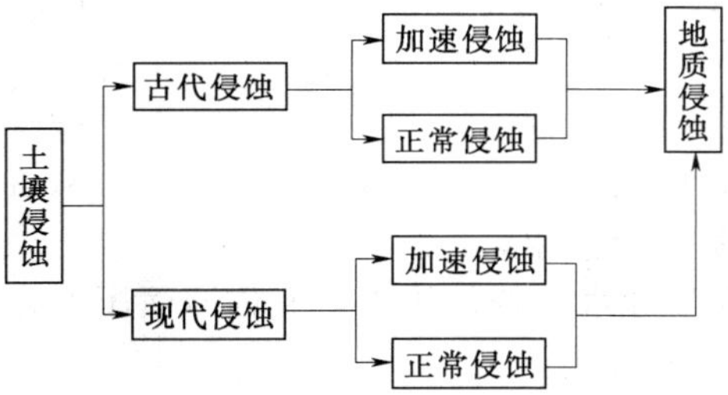

图 2-2 不同侵蚀之间的关系

2.4 土壤侵蚀的规律

2.4.1 水力侵蚀

2.4.1.1 水力作用

从动力角度来讲，水力侵蚀是降雨侵蚀力与径流冲刷力共同作用的结果。

1. 降雨侵蚀力

降雨侵蚀力是降雨引起土壤侵蚀的潜在能力，它是降雨物理特征的函数，在下垫面特征相对一致的条件下，降雨侵蚀力越大，引起的土壤侵蚀越剧烈。

侵蚀力的计算，经过国内外许多学者的研究，已有很大进展。威斯迈尔（W. H. Wischmeier）经过大量的寻优计算，构建了一个复合参数 R 的指标来表示，其表达式为

$$R = EI_{30} \tag{2-1}$$

式中：E 为该次降雨的总动能，英尺·英寸或 J/（m^2·mm）；I_{30} 是该次暴雨过程中

出现的最大 30min 雨强（吋/小时或 mm/h）。

2. 水流作用力

水体流动，对床面上的泥沙产生作用。作用于泥沙的力既包括水流作用力，也包括泥沙的重力及其分力（图 2-3)，其中水流作用力有水流推移力和上举力。

设一边长为 d 的正立方体泥沙处于坡面上，并被埋于水体中，水流以速度 v 流动，则该泥沙体的受力状况具体如下。

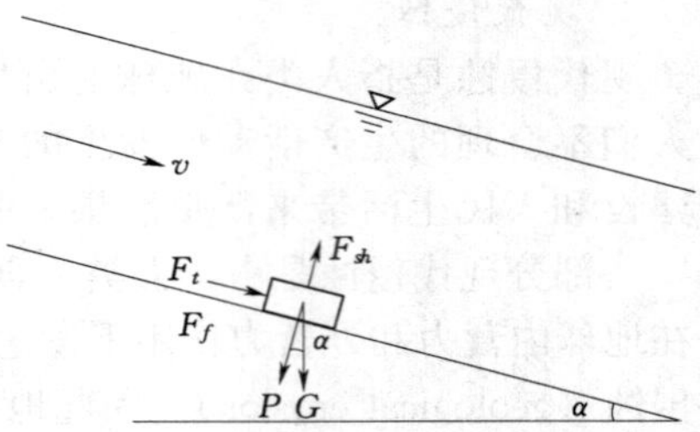

图 2-3 坡面水流作用力

(1) 重力及其分力。

泥沙在水中的重力

$$G=(\rho_s-\rho_\omega)d^3g \tag{2-2}$$

沿坡面的分力

$$P_1=(\rho_s-\rho_\omega)d^3g\sin\alpha \doteq (\rho_s-\rho_\omega)d^3g\cdot J \tag{2-3}$$

对坡面垂直压力

$$P_2=(\rho_s-\rho_\omega)d^3g\cos\alpha \doteq (\rho_s-\rho_\omega)d^3g \tag{2-4}$$

则泥沙与坡面的摩擦力

$$F_f=(\rho_s-\rho_\omega)d^3g\tan\varphi \tag{2-5}$$

式中：ρ_s、ρ_ω 分别为泥沙和水的密度；当坡面坡度 α 较小时，认为 $\cos\alpha \doteq 1$，$\sin\alpha \doteq \tan\alpha = J$，$\tan\alpha$ 为泥沙体与坡面的摩擦系数；φ 为摩擦角。

(2) 水流推移力。水流推移力为水流对泥沙迎水面的作用力，又称迎面压力，是泥沙迎水面与背水面的压力差所产生的。推移力 F_t 为

$$F_t=\lambda_t\cdot d^2\frac{\rho v^2}{2} \tag{2-6}$$

式中：λ_t 为推移力系数，与泥沙颗粒形状有关。

(3) 上举力。水流的流速分布总是近表面最大，底部最小，伯努利定律告诉我们，流速的差异产生压力差，水中泥沙上下压力差总是向上的，产生上举力。其值为

$$F_{sh}=\lambda_{sh}\cdot d^2\frac{\rho v^2}{2} \tag{2-7}$$

式中：λ_{sh} 为上举力系数；ρ 为水的密度，$\rho=\frac{\gamma}{g}$是容重和密度的关系式。

泥沙的上升除上举力作用之外，还有颗粒间弹性碰撞，以及涡流等的作用，是十分复杂的，我们不再讨论。

若泥沙的颗粒为球体，则需将以上公式中 d^3 换成$\frac{\pi}{6}d^3$，d^2 换成$\frac{\pi}{6}d^2$，即成为球体泥沙的重力、推力和上举力了。

3. 水流侵蚀作用

水流破坏地表，并冲走地表物质的作用，称水流侵蚀作用。除水流冲蚀外，还通过挟带物质对床面的撞击和磨蚀。

（1）侵蚀作用方式。按侵蚀作用方向，可分为下蚀和侧蚀。

水流切深床面的作用，称下切侵蚀，简称下蚀或切蚀。下蚀的强度决定于水流动能、含沙量及床面组成物质的抗冲性能。水流的动能愈大、含沙量愈少，地表组成物质愈松散，下切速度愈快；相反，下切愈慢。

水流拓宽床面的作用，称侧蚀或旁蚀。它主要发生在水流弯曲处的凹岸，其作用强度受环流离心力大小和水流冲刷力控制。

向源侵蚀是沟谷源头的后退侵蚀，指向源头，亦称溯源侵蚀。实质上是下切在源头和床面坡度突变处向上发展的表现，它受水流速度、流量和床面组成物质控制。溯源侵蚀导致沟谷伸长。

（2）侵蚀起动流速。水流能冲刷推动泥沙运动的最小流速，称起动流速或临界流速。它分为滑动起动和滚动起动两种。

由以上水流作用力的分析可知，若要使静止泥沙开始沿坡面滑动，需要满足平衡方程

$$f \cdot (G - F_{sh}) = F_t \tag{2-8}$$

式中：f 为起动摩擦系数；其他符号意义同前。

将以上诸式分别代入式（2－8），整理可得到滑动起动流速 v_d 为

$$v_d = K_1 \cdot \sqrt{d} \tag{2-9}$$

$$K_1 = \sqrt{\frac{2f(\gamma_s - \gamma_\omega)}{(f\lambda_{sh} + \lambda_t)\rho}}$$

式中：K_1 为系数。

若要使静止球形泥沙滚动，则应使滚动力矩与反力矩平衡，满足下列方程

$$F_t \cdot \alpha_1 d + F_{sh} \cdot \alpha_2 d = G \cdot \alpha_3 d \tag{2-10}$$

式中：$\alpha_1 d$、$\alpha_2 d$、$\alpha_3 d$ 分别为球形体相接点的距离（图 2－4）。

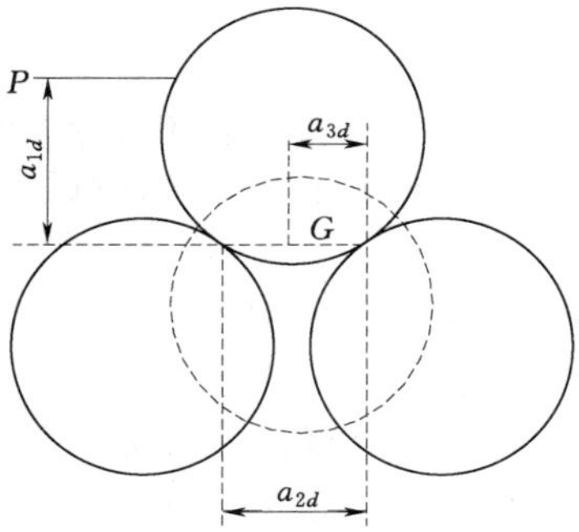

图 2－4 泥沙滚动时的受力

将以上各式代入式（2－10）中，整理可得滚动起动的流速 v_{do} 为

$$v_{do} = K_2 \cdot \sqrt{d} \tag{2-11}$$

$$K_2 = \sqrt{\frac{\alpha_3(r_s - r_\omega)}{\rho(\alpha_1\lambda_t + \alpha_2\lambda_{sh})\frac{3}{4}}}$$

式中：K_2 为系数。

式（2－9）、式（2－11）两式计算中未考虑颗粒沿坡面的向下分力。可以看出，砂砾的粒径总是与流速的平方成正比，而泥沙的体积或重量又与粒径立方成正比。因此，搬动的砂砾颗粒的体积或重量总与流速 6 次方成正比，即 $G \propto v^6$，这就是山区河流能够搬动大颗粒巨石的原因。

4. 水流搬运作用

水流挟带泥沙及溶解质，并推动坡面物质移动的作用，为水流搬运作用。

（1）搬运方式。在上举力作用下起动的较细小泥沙，进入水流以与水流相同的速度呈悬浮状态搬动，称为悬移，被搬运的物质称悬移质。它的悬浮主要受紊流的旋涡

流影响，悬移质的数量与水流流速、流量及流域的组成物质有关。

起动泥沙颗粒较大，可在水流中回落到床面上，对床面泥沙有一定冲击作用，使另一部分泥沙跃起进入水流，或起动泥沙沿床面滚动、滑动，称为推移，其搬运物质称推移质。

推移质与悬移质之间，以及与河床上泥沙（称床沙质）之间存在着不断的交换现象，这一交换，使水流含沙量分布连续，泥沙颗粒较均一。

(2) 水流挟沙能力。在一定水流条件下，能够搬运泥沙的最大量称水流挟沙能力，或饱和挟沙量。若上游来水含沙量小于其挟沙能力，水流就会侵蚀床面，取得更多泥沙；反之，则发生泥沙沉积。只有来水含沙量等其挟沙能力，才会不冲不淤，来沙全部通过，或处于动态平衡。水流挟沙能力，常以悬移质的数量来度量。

5. 泥沙堆积

当水流能量降低时，搬动泥沙就要发生沉积，亦称堆积。堆积先从推移质中的大颗粒开始，最后悬移质转化为推移质，继而在床面上停积。

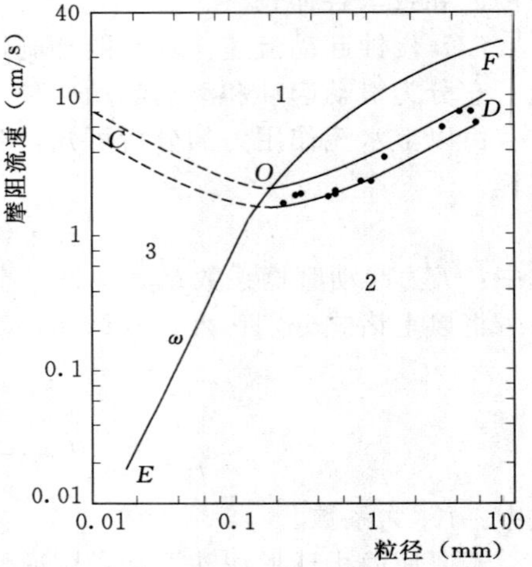

图 2-5　泥沙沉积条件分区

图 2-5 表示出侵蚀、搬运、堆积的关系。横坐标为泥沙粒径大小，纵坐标为水流的摩阻流速 $V_* = \sqrt{\tau_0/\rho}$，或沉速 ω，其中 τ_0 是前边已阐明的近床面水流切应力，这样可利用临界摩阻流速 V_{*C} 代替泥沙起动时的水流切应力 τ_0，作为泥沙起动的判别值。当摩阻流速相当于泥沙沉速时，泥沙才能悬移运动。

(1) 在 *COD* 线以上；$V_* > V_{*C}$，运动泥沙与床面泥沙有可能发生交换，只有当上游来沙量超过水流挟沙能力时，泥沙才开始沉降；同样，如上游来沙量不及水流挟沙能力，河床就会发生冲刷。其中 *OFD* 部分的泥沙运动以推移为主，其余泥沙以悬移为主。

(2) 在 *EOD* 线以下，$V_* > V_{*C}$ 及 $V_* < \omega$，水流既不能冲刷床面泥沙，又不能足以支持上游的来沙，泥沙迅速淤积。

(3) 在 *COE* 线左侧，$\omega < V_* < V_{*C}$，水流不足以自河床中取得泥沙补充，但只要上游来沙，则因该段的紊动强度能够支持其继续悬移运动，将上游来沙输送下去。

2.4.1.2　水力侵蚀的分类

水力侵蚀（water erosion）是指由大气降水及所形成的径流引起的侵蚀过程和一系列土壤侵蚀形式。早期的土壤保持专家主要依据地表径流逐渐集中的过程将其划分为片蚀、细沟侵蚀、切沟侵蚀和河岸侵蚀。1982 年，捷克土壤侵蚀学家查赫（D. Zacher）将水力侵蚀划分为降雨侵蚀、河流侵蚀、山洪侵蚀、湖泊侵蚀、库岸侵蚀和海洋侵蚀等类型，得到了人们的普遍认可。

我国水力侵蚀按侵蚀形式，可划分为溅蚀、面蚀、沟蚀和河沟山洪侵蚀等类型。

1. 溅蚀（splash erosion）

溅蚀是指裸露的坡地受到雨滴击溅而引起的土粒与母体分离的一种土壤侵蚀现象。溅蚀破坏土壤表层结构，堵塞土壤孔隙，阻止雨水下渗，为产生坡面径流和层状侵蚀创造了条件。因此，溅蚀是在一次降雨中最先发生的土壤侵蚀。

2. 面蚀（surface erosion）

面蚀是指由分散的地表径流冲走坡面表层土粒的一种侵蚀现象，它是土壤侵蚀中最常见的一种形式。面蚀发生面积大，侵蚀的又都是肥沃的表土层，所以对农业生产的危害很大。根据其发生的地质条件、土地利用现状的不同及其表现的形态差异，又可分为层状面蚀、鳞片状面蚀和细沟状面蚀。

（1）层状面蚀。层状面蚀是指降雨在坡面上形成薄层分散的地表径流时，把土壤可溶性物质及比较细小的土粒以悬移为主的方式带走，使整个坡地土层减薄、肥力下降的一种侵蚀形式。在土石山区，耕作层土壤中细小颗粒冲蚀后，土壤质地明显变粗，土层减薄，最后将因表层土体中砂砾含量过高，不能作为农耕地使用而弃耕，这种面蚀特称为砂砾化面蚀。

（2）鳞片状面蚀。当面蚀发生在非农耕地的坡面上时，如果由于过度樵采或过度放牧，使植被遭到破坏，生长不好或分布不均，有植被处和无植被处受冲蚀的程度不同，局部面蚀呈鱼鳞状斑点分布，这种面蚀称之为鳞片状面蚀。

（3）细沟状面蚀。在较陡的坡耕地上，暴雨过后，坡面被分散的小股径流冲成许多细小而密集的小沟，这就是细沟状侵蚀。一般来说细沟状面蚀的沟深和沟宽均不超过 20cm，通过耕作措施即可以将其平复，并不需要特殊的土壤保护措施。

3. 沟蚀（gully erosion）

沟蚀是指由汇集成股的地表径流冲刷破坏土壤及其母质，形成切入地表以下沟壑的土壤侵蚀形式。沟蚀形成的沟壑称为侵蚀沟。根据沟蚀程度及形态，分为浅沟侵蚀、切沟侵蚀和冲沟侵蚀等类型。

（1）浅沟侵蚀。地表径流由小股径流汇集成较大的径流，既冲刷表土又下切底土，形成横断面为宽浅槽形的浅沟，这种侵蚀形式称为浅沟侵蚀。浅沟侵蚀下切深度从 0.5m 以下逐渐加深到 1m。沟宽一般超过沟深，以后继续加深加宽。浅沟侵蚀是侵蚀沟发育的初期阶段，其特点是没有形成明显的沟头跌水，正常的耕翻已不能复平，不妨碍耕犁通过，但已感到不便。由于耕犁作用，沟壁斜坡与坡面无明显界限。

（2）切沟侵蚀。浅沟继续发展，冲刷力量和下切力量增大，沟深切入母质中，有明显的沟头，并形成一定高度的沟头跌水，这种沟蚀称为切沟侵蚀。切沟侵蚀的特点是沟谷横断面呈窄 V 字形，沟头有一定高度的跌水，沟床比降比坡面比降大，侵蚀最活跃。在质地疏松、透水性好和具有垂直节理的黄土区，发展十分迅速，侵蚀量大。切沟侵蚀蚕蚀耕地，使耕地支离破碎，大大降低了土地利用率。切沟是侵蚀沟发育的盛期阶段，沟头前进、沟底下切和沟岸扩张均甚为激烈。所以这时是防治沟蚀最困难的阶段。

（3）冲沟侵蚀。切沟进一步发展，水流更加集中，下切深度越来越大，沟壁向两侧扩展，横断面呈 U 形；沟底纵断面与原坡面有明显差异，上部较陡，下部已日渐接近平衡剖面，这种侵蚀称为冲沟侵蚀。冲沟是侵蚀沟发育的末期，这时沟底下切虽已缓和，但沟头的溯源侵蚀和沟坡沟岸的崩塌还在发生，没有达到相对稳定的状态。

沟蚀虽不如面蚀涉及的面广，但其侵蚀量大、速度快，且把完整的坡面切割成沟壑密布、面积零散的小块坡地，使耕地面积减小，对农业生产的危害亦十分严重。

4. 河沟山洪侵蚀（torrent erosion）

山洪侵蚀系指山区河流洪水对沟道堤岸的冲淘、对河床的冲刷和淤积过程。由于山洪具有流速高、冲刷力大和暴涨暴落的特点，因而破坏力大，并能搬运和沉积泥沙石块。山洪侵蚀改变河道形态，冲毁建筑物和交通设施，淹埋农田和居民点，会造成严重危害。

2.4.1.3 水力侵蚀分级

1. 侵蚀强度

土壤侵蚀强度是定量地表示和衡量某区域土壤侵蚀数量的多少和侵蚀的强烈程度，通常由调查研究和长期定位观测得到，它是水土保持规划和水土保持措施布置、设计的重要依据。

（1）土壤侵蚀模数及侵蚀深。土壤侵蚀模数和侵蚀深是表示侵蚀强度最直观的指标，可比性强，常为水土保持工作所采用。

单位面积上每年侵蚀土壤的平均重量，称为土壤侵蚀模数，单位为t/（km^2 · a）。计算式为

$$M_s = \sum W_s \cdot F^{-1} T^{-1} \tag{2-12}$$

单位面积上每年流失的径流量，称为径流模数（m^3/km^2 · a）。计算式为

$$M_w = \sum W_w \cdot F^{-1} T^{-1} \tag{2-13}$$

式中：M_s、M_w 表示侵蚀模数和径流模数；W_s 为年侵蚀总量，t；W_w 为径流总量，m^3；F 为侵蚀（产流）面积，km^2；T 为侵蚀（产流）时限，年。

侵蚀深 h 是将上述 M_s 转化成土层深度（mm），表示侵蚀区域每年平均地表侵蚀的厚度。转化式为

$$h = \frac{1}{1000} \cdot \frac{M_s}{r_s} \tag{2-14}$$

式中：r_s 为侵蚀土壤容重，t/m^3。

（2）沟谷密度及地面割裂度。沟谷密度和地面割裂度可形象地表示侵蚀强度。通常把单位面积上沟谷的长度，称沟谷密度，单位为 km/km^2；把沟壑面积占流域（某区域）总面积的百分数称为地面割裂度。它们形象地表示已经侵蚀的强度大小。

此外人们为了对比不同时、空的侵蚀，还提出用特定径流深（如50mm径流深）或特定降雨量（如10mm降雨量）产生的侵蚀深表示侵蚀强度大小。

2. 侵蚀强度分级

土壤侵蚀强度分级是研究和生产部门工作的重要依据，因而世界上土壤侵蚀严重的国家和地区，均制订了适用于本国情况的土壤侵蚀强度分级方案。侵蚀强度分级是根据土壤侵蚀强度从小到大的规律变化，划分出若干个等级序列，以便针对不同的侵

蚀强度，实施不同的综合治理。

水利部2008年在《开发建设项目水土保持技术规范》（GB 50433—2008）中，依据不同侵蚀营力的侵蚀特点，制订出侵蚀强度分级方案，见表2-1、表2-2。

表2-1 水力侵蚀强度分级指标

级别	侵蚀模数［t/（km^2·a)］	年平均流失厚度（mm）
Ⅰ微度侵蚀（无明显侵蚀）	<200，500，1000	<0.16，0.4，0.8
Ⅱ轻度侵蚀	（200，500，1000）～2500	（0.16，0.4，0.8）～2
Ⅲ中度侵蚀	2500～5000	2～4
Ⅳ强度侵蚀	5000～8000	4～6
Ⅴ极强度侵蚀	8000～15000	6～12
Ⅵ剧烈侵蚀	>15000	>12

注 由于各流域的成土自然条件的差异，可按实际情况确定土壤允许流失量的大小，从200t/（km^2·a）、500t/（km^2·a）、1000t/（km^2·a）起止，但允许值不得少于200t/（km^2·a）或超过1000t/（km^2·a）。

表2-2 不同水力侵蚀类型强度分级参考指标

级别	面蚀		沟蚀		重力侵蚀
	坡度（坡耕地）（°）	植被（林地、草地）覆盖度（%）	沟壑密度（km/km^2）	沟蚀面积占总面积的百分数（%）	滑坡、崩塌、泻溜面积占坡面面积的百分数（%）
Ⅰ微度侵蚀（无明显侵蚀）	<3	>90以上			
Ⅱ轻度侵蚀	3～5	70～90	<1	<10	<10
Ⅲ中度侵蚀	5～8	50～70	1～2	10～15	10～25
Ⅳ强度侵蚀	8～15	30～50	2～3	15～20	25～35
Ⅴ极强度侵蚀	15～25	10～30	3～5	20～30	35～50
Ⅵ剧烈侵蚀	>25	<10	>5	>30	>50

2.4.2 风力侵蚀

风力侵蚀（wind erosion）是指在风力作用下地表土壤及细小颗粒被剥离、搬运和沉积的过程。在陆地上到处都有风和土，但并不是任何地方都会发生风蚀。严重的风蚀必须具备两个基本条件：一是要有强大的风；二是只有干燥的土壤才会遭到风蚀。因而风蚀发生在年降水量低于200～300mm的干旱和半干旱地区，在海岸和河流普遍存在的地区，受到季节性干旱的影响，也会产生风蚀。

风力作用过程包括风对土壤物质的分离、搬运和沉积3个过程。

2.4.2.1 风的侵蚀作用

1. 沙粒的起动

风是沙粒运动的直接动力，气流对沙粒的作用力为

$$P=\frac{1}{2}C\rho V^2 A \tag{2-15}$$

式中：P 为风的作用力；C 为与沙粒形状有关的作用系数；ρ 为空气密度；V 为气流速度；A 为沙粒迎风面面积。

起动风速的大小与沙粒的粒径大小、沙层表土湿度状况及地面粗糙度等有关。一般沙粒愈大，沙层表土愈湿，地面越粗糙，植被覆盖度越大，起动风速也愈大，见表2－3～表2－5。

表2－3　沙粒粒径与起沙风速值（新疆莎车）

沙粒粒径（mm）	起沙风速（m/s）	沙粒粒径（mm）	起沙风速（m/s）
0.1～0.25	4.0	0.5～1.0	6.7
0.25～0.5	5.6	>1.0	7.1

注　风速为距地表2m处的测值。

表2－4　不同含水率时沙粒的起动风速值

沙粒粒径（mm）	不同含水率下沙粒的起动风速（m/s）				
	干燥状态	含水率（%）			
		1	2	3	4
2.0～1.0	9.0	10.8	12.0	—	—
1.0～0.5	6.0	7.0	9.5	12.0	—
0.5～0.25	4.8	5.8	7.5	12.0	—
0.25～0.175	3.8	4.6	6.0	10.5	12.0

表2－5　不同地表状况下沙粒的起动风速

地　表　状　况	起动风速（m/s）	地　表　状　况	起动风速（m/s）
戈壁滩	12.0	半固定沙丘	7.0
风蚀残丘	9.0	流沙	5.0

注　风速为距地表2m处的测值。

2. 风力侵蚀作用

风力侵蚀作用包括吹蚀和磨蚀两种方式。风的侵蚀能力是摩阻流速的函数，可表示为

$$D = f(v_*)^2 \tag{2-16}$$

式中：D 为侵蚀力；v_* 为侵蚀床面上的摩阻流速。

地表附近风速梯度较大，使凸出于气流中的颗粒受到较强的风力作用。颗粒越大，凸出于气流中的高度越高，受到风的作用力也越大。然而，这些颗粒由于质量较大，需要更大的风力才能被分离。能够被风移动的最大颗粒粒径，取决于颗粒垂直于风向的切面面积及本身的质量。粒径为0.05～0.5mm的颗粒都可以被风分离，以跃移形式运动，其中粒径为0.1～0.15mm的颗粒最易被分离侵蚀。

风沙流中跃移的颗粒，增加了风对土壤颗粒的侵蚀力。因为这些颗粒不仅将易蚀的土壤颗粒从土壤中分离出来，而且还通过磨蚀，将那些小颗粒从难蚀或粗大的颗粒上剥离下来带入气流。

磨蚀强度用单位质量的运动颗粒从被蚀物上磨掉的物质量来表示。对于一定的沙粒与被蚀物，磨蚀强度是沙粒的运动速度、粒径及入射角的函数，即

$$W = f(V_p 、d_p 、S_a 、\alpha) \quad (2-17)$$

式中：W 为磨蚀量，k/kg；V_p 为颗粒速度，cm/s；d_p 为颗粒直径，mm；S_a 为被蚀物稳定度，J/m^2；α 为入射角，(°)。

哈根（L. J. Hagen）用细沙壤、粉壤和粉黏壤土作磨蚀对象，以同一结构的土壤及石英沙作磨蚀物进行研究，结果表明沙质磨蚀物比土质磨蚀物的磨蚀强度大；磨蚀度随磨蚀物颗粒速度 V_p 按幂函数增加，幂值变化范围为 1.5～2.3；随着被蚀物稳定度 S_a 增加，磨蚀度 W 非线性减小。当 S_a 从 1J/m^2 增加到 14J/m^2，W 约减小 10k/kg；入射角 α 为 10°～30°时，磨蚀度最大；当磨蚀物颗粒平均直径由 0.125mm 增加到 0.715mm 时，磨蚀只有轻微增加。

风对土壤颗粒成团聚体的侵蚀过程是一个复杂的物理过程，特别是当气流中挟带了沙粒而形而成风沙流后，侵蚀更复杂。

2.4.2.2 风的输移作用

当风速大于起动风速时，在风力作用下，土壤和沙粒物质随风运动，其运动方式有悬移、跃移、蠕移 3 种形式，运动方式主要取决于风力强弱和搬运颗粒粒径大小。

风沙运动与水流中泥沙运动不同，以跃移运动为主。造成这种差异的原因，是风和水的密度不同。在常温下，水的密度（1g/cm^3）要比空气的密度（1.22×10^{-3} g/cm^3）大 800 多倍，所以水中泥沙反弹不起来。沙粒在水中的跳跃高度只有几个粒径，而在空气中的跳跃高度却有几百或几千个粒径。沙粒在空气中跳跃高，便会从气流中获得更大的能量。因此，下落冲击地面时，不但本身会反弹跳起，而且还把下落点附近的沙粒也冲击溅起。这些沙粒在落到地面以后，又溅起更多的沙粒。沙粒在气流中的这种跳跃移动具有连锁反应的特性。高速跃移的沙粒通过冲击方式，靠其动能可以推动比它大 6 倍或重 200 多倍的表层粗沙粒（>0.5mm）蠕移运动。蠕移速度较小，每秒仅向前 1～2cm；而跃移的速度快，一般可以达到每秒数十到数百厘米。

在一定条件下，风的搬动能力主要取决于风速，与被搬动物质的粒径关系不密切。同样的风速可搬运多数量的小颗粒或较少的大颗粒，其搬运总重量基本不变。

切皮尔（W. S. Chepil）研究了悬移质、跃移质和蠕移质的搬运比例，不同土壤中团聚体及颗粒的大小有不同搬运比例，而与风速无关。在团聚良好的土壤上，悬移质都很少而蠕移质较多；在粉沙土和细沙土上悬移搬运相对增多。对各种土壤，跃移质搬运总是大于蠕移质和悬移质。3 种搬运方式的土壤颗粒所占比例大约为悬移质占 3%～38%，跃移质占 55%～72%，蠕移质占 7%～25%。

拜格诺研究了沙丘沙和土壤的搬运，得出风的搬运能力与摩阻流速的三次方成正比，即

$$Q = f\left(\frac{\rho}{g}V^3\right) \quad (2-18)$$

而自然界影响风搬运能力的因素十分复杂，它不仅取决于风力的大小，还受沙粒的粒径、形状、比重、湿润程度、地表状况和空气稳定度等影响。因此，目前多在特定条件下研究输沙量与风速的关系。我国研究了新疆莎车一带近地表 10cm 高度内输

沙量与 2m 高度的风速关系为

$$Q = 1.47 \times 10^3 V^{3.7} \tag{2-19}$$

式中：Q 为输沙率，g/（cm・min）；V 为风速，m/s。

2.4.2.3 风的沉积作用

土壤颗粒被风搬运的距离取决于风速大小、土壤颗粒或团聚体的粒径和重量，以及地表状况。

1. 沉降堆积

当风速减弱，使紊流漩涡的垂直分速小于重力产生的沉速时，在气流中悬浮运行的沙粒就要降落堆积在地表，称为沉降堆积。沙粒沉速随粒径增大而增大，见表2-6和图2-6。

表 2-6 沙粒直径与沉速的关系

沙粒直径（mm）	沉速（cm/s）
0.01	2.8
0.02	5.5
0.05	16
0.06	50
0.1	167
0.2	250
2	500

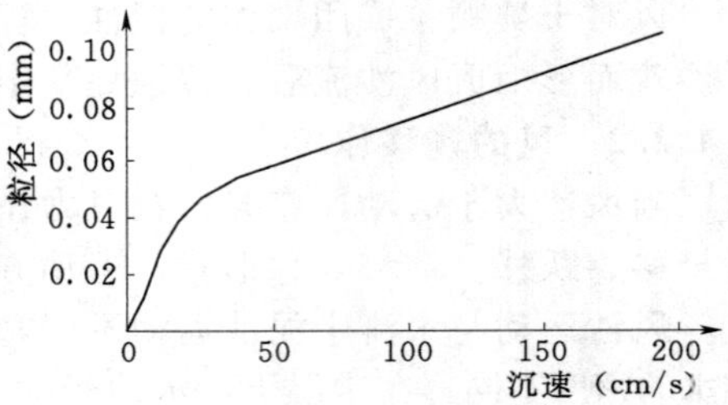

图 2-6 空气中沙粒自由沉降

2. 遇阻堆积

风沙流运行时，遇到障阻使沙粒堆积起来，称遇阻堆积。风沙流因遇障阻速度减慢，而把部分沙粒卸积下来；也可能全部（或部分）越过和绕过障碍物继续前进，在障碍物的背风坡形成涡流（图 2-7）。

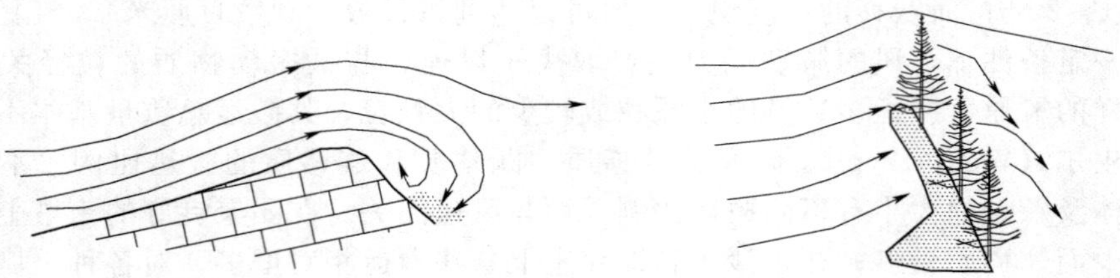
图 2-7 遇阻堆积

风沙流遇到山体阻碍时，可以把沙粒带到迎风坡小于 20°的山坡上堆积下来。当风沙流的方向与山体成锐角时，一股循山势前进，另一股沿着山体迎风坡成斜交方向上升，并因与山坡摩擦而减缓风速，沙粒就卸堆在迎风坡上。地表的草本和沙丘本身，也都成为使风速降低和沙粒堆积的障碍。

另外，风沙流在运行过程中，遇到了湿润或较冷的气流会被迫上升，这时部分沙粒不能随气流上升而沉积下来。两股风沙流相遇，即或在风向几乎平行的条件下，也会发生干扰，降低风速，减小输沙的能力，从而使部分沙粒降落下来。在风沙流经常发生的地区，粒径小于0.05mm的沙粒悬浮在较高的大气层中，遇到冷湿气团时，粉粒和尘土成为雨滴的凝结核随降雨大量沉降，成为气象学上的尘暴或降尘现象。

从搬运方式来看，蠕移质搬运距离很近，若被磨蚀作用分解成细小颗粒，可转化成悬移和跃移方式。跃移质多沉积在被蚀地块的附近，在灌丛、土埂的背后堆成沙垄。沙丘沙中的粗粒堆积于沙丘迎风坡，细粒沉积在背风坡。悬移质受打击崩解而进入气流中的悬浮颗粒，搬运距离最长。这部分颗粒数量虽少，但多是含有大量土壤养分的粘粒及腐殖质。

2.4.3 重力侵蚀

重力侵蚀（gravitational erosion）是指斜坡上的风化碎屑、土体或岩体在重力作用下发生变形、位移和破坏的一种土壤侵蚀现象。

2.4.3.1 边坡破坏作用

边坡上的岩土体，当受到不利因素影响时，岩土体原有平衡遭到破坏，产生向坡下的滚动和滑移。岩石、砂性土破裂面近似一平面，在横断面上为一直线；黏性土破裂面为一圆柱面，断面为一圆弧。

1. 直线破裂面

(1) 坡面块体运动。斜坡表层的岩土体，受多种成因的裂隙分割而成分离体。该岩土体受地心引力而具有重力，重力向坡下的分力——下滑力与坡面产生摩阻力（图2-8）。

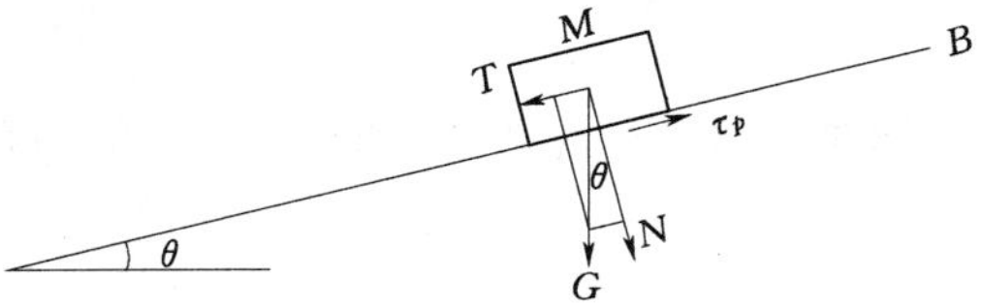

图2-8 块体运动力学图解之一

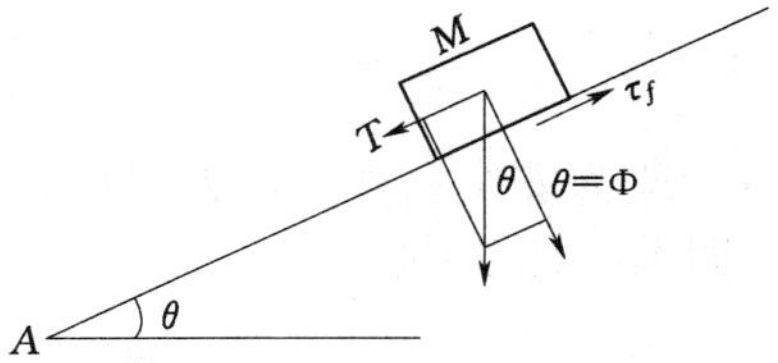

图2-9 块体运动力学图解之一

图中，重力 $G=mg$，下滑力 $T=G\cdot\sin\theta$，摩阻力 $\tau_p=f\cdot N=f\cdot G\cdot\cos\theta$，式中 f 为摩擦系数。当 M 处于静止不动时，τ_p 称静摩阻力，τ_p 与 T 大小相等、方向相反，共同作用于坡面上。

若坡度不断增大（图2-9），下滑力和摩擦阻力同时增加。而 τ_p 增大是有限度的，当增大到块体与坡面间的最大摩擦阻力 τ_p 时，块体处于极限平衡状态，与此相应的坡角 θ 称为临界坡角，它反映了块体与坡面间摩擦力大小的性质，因此，又将临界坡角称为该块体与坡面间的内摩擦角，常以 φ 表示。

根据平衡条件 $$\tau_f=T$$

而 $$T=G\cdot\sin\theta \quad \tau_f=f\cdot G\cos\theta$$

所以 $$f=\tan\theta=\tan\varphi \tag{2-20}$$

可见，摩擦系数可用内摩擦角的正切值表示。

这时 $$\tau_f=G\cdot\cos\theta\cdot\tan\varphi \tag{2-21}$$

若 $$T\leqslant\tau_f$$

则有
$$G \cdot \cos\theta \leqslant G \cdot \cos\theta \cdot \tan\varphi$$
$$\tan\theta \leqslant \tan\varphi$$
$$\theta \leqslant \varphi \tag{2-22}$$

这就是坡面块体保持稳定状态的必备条件，若 $\theta > \varphi$，则块体必然沿斜坡下移，发生重力侵蚀。

由于内摩擦角 φ 反映了块体沿坡面下滑刚起动时的坡度，因此，通常也称为松散物质的休止角。对于松散的砂和岩屑而言，内摩擦角和休止角是一致的，凡是坡角 θ 小于内摩擦角 φ 时，不论坡度高有多大，坡面总是较稳定的。

内摩擦角 φ 值随坡面物质颗粒粗细、形状、密度和含水量多寡而变化。粗大并呈棱角状而密实的颗粒，休止角大；反之，则小。一般风化碎屑离源地愈远，其颗粒逐渐变小，棱角被摩蚀，圆度增加，摩擦度减小，休止角变缓。因此，愈向坡脚，坡度愈趋缓和。土粒间的孔隙被水充填后会增加润滑性，减少摩擦力，因而休止角也相应变缓。在同一斜坡上，坡顶远离地下水面较干燥，而坡脚接近地下水面较湿润，因此，坡度也有向坡脚变缓的趋势。

对于岩石边坡，岩体被裂隙分割成许多块体，岩块的稳定性受裂隙面的倾向和倾角的控制（图 2-10）。若裂隙面的倾向与边坡的斜向一致，且裂隙面的倾角大，超过其内摩擦角时，块体就会下滑。

（2）直线破裂面的块体运动。若破裂面在其内部，且为一斜面，破坏的岩体向下运动，可用库仑定律表示为
$$K = \frac{\text{抗滑力}}{\text{滑动力}} = \frac{N \cdot \tan\varphi + CL}{T} \tag{2-23}$$
式中：K 为安全系数；C 为破裂面两侧颗粒间黏聚力；L 为破裂面的长度；其他符号意义同前（图 2-11）。

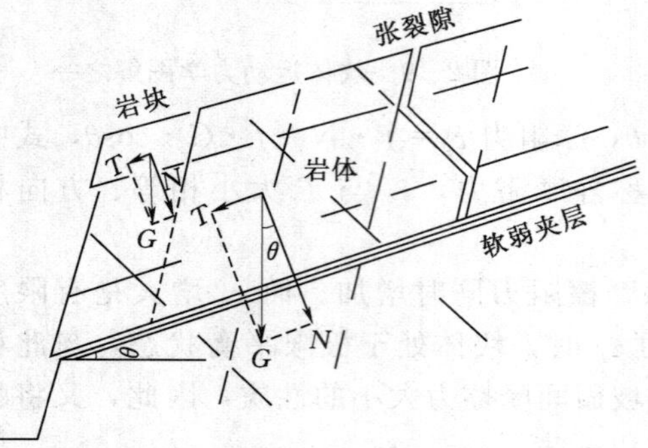

图 2-10 岩石裂隙及软弱夹层与岩体稳定图示

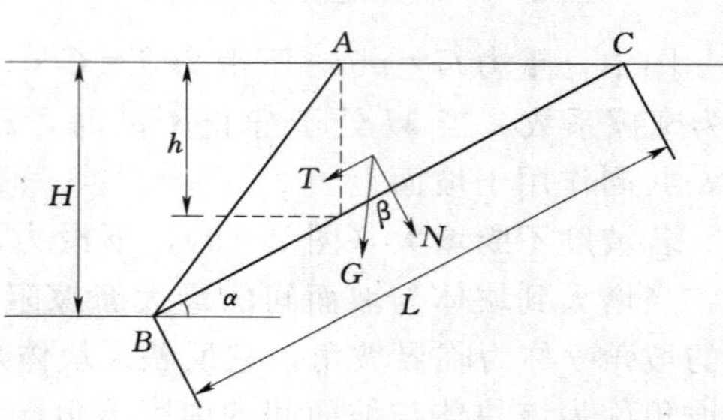

图 2-11 直线破裂面的块体运动受力分析

设被分割体断面为$\triangle ABC$，BC 为破裂面，则
$$\left.\begin{aligned} G &= \frac{1}{2} rhl\cos\alpha \\ N &= G \cdot \cos\alpha \\ T &= G \cdot \sin\alpha \end{aligned}\right\} \tag{2-24}$$

将式（2-24）代入式（2-23），整理后得

$$K=\frac{\tan\varphi}{\tan\alpha}+\frac{4C}{rh\sin2\alpha} \tag{2-25}$$

由式（2-25）可以看出，直线坡块体的稳定性随破裂面倾角 α 和分离体高 h（与坡高有关）的增大而降低，随内摩擦角 φ 和内聚力 C 增大而增大，与破裂面长 L 和自然坡角大小无关。这就是在自然界存在的大大小小块体在不同破裂面上出现重力侵蚀的原因。

若天然坡角达 90°时（如黄土区的直立坡），此时 $H=h$。若取 $K=1$，就可求出来在临界状态下的极限坡高 h_v 为

$$h_v=H=\frac{2C}{r\cos^2\alpha(\tan\alpha-\tan\varphi)} \tag{2-26}$$

当坡高超过 h_v，则边坡不稳定，随时都有下移的可能；当坡高小于 h_v 时，才能处于稳定状态。因此，在工程上整治坡面，常采取削坡的措施，以控制坡高。

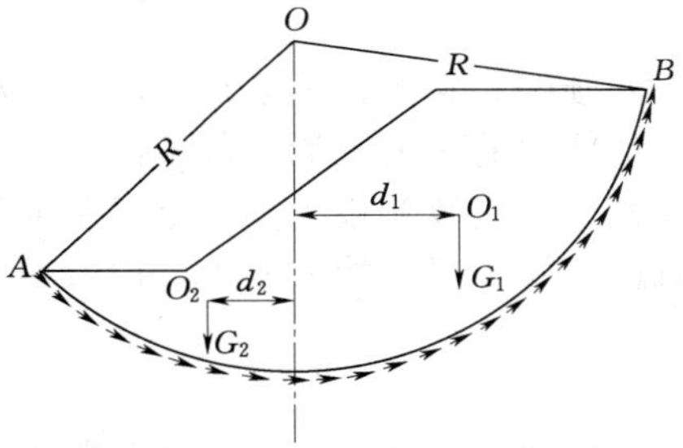

图 2-12 滑坡的力学分析示意图

2. 圆弧破坏面

在黄土区或一些黏土区，常见到破裂面呈现圆弧状，而且破裂下滑的土体还包括了谷底的一部分。这种破坏现象的受力状况与上述状况稍有不同，除考虑作用力之外，还需要考虑力矩，用稳定程度来表示，即

$$K=\frac{\text{滑动面的抗滑力之和}}{\text{滑动面的滑动力之和}}$$

或

$$K=\frac{\text{对圆弧中心的抗滑力矩之和}}{\text{对圆弧中心的滑动力矩之和}}$$

图 2-12 中破裂面为弧面 AB，O 为弧面圆心，OA、OB 即为弧面半径 R。过圆心 O 作垂线 OO'，将破坏的滑体分为两个部分，OO'右侧滑体重心为 O_1，重量为 G_1，它是向坡下滑动的土体，其滑动力矩为 G_1d_1（顺时针方向）。OO'左侧破坏土体重心为 O_2，重量 G_2，具有限制滑动的作用，其抗滑力矩 G_2d_2（逆时针方向）。另外，要发生土体下滑破坏，还需克服破裂面上的抗滑阻力。设单位面积上的平均抗滑阻力为 τ_f，则 AB 面的抗滑阻力力矩为 $\tau_f\cdot AB\cdot R$。于是，土坡的稳定系数 K 就有

$$K=\frac{G_2d_2+\tau_f\cdot AB\cdot R}{G_1\cdot d_1} \tag{2-27}$$

式中：$\tau_f=N\cdot\tan\varphi+C$ 包括了摩擦力和内聚力。由于 N 在 AB 上各点不一，上式以平均值代替。实际计算时，常用分条法解决。

由上式可看出，OO'左侧的破坏土体是被动破坏的，它起了制止破坏的作用。因而，自然界坡脚的堆积物，或边坡之一部分，当被搬运或淘冲，对边坡稳定是不利的，工程上坡脚支护正是为了强化它的作用。

2.4.3.2 重力侵蚀分类

以重力为主要外营力的侵蚀形式有蠕动、泻溜、崩塌和滑坡等。

1. 蠕动（wriggle）

蠕动是指斜坡上的土体、岩体和它们的风化碎屑物质在重力作用下，顺坡向下发生缓

慢移动的侵蚀现象。蠕动的移动速度相当缓慢，每年只有若干毫米或几十厘米。因此，常常不被人们所觉察。但经长期积累，这种变形也会给生产和建设带来危害。小则电线杆、树木倾倒、围墙扭裂；大则房屋破坏，地下管道扭裂、水坝变形甚至完全损毁。

根据蠕动体的性质，可将其分为松散层蠕动和岩体蠕动两种类型。

松散层蠕动包括了土层蠕动和岩屑蠕动，是指颗粒本身由于冷热、干湿引起体积膨胀、收缩而同时又在重力作用下产生的一种移动；岩体蠕动是斜坡上岩体在本身的重力作用下发生的十分缓慢的塑性变形或弹塑变形，它多形成于柔性岩层组成的山坡上。

2. 泻溜（scatter flow）

泻溜是指崖壁和陡坡上的土石经风化形成的碎屑，在重力作用下，沿着坡面下泻的现象。泻溜是坡地发育的一种方式。陡坡上的土石岩体，受冷热、干湿和冻融的交替作用，造成土石表面松散和内聚力降低，形成与母岩分离的碎屑物质。这些物质一旦失稳，在自身重力作用下不断下落，使坡面后退。碎屑堆积在坡脚，土质堆积物的安息角一般为35°～36°，常被洪水冲刷、搬运。如果堆积物不被流水冲走，斜坡将逐渐变缓。

3. 崩塌（collapse）

边坡上部岩土体被裂隙分开或拉裂后，突然向外倾倒、翻滚、坠落的破坏现象称为崩塌。发生在岩体中的崩塌，称为岩崩；发生在土体中的称为土崩；规模巨大、涉及大片山林的称为山崩。崩塌主要出现在地势高差较大、斜坡陡峻的高山地区和河流强烈侵蚀的地带。崩塌可造成河流堵塞，或阻碍航运、毁坏建筑物或村镇，以及引起波浪冲击沿岸等灾害。

4. 滑坡（slide）

当雨水渗透至土层底部，在不透水层或基岩上形成地下潜流。由于土体不断吸水增重，土体下滑力大于抗滑力时，土体沿着一定滑动面发生的位移现象，称为滑坡。滑坡发生的坡度一般为12°～32°，在此范围内坡度愈大，重力超过运动阻力的可能性也越大。在凹形山坡上较难产生滑动，下部平缓部分有阻止滑动的作用；凸形坡则相反，山坡下部比较不稳定，常因下部产生滑塌而导致山坡上部发生滑动。土壤的物理性质、矿物成分及胶体化学性质均对滑坡产生影响。土壤质地均匀，渗透性因粒径增大而加强；土粒呈棱角状，则抗剪强度较大；当沙土和黏土相间成层时，在黏土面上常形成潜流，在潜流的动水压力作用下，产生化学潜蚀和力学潜蚀，促使滑坡形成。土体中含滑石、云母、绿泥石和蛇纹石等鳞片及片状矿物，较易发生滑动。滑坡体由几百、几千立方米到几万立方米，在山区还常伴生泥石流，危害较大。

按《开发建设项目水土保持技术规范》（GB 50433—2008）建议，当滑坡、崩塌、泻溜面积占坡面面积小于10%时，为轻度侵蚀；10%～25%时，为中度侵蚀；25%～35%时，为强度侵蚀；35%～50%时，为极强度侵蚀；大于50%时，为剧烈侵蚀。

2.5　土壤侵蚀的影响因素

2.5.1　水力侵蚀的影响因素

影响水力侵蚀的因素，可归纳为气候、水文、地质、地貌、土壤、植被和人为活动等因素。

2.5.1.1　气候因素

1. 降雨量

降雨量是影响侵蚀的因子之一。一般来说，年降雨量大，可能侵蚀总量也大，但是，年降雨量大的地区，自然植被常常生长较好，自然侵蚀反而并不严重；降雨稀少地区的植被较差，径流量也少，水力侵蚀相对减弱。因此，在半湿润与半干旱地区水力侵蚀最为强烈。

研究结果表明，在天然降雨条件下，降雨量与土壤侵蚀量之间的直接关系并不明显。因此，人们在进行降雨量与土壤侵蚀的研究中，常常统计的是可蚀性降雨量。所谓可蚀性降雨，指的是降雨侵蚀模数不小于 $1t/km^2$ 的降雨。黄土高原每年能引起土壤流失的可蚀性降雨量约为 163.0mm，其中坡面为 128.1mm，沟道小流域为 197.5mm。

2. 降雨强度

降雨强度是影响土壤侵蚀的最重要因子。大量研究证明，土壤侵蚀只发生在少数几场暴雨之中。例如，天水站 1942～1954 年 12 年测定结果表明，1947 年一次最大降雨量达 155mm，所造成的水土流失量占 12 年总量的 35%以上；绥德站测定结果，1956 年发生过一次为 3.5mm/min 强度的暴雨，该年的水土流失量占 1954～1956 年 3 年总量的 30%以上。

3. 降雨量、降雨强度的最佳组合作用

单就降雨量、降雨强度对土壤侵蚀的影响进行分析时，并不能充分反映降雨对侵蚀的作用。因此，通常利用降雨量 P 与降雨强度 I 进行不同的组合，再与侵蚀进行分析。经研究证明，黄土高原在其他条件一致的情况下，一次降雨量和平均雨强与侵蚀量的关系为非线性函数，可表示为

$$M_s = AP^a I^b \tag{2-28}$$

式中：M_s 为某一定坡度的一次降雨侵蚀模数，t/km^2；P 为一次降雨量，mm；I 为次降雨平均强度，mm/h；A、a、b 为待定系数。

4. 降雨时空分布对侵蚀的作用

侵蚀的形成往往与可蚀降雨集中程度相一致。一年中，侵蚀主要发生在雨季。例如，天水站 1945～1953 年径流小区的观测表明，6～8 月降雨量占全年降水量的 47.8%，而其径流量占年总径流量的 78.5%，侵蚀量占年侵蚀总量的 81.7%。

降雨量的年际变化也对土壤侵蚀造成影响，一般情况下，丰水年侵蚀强烈，干旱年侵蚀微弱。

5. 前期降雨

前期降雨使土壤水分饱和，再继续降雨就很容易产生径流而造成水土流失。由表 2-7 可知，前 4 次降水次数不少，但前期降水少，除第二次因降雨强度很大产生一些冲刷外，其他几次均无径流和冲刷。

后四次前期降雨很大，都产生了冲刷，其中 5 号、6 号、7 号降雨强度都不大，也都有不同程度的冲刷，第 8 号前期降雨量和本次降雨量都很大，而且降雨强度也很大，因此，产生了严重冲刷。

表2-7 前期降雨对水土流失的影响

序号	前期降水情况	时间（年.月.日）	降水量（mm）	历时（时：分）	强度	径流（m^3/hm^2）	冲刷（kg/hm^2）	作物
1	雨前32天内共降水22次，最大一次6.1mm	1974.7.3	16.3	3：01	8.3	0	0	玉米
2	雨前11天内降水9次最大一次6mm	1974.8.1	44.0	7：12	13.6	15.5	239	玉米
3	雨前15天降水3次，最大1.3mm	1975.8.3	22.1	3：51	3.6	0	0	小麦
4	雨前半月降水2次，共1.6mm	1978.8.2	27.9	5：14	6.1	0	0	谷子
5	雨前一天降水27mm，雨前6～7天降16.3和149mm	1974.7.10	12.3	2：00	3.7	10.9	321.4	玉米
6	雨前两天连降16.5和11.6mm	1975.7.10	5.9	0：35	5.3	1.99	19.0	小麦
7	雨前一天降48.1mm	1978.6.10	13.8	5：09	3.6	51.34	3267	谷子
8	同一天雨前降水35.6mm	1977.7.22	48.9	4：43	10.0	132.4	16533	玉米

6. 雨型

雨型不同，雨滴大小的分布亦不同。例如，黄土地区的降雨主要有两种雨型，一种是由局部地形和气候影响产生的来势猛、历时短（1h左右）的小面积降雨，称短阵性雨型；另一种主要是锋面影响的大面积普通降雨雨型。就一定雨强来说，局部地区短阵性雨型比大面积的普通雨型更易引起土壤侵蚀。

除上述影响因素以外，降雨的雨滴特性——雨滴形状、大小、分布、降落速度和接地时的冲击力等也影响着水力侵蚀的发生和强弱大小。

2.5.1.2 水文因素

水文因素主要包括降雨及冰雪融水形成的坡面径流等。

坡面侵蚀是由径流冲刷造成的，水大沙大是必然的结果。其侵蚀量 M_s 与径流量关系为

$$M_S = aQ^b \tag{2-29}$$

式中：M_S 为侵蚀模数；Q 为径流量；a、b 为待定系数。

因此，随着径流量和流速的增大，侵蚀量增大；

2.5.1.3 地质、地貌因素

1. 地质因素

(1) 岩性与地面组成物质。地面组成物质不同，其抵抗侵蚀的能力不同。因此，

影响侵蚀的程度不同。就黄土区而言，红黏土的粒度小于黄土，渗透性弱，在相似降雨条件下产生的径流量大于黄土，因其结构紧密，颗粒不易被水流起动，抗蚀性远远大于黄土；沙土的质地较黄土粗，结构疏松，渗透性强，相似降雨条件下的产流量小于黄土，可蚀性远远小于黄土。

（2）新构造运动。新构造运动的上升区，往往是侵蚀的严重区。黄土高原是抬升比较显著的地区，据观测，六盘山西侧近百年内上升速度约 5～15mm/a，引起这个地区的侵蚀复活，使得冲沟和斜坡上的一些古老侵蚀沟再度活跃。

（3）侵蚀基准面变化。侵蚀基准面的变化除与径流的直接冲刷有关外，还与新构造运动密切相关。

在现代构造运动以上升为主的地区，地壳活动对侵蚀的间接影响，首先是在沟谷或河谷中反映出来，并逐渐向坡地传递。河谷或沟谷接受内力的影响首先表现于纵剖面变化，并通过纵剖面调整影响沟谷的其他形态要素。因此，沟床下切深度、沟头前进速度和谷坡扩展速度，都和侵蚀基准面变化有关。图2-13是反映延安杏子河流域沟床纵比降与沟头前进速度的关系，说明纵比降越大，沟头前进速度越快。

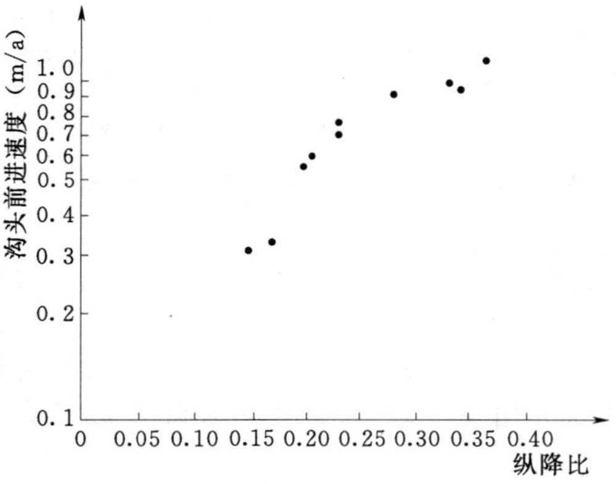

图 2-13　延安杏子河流域沟床纵比降与沟头

2. 地貌因素

（1）坡度。坡度的大小直接影响到坡面土（岩）体的稳定性，以及承雨量、渗透量和径流量的多少等。坡度愈小，径流在坡面上停留的时间愈长，水流损失也愈大，则入渗土壤的机会也愈多；在较大的坡面上则情况相反。因此，在渗透较大的条件下，渗透量与坡度成反比关系。

从受雨量方面看，当降雨量相等时，随着坡面坡度的增加，单位坡面上的受雨量减少，如图 2-14 所示。因此，地表径流量有可能减少。天水站的实测资料证明了这一点，见图 2-15。但是，坡度大渗透量减小，因此，一些学者研究认为，径流量随坡度的增大而增加。表 2-8 是阜新市七农子试验站的结果。

表 2-8　坡度与径流冲刷的关系

区　号	坡度（°）	年径流降雨量（mm）	径　流　量		冲　刷　量		年径流系数
			径流量（m^3/垧）	径流深（mm）	冲刷量（kg/垧）	冲刷深（cm）	
3°～5～6	3	320.3	93.745	9.3745	5882.52	0.022	2.927
6°～5～6	6	320.2	118.460	11.8460	8306.31	0.035	3.710
9°～1～2	9	320.2	147.721	14.7210	11387.12	0.043	4.590
13°～1～2	13	230.2	146.081	14.6081	16581.79	0.063	4.560

注　东北地区 1 垧地约为 15 亩。

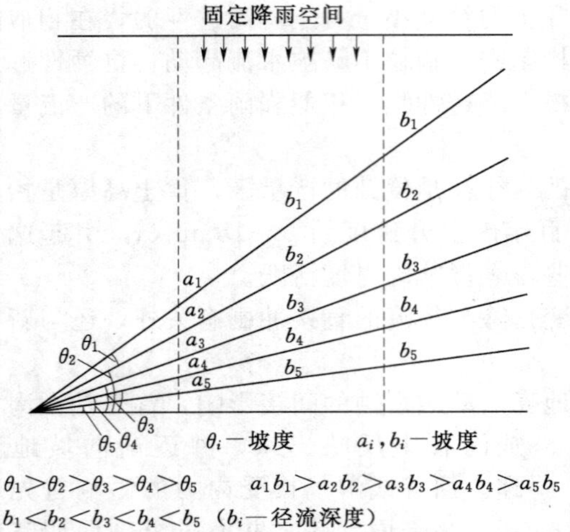

图 2-14　坡度与实际受雨面积的关系

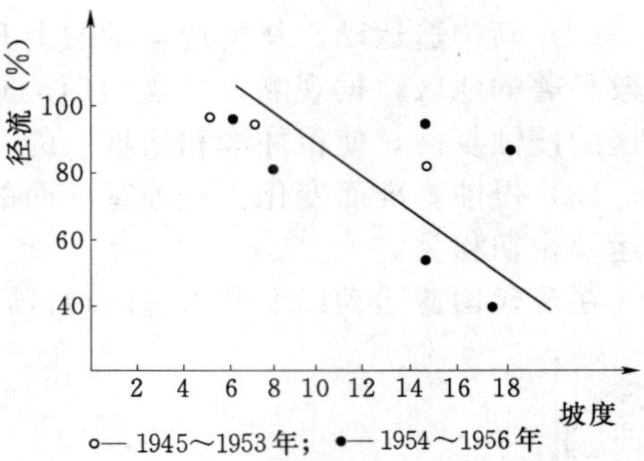

图 2-15　径流与坡度的关系（天水地区）

坡度与坡面冲刷的关系非常密切，通常情况下侵蚀模数与坡度为幂函数关系，通式为

$$M_s = AS^b \tag{2-30}$$

式中：M_s 为侵蚀模数，t/km^2；S 为坡度；A、b 为待定系数。

在整个坡面上，侵蚀量随坡度的增加是有一定极限的。F. G. Renner 通过研究证明，坡度约在 40°以下时，侵蚀量与坡度呈正相关，超过此值反有降低趋势，见图2-16。

（2）坡长。坡长指的是从地表径流的起点到坡度降低到足以发生沉积的位置或径流进入一个规定沟（渠）的入口处的距离。

当坡面其他条件一致时，径流深一般随着坡长的增加而增加，如图 2-17 所示。当距分水线的距离 L 处的径流深为 h 时，则径流深的递增率可表示为

$$Z = \frac{\mathrm{d}h}{\mathrm{d}l} \tag{2-31}$$

则任一点 X 处则有

$$h_x = \frac{\mathrm{d}h}{\mathrm{d}l} \cdot L_x \tag{2-32}$$

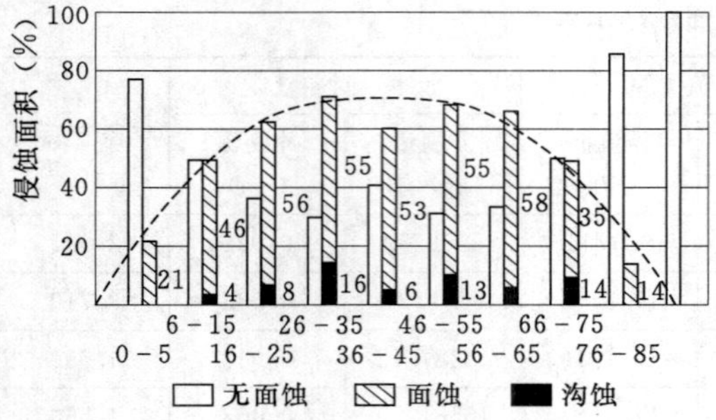

图 2-16　F. G. Renner 的坡度与土壤侵蚀关系

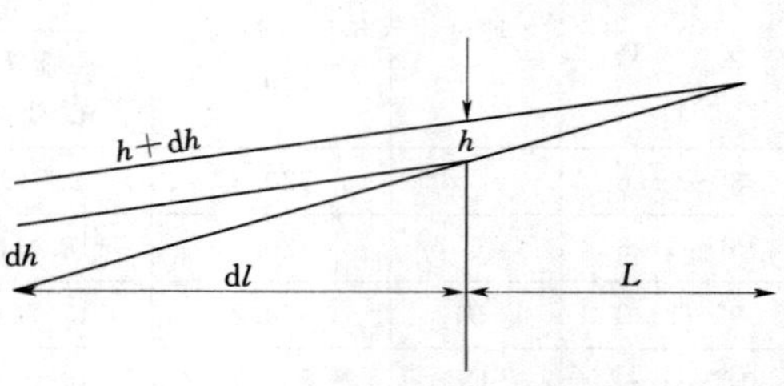

图 2-17　随坡长的增加径流深的增加

天水和绥德站的资料表明：①在特大暴雨以及暴雨（雨强大于 0.5mm/min）条件下，坡长与径流和冲刷呈正相关；②当降雨平均强度较小，或大强度降雨持续时间很短，坡长与径流呈反相关，与冲刷呈正相关；③当降雨量很小（3～15mm），强度也很小时，坡长与径流、冲刷均成反相关。西北农林科技大学在淳化试验（1987～1994 年），坡度均为 9%的 20mm、40mm、60mm 坡长的 45 次产流侵蚀，按不同可蚀降雨级别进行统计（表 2－9）可知，坡长与侵蚀的关系较为复杂。

表 2－9　　淳化县 1987～1994 年不同坡长侵蚀试验结果

可蚀降雨分级（mm）	20m 坡长$\overline{M}_2$（t/km²）	40m 坡长$\overline{M}_s$（t/km²）	60m 坡长$\overline{M}_s$（t/km²）
<10	46.04	23.93	9.63
10～20	26.80	27.87	30.63
20～30	19.42	12.23	30.83
30～40	423.83	353.39	411.55
40～50	873.96	28.85①	538.94
50～60	347.88	1358.40	338.80
>60	31.88	17.74	29.22
合计	1772.03	1548.41	1389.60

① 缺 1987 年资料，$\overline{M}_s$ 为平均侵蚀模数。

（3）坡度、坡长的不同组合对侵蚀的影响。在水土流失规律研究中，人们往往按照地形特征，将坡度 S 和坡长 L 进行综合考虑，以探求其对侵蚀的影响。通过大量的研究证明，其通式为

$$M_s = AS^a \cdot L^b \quad (2-33)$$

式中：M_s 为侵蚀模数，t/km²；S 为坡度；L 为坡长，m；A、a、b 均为待定系数。

（4）坡形。自然界的坡面依据其形态，可分为直线形坡、凸形坡、凹形坡和阶形坡四种类型，其他形态实际上是上述坡形的不同方式的自然组合。

1）直线形坡。从分水岭到斜坡底部坡度保持不变，严重土壤侵蚀发生在下半部。随着距分水岭距离增大，径流量和流速也增大，斜坡上常出现彼此平行排列的细沟、浅沟和切沟。

2）凸形坡。其坡度随着距分水岭距离增加而增大。邻近分水岭附近地面平缓，以后随坡长增加，坡度亦在增加。由于坡度和坡长同时增加，将引起径流量和流速迅速增加，水土流失量亦随之增大，凸形坡的下部经常以浅沟、切沟等为主要侵蚀形式。

3）凹形坡。凹形坡坡度的转折与凸形坡不同，在斜坡上半部邻近分水岭附近，坡度较陡，而距分水岭愈远时，坡度较缓。因而，在斜坡的下半部，虽然其斜坡坡长增加，但由于坡度减缓，不仅不产生侵蚀作用，而且往往以沉积为主。此种坡形较多地分布在山区与阶地平原接壤处或河谷两岸。

4）阶形坡。阶形坡是斜直坡与阶地相间的复式坡形，这种坡形对水流起到一种

缓冲作用，既可增加地表径流的下渗机会，减小径流量，又可削减径流流速，降低径流冲刷强度。

(5) 坡向。坡向不同，所接受的太阳辐射不同，从而影响土壤温度、湿度、植被状况等一系列环境因子的不同，其侵蚀过程也有明显差异。

西叶维特洛夫（C. CN，CuebotpoB）的观测结果见表2-10，表明阳坡的侵蚀大于阴坡。

表2-10 坡向对水土流失的影响

坡向	各种土壤冲刷强度的面积百分数(%)		
	不受冲刷	中等冲刷	强烈冲刷
阳坡	57	24	19
阴坡	70	15	7

2.5.1.4 土壤因素

在土壤侵蚀过程中，土壤是被破坏的对象，所以，土壤的特性对土壤侵蚀的发展有着重要的影响。在一定的地形和降雨条件下，地表径流的大小以及土壤侵蚀的程度和强度则取决于土壤的性质。

土壤的特性包括渗透性、抗蚀性和抗冲性等。

1. 土壤的渗透性

地表径流是水力侵蚀的动力，在其他因素相同的条件下，径流对土壤的破坏性能，除流速外，主要是径流流量。径流量的大小，则完全取决于土壤的透水性。土壤渗透性强弱主要取决于土壤的质地及结构性、孔隙率等因素。

(1) 土壤质地。一般砂质土，颗粒较粗，土壤孔隙度大，因此透水性强，不易形成地表径流，壤质或黏质土壤则相反。

(2) 土壤结构。土壤的结构越好，透水性和持水量就越大，土壤侵蚀程度越轻。结构良好的土壤因大小孔隙比例适当，透水性强，减少径流量，削弱了径流的破坏力，因此抗蚀力也很强。腐殖质含量高的土壤，土壤结构良好，土壤疏松多孔，透水保水能力都强，所以抗蚀力很强。

(3) 土壤孔隙率。土壤持水量的大小对于地表径流的形成和大小亦有很大的影响。如持水量很低，渗透强度又不大，在大暴雨时，就会产生超渗现象，从而发生强烈的地表径流和土壤流失。土壤的持水量主要取决于土壤的孔隙率，同时也与孔隙的大小有关。当孔隙很小时的土壤，持水性虽然很大，但由于透水性不好，不能很好地吸收雨水。如果土壤孔隙率加大，同时孔隙也大，土壤吸收雨水能力即加强。

一般砂土的特性是孔大而少，所以透水性强而持水量小；相反，一般黏性土壤的特性是孔多而小，所以透水性差而持水量大。如果要想把大强度的降水很快吸蓄在土壤中，必先把上述矛盾统一起来，只有具有团粒结构的壤质土壤，既有较大的孔隙而利于大强度雨水渗入，又有多量小孔隙而利于保持大量渗入的雨水。

(4) 土壤湿度。每种土壤保持水分是有一定限度的，这与土壤的孔隙率、团粒结构以及所含的有机成分有关。当土壤含水量达到饱和时，多余的水分就难渗入，除非是其透水性强和其下层尚有吸收的余地。

土壤湿度的增加，一方面减少土壤吸水量；另一方面土壤颗粒在较长时间的湿润情况下吸水膨胀，使孔隙减缩，尤其是胶体含量大的土壤更为显著。这就是土壤湿度影响地表径流的基本原因。所以暴雨落到极其潮湿的土壤上的径流系数，要比落到比较干燥的土壤上大得多。

2. 土壤的抗蚀性

土壤的抗蚀性是指土壤抵抗雨点打击分散和抵抗径流悬浮的能力。土壤的破坏，一方面决定于降雨强度、雨滴的大小、地表径流的多少及其速度；另一方面则决定于土壤抵抗水流破坏和雨滴冲击作用的能力，即土壤的抗蚀能力。

3. 土壤抗冲性

土壤抗冲性系指土壤抵抗地表径流对土壤的机械破坏和推动下移的能力。土壤结构越差，遇水崩解越快，抗冲性越强，越容易产生土壤侵蚀。

2.5.1.5 植被因素

植被防治土壤侵蚀主要是通过拦截降雨、调节地表径流、固结土体和改良土壤性状等实现的。

1. 拦截降雨

植物的地上枝叶，不仅呈多层遮蔽地面，而且都有一定的弹性开张角，既能拦截降水，又能分散和削弱雨滴的能量，使雨滴速度减小，能有效地防止雨滴对地面直接打击和破坏作用。植被覆盖度越大，层次结构愈复杂，拦截的效果越好。尤其以茂密的森林为最显著。在一般情况下，降雨量（日降雨量10～20mm）的15%～40%首先为树冠所截留，而后又蒸发到大气中去，其余降水落到林内，被林内枯枝落叶所吸收，降雨的另一部分5%～10%从林内蒸发，只有1%的降雨形成地表径流，而大部分降雨50%～80%则渗透到土壤里变成地下径流。

2. 调节地面径流

森林、草地中往往有厚厚的一层枯枝落叶，像海绵一样接纳通过树冠和树干流下来的雨水，使之慢慢地渗入地下变为地下水，不易产生地表径流，即使在暴雨时，也有1/3的降水量立刻被森林的枯落物所吸收，同时枝叶截流的作用可缓冲地表径流的形成。

3. 固结土体

植物根系对土壤有良好的穿插、缠绕、网络、固结作用，特别是森林及人工混交林中，各种植物根系分布深度不同，有的垂直根系可伸入土中10m以上，能促成表土、心土、母质和基岩连成一体，不但增强固持土体的能力，而且减少土壤冲刷量。

4. 改良土壤性状

林地和草地落叶腐烂分解后可以给土壤层增加大量腐殖质，林木每年从土壤中吸收有机物质仅为同面积农作物或草本植物的1/15～1/10，这些有机质只有30%～40%用来生长木材，而60%～70%以枯枝落叶形式归还土壤。因此，林地土壤腐殖质含量比无林地土壤高4%～10%，有利于形成大量的具有水稳性的团粒结构，这种团粒结构的抗蚀力很大。

2.5.1.6 人为因素

自从人类出现以来，人们就不断地以自己的活动对自然界施加影响，改变着原有的生态环境，建立新的生态环境，随着人类社会生产活动范围和规模的扩大，前述影响土壤侵蚀的自然因素，在人为因素作用下，也都在向着不同的方向发展。既有促进土壤侵蚀的一面，也有防止土壤侵蚀的成效。通过人为治理活动消除前者的破坏性作用，发展后者的积极作用。

2.5.2 风蚀的影响因素

风蚀作用的大小、强弱除与风力有关外，还受土壤抗蚀性、地形、降水、地表状况等因素影响。

1. 土壤抗蚀性

土壤抵抗风蚀的性能主要取决于土粒质量及土壤质地、有机质含量等。

风力作用时，受作用力的单个土壤颗粒（团聚体或土块）的质量（或大小）足够大，则不能被风力吹移、搬运；若颗粒质量很小，极易被风吹移。因之，常把粗大的颗粒称为抗蚀性颗粒，把轻细的颗粒称为易蚀性颗粒。抗蚀性颗粒不仅不易被风吹移，还能保护风蚀区内的易蚀性颗粒不被移动。由此可见，土壤抗蚀性颗粒的含量多少，能够表示土壤抗蚀性强弱。

抗蚀性颗粒的机械稳定性，影响风蚀的进一步发展。若抗蚀性颗粒（或团聚体）形状大（或成复粒），在风沙粒的冲击和磨蚀作用下，仅被分离成较大的颗粒或不易分离，表示颗粒稳定性高；相反，易分离的颗粒稳定性差。颗粒稳定性与土壤质地、有机质含量有关。

在不同质地的土壤中，沙土和黏土是最易被风蚀的土壤。因为，质地较粗的沙土中缺少黏粒物质，不能将沙粒胶结成有结构的土壤；黏土易于形成团聚体和土块，但稳定性很差，特别是冻融作用和干湿交替而使其破碎。切皮尔的分析表明，当土壤中黏粒含量约在27%时，最有利于抗风蚀性团聚体或土块的形成；小于15%时，很难形成抗风蚀的团聚结构。极粗沙和砾石很难被移动，有助于提高土壤的抗蚀性。

我国干旱区风成沙的粒度成分，以细沙（0.25～0.10mm）为主，其次为极细沙和中沙，粉沙含量不多，粗沙含量最少，几乎不含极粗沙（表2-11）。干旱风沙区，受风沙的侵蚀和埋压，地带性土壤发育很弱，且与风沙相间分布。毛乌素沙区各地带性土壤表层黏粒含量均在10%以下，这样的土壤质地很难形成抗风蚀的结构单位，因而造成干旱、半干旱风沙区土壤极易被吹蚀的特点。

表2-11 干旱区主要沙漠沙的粒度组成

沙漠名称	各粒级（mm）					
	>1.00	1.00～0.50	0.50～0.25	0.25～0.10	0.10～0.05	<0.05
塔克拉玛干沙漠	—	0.02	4.54	34.15	41.97	19.32
古尔班通古特沙漠	—	—	8.70	68.20	19.10	4.00
巴丹吉林沙漠	—	3.40	23.40	61.40	9.82	1.98
腾格里沙漠	0.01	1.60	6.61	86.88	4.90	—

续表

沙漠名称	各粒级 (mm)					
	>1.00	1.00～0.50	0.50～0.25	0.25～0.10	0.10～0.05	<0.05
乌兰布和沙漠	0.01	0.78	17.31	72.11	9.52	0.27
库布齐沙漠	—	1.10	1.90	85.30	11.70	—
宁夏河东沙区	—	0.16	17.99	75.05	6.16	0.67
平均	微量	1.00	11.49	69.01	14.74	3.75

土壤有机质能促进土壤团聚体的形成并提高其稳定性，不利于风蚀发展，因而，在生产中通过增施有机肥及植物秸秆来改良土壤结构，提高抗蚀能力。

2. 地表土垄

由耕作过程形成的地表土垄，能够通过降低地表风速和拦截运动的泥沙颗粒来减慢土壤风蚀。阿姆拉斯特（D. V. Armbrust）等研究了不同高度土垄的作用得出：当土垄边坡比为1∶4，高5～10cm时，减缓风蚀的效果最好；低于这个高度的土垄在降低风速和拦截过境土壤物质方面，效果不明显；当土垄高度大于10cm时，在其顶部产生较多的涡旋，摩阻流速增大，从而加剧了风蚀的发展。

3. 降雨

降雨使表层土壤湿润而不能被风吹蚀。切皮尔在美国大平原地区的研究表明，当地上15cm高处风速为8.9～14.3m/s、表层土壤实际含水量相当于水分张力在1520Pa时土壤含水量0.81～1.16倍的状态下，风蚀可能发生。比索尔（F. Bisal Etal）等在加拿大的研究也得到类似的结果。然而，表层土壤湿润持续时间很短，在强风作用下很快干燥，即使下层很湿，风蚀也会发生。

降雨还通过促进植物生长间接减少风蚀。特别是在干旱地区，这种作用更加明显。由于植物覆盖是控制风蚀最有效的途径之一，植物对降雨的这种反应也就显得特别重要。

降雨还有促进风蚀的一面。原因是雨滴的打击破坏了地表抗蚀性土块和团聚体，并使地面变平坦，从而提高了土壤的可蚀性。一旦表层土壤变干，将会发生更严重的风蚀。

4. 土丘坡度

在水平地面及坡度为1.5%的缓坡地形上，一般风速梯度和摩阻流速基本不变。但对于短而较陡的坡，坡顶处风的流线密集，风梯度变大，使高风速层更贴近地面。这就使坡顶部的摩阻流速比其他部位都大，风蚀程度也较严重。

5. 裸露地块长度

风力侵蚀强度随被侵蚀地块长度而增加，在宽阔无防护的地块上，靠近上风的地块边缘，风开始将土壤颗粒吹起并带入气流中，接着吹过全地块，所携带的吹蚀物质也逐渐增多，直到饱和。把风开始发生吹蚀至风沙流达到饱和需要经过的距离称饱和路径长度。对于一定的风力，它的挟沙能力是一定的。当风沙流达到饱和后，还可能将土壤物质吹起带入气流，但同时也会有大约相等重量的土壤物质从风沙流中沉积下来。

尽管一定的风力所携带的土壤物质的总量是一定的，但饱和路径长度随土壤可蚀性的不同而不同。土壤可蚀性越高（抗蚀性越低），则饱和路径长度越短。切皮尔和伍德拉夫的观测表明，当距地面 10m 高处风速约 18m/s 时，对于无结构的细沙土，饱和路径长度约 50m，而对结构体较多的中壤土，则在 1500m 以上。

若风沙流由可蚀区域进入受保护的地面时，蠕移质和跃移质会沉积下来，而悬移质仍可能随风飘移；风沙流再进入另一可蚀性区域时，又会有风蚀发生。

6. 植物覆盖

增加地面植被覆盖（生长的作物或作物残体），是降低风的侵蚀性最有效的途径。

植被的保护作用与植物种类（决定覆盖度和覆盖季节）、植物个体形状和群体结构、行的走向等有关。高而密的作物残茬，其保护作用常与生长的作物相同。

当地面全部为生长的植物覆盖时，地面所受的保护作用最大；单独的植物个体或与风向垂直的作物也能显著地降低风速，减少风蚀。因此，在植物周围和风障前后，常可见土壤物质的堆积现象。

2.5.3 重力侵蚀的影响因素

1. 气候因素

气候的冷暖、干湿和温差变化均能对重力侵蚀产生影响。例如，在寒冷地区，冬季地面冻结而膨胀隆起，坡面上的颗粒随着膨胀沿垂直坡面上升，解冻时，地面恢复到原来的位置，但颗粒在重力作用下向下坡方向发生移动。

干湿变化对黏土体积的变化影响特别显著，温差对岩块体积变化的影响特别显著。在温带地区，因温差变化引起硅酸岩块的平均体积变化为 0.1%，但在干旱气候条件下温差的影响要比温带大 10 倍，即可达 1%。这样，当碎屑体积膨胀时，颗粒之间互相挤压，碎屑被挤出原来位置；碎屑再恢复到原来体积时，又由于本身重力的影响，碎屑可能向下移动。如果碎屑颗粒体积收缩时，其间形成空隙，使上部碎屑失去支持，也能因碎屑本身重力影响引起下移。

在日温差、年温差较大的干旱、半干旱地区，物里风化作用较强，较短的时间内岩石就会风化破碎，易形成崩塌。

暴雨增加了岩体和土体负荷，破坏岩体和土体结构，软化了黏土层，易触发崩塌和滑坡。

2. 地质因素

在节理和断层发育的山坡上，岩石碎屑，很易发生崩塌。当地层倾向和山坡坡向一致，而地层倾角小于山坡坡角时，常沿地层层面发生崩塌；软硬岩性相间的地层是互层时，较软岩层易受风化，形成凹坡，坚硬岩层形成陡壁或突出或悬崖，易发生崩塌。松散堆积层中发生滑坡，主要和黏土有关，特别是与蒙脱石、伊利石和高岭石等亲水黏土矿物关系密切。这些矿物含量多的土体，内摩擦角 φ 值很小，因此最易产生滑坡。基岩滑坡多发生在千枚岩、页岩、泥灰岩和各种片岩等岩性区，因为这些岩石遇水时容易软化，在斜坡上失去稳定，产生滑坡。构造主要指的是断层面、节理面、岩层不整合面以及松散沉积物与下伏基岩的接触面等，因为它们的存在构成了天然的滑动面，如果岩层倾向与斜坡倾向一致，而岩层倾角小于斜坡倾角时最易形成滑坡。

3. 地貌因素

坡度和高差是影响重力侵蚀的主要地貌因子。

蠕动多发生在25°～30°的斜坡上，而大于45°的斜坡才有崩塌出现，45°～70°的坡面红土泻溜最为严重，30°～40°的坡面为基岩滑坡的基本条件。

地形高差大小也是影响重力侵蚀的主要因子。例如，大型崩塌只能发生在高于50m的陡坡上。其次，高差愈大，形成的临空面愈大，滑坡愈易发生。

4. 植被因素

植被是地表的保护者。凡植被生长较好的坡面上，一些重力侵蚀类型将会大大减弱。

5. 人为因素

人为的土地不合理利用、边坡开挖和土坡顶堆积弃土、盖房等为重力侵蚀创造了条件。此外，地震也有助于重力侵蚀发生；地下水位上升为滑坡形成创造了条件。

2.6 土壤侵蚀的预测预报模型

土壤侵蚀模型是预报水土流失、指导水土保持措施配置、优化水土资源利用的有效工具，长期以来备受国内外学者的广泛关注。一个世纪以来，各国学者为土壤侵蚀模型的建立作了大量卓有成效的工作，尤其是近几十年来，随着计算机等相关学科的迅速发展和土壤侵蚀机理研究的不断积累，土壤侵蚀模型研究和模拟技术越来越受到人们的重视。

国际上水蚀预报模型研发大体上经过了4个阶段，即：试验观测数据，建立土壤侵蚀基础数据库，结合统计分析和对土壤侵蚀影响因子的概化，建立估算土壤流失统计模型；基于水蚀过程的研究成果，结合泥沙连续方程和数理方法，开发物理模型；基于物理模型的成果并与GIS结合，开发分布式水蚀预报模型；基于坡面和小流域水蚀预报模型的研究成果及遥感和地理信息系统的应用，开发区域土壤侵蚀模型。众多的土壤侵蚀模型各具特色，但从总体上可以分为经验统计模型和理论模型两大类型。

2.6.1 经验统计模型

经验模型是在一定条件下，以实地观测或实验数据为基础建立的，而不是理论推导而得的模型；所以，模型与相同或相似条件下的实际观测值较为吻合，模型的可靠性往往与实际经验有很大关系。这种模型有可能是一个粗略的关系式，也可能是一个复杂的多元回归方程。由于它们只是把输入的数据通过一定的算式转变为输出结果，而对于物理过程则无法模拟，有时也把经验模型称为黑箱模型。这种模型相对比较简单，运算所需的数据量也比较少。在土壤侵蚀研究和生产实践中，最常见也是应用最广泛的一种经验模型是USLE（Universal SoilLoss Equation）。此外，由USLE演变而成的其他经验模型还有RUSLE（Revised Universal Soil LossEquation）、SLEMSA（The Soil Loss Estimation Modelfor Southern Africa）和IDEROSI（An Erosion EstimationModel from Indonesia）等。这些模型都是以USLE为基础，修改其中的某些参数而建立的。另外，还有与USLE相结合，以GIS为平台，实现菜单式操作，用于估测土壤侵蚀量与泥沙输送量的SEDMOD（The Spatially Explicit Delivery MODel）。一般而言，经验模型由于缺乏足够的原理性描述，其模拟结果也较为粗略，一般不适宜用于有关土壤侵蚀机理、过程模拟等深层次的研究。

1. 通用土壤流失方程

1877年德国土壤学家Ewald Wollny开始了定量研究土壤侵蚀的漫长历程，1917年，美国学者M. F. M iller及其同事们在密苏里农业实验站（Missouri Agricultural Experiment station）布设小区开展农作物及轮作对侵蚀和径流的影响研究。20世纪20年代，美国农业部（USDA）土壤调查专家贝纳特（Bennett）等建立土壤侵蚀试验站，并将Miller的径流、侵蚀研究方法进行推广应用。基于大量的试验观测，Bennett于1939年出版了经典名著《土壤保持》。20世纪30年代大面积高强度沙尘暴的发生，使美国政府和公众深刻认识到大面积垦殖导致的严重后果，并采取行动投入大量人力、物力开展土壤侵蚀试验观测、预报和防治研究，于1954年在美国中西部印第安纳州西老佛爷市（West Lafayette City，Indiana）建立了国家径流泥沙数据中心，（即美国国家土壤侵蚀研究实验室的前身），组织力量汇总了全美的径流泥沙观测资料。基于当时对土壤侵蚀过程及其机理的认识和对大量的径流泥沙观测数据的统计分析，W. H. W ischmeier组织全美有关政府部门和科研、教学和生产单位联合攻关，于1965年建立了著名的通用土壤流失方程（USEL - Universal Soil Loss Equation）。

通用土壤流失方程（USLE）的结构形式为

$$A = RKLSCP \tag{2-34}$$

式中：A为单位面积上的土壤流失量（t/acre，yr）；R为降雨侵蚀力因子（100ft. tons. Inch/acre. hr. yr）；K为土壤可蚀性因子（Tons，h r/100ft. tons/inch）；L为坡长因子；S为坡度因子；C为作物覆盖和管理因子；P为水保措施因子。

USLE的主要优点表现为以下几个方面：

（1）拟定了标准小区，即规定坡度为9%，坡长为22.13m，连续保持清耕裸露休闲状态，且实行顺坡耕作的小区为标准小区。标准小区的拟定，为不同条件下土壤流失量的对比提供了可能。

（2）充分考虑了影响土壤侵蚀的主要因子。

（3）各评价因子完全独立，且可进行实际测试。

（4）降雨侵蚀力指标为各地提供了更准确的降雨侵蚀潜势。

（5）土壤可蚀性指数直接用土壤性状进行评价，并对大部分土壤提供了计算土壤可蚀性的方法。

（6）将作物覆盖与田间管理综合考虑，更符合实际情况。

通用方程式的设计思路、因子确定原则和模型结构简单明了，为世界范围内土壤侵蚀模型的开发提供了典范，对其他国家的土壤侵蚀预报、水土保持规划也产生了重要影响。许多国家和地区以此为蓝本，结合本国本地区实际情况，研发了适用于本国本地区的侵蚀预报模型。同样，USLE的研发对中国土壤侵蚀模型的研究也起到了重要的推动作用。但该模型所使用的数据主要来自美国落基山山脉以东地区，仅适用于缓坡地形；此外该模型只是一个经验模型，因此模型的外推应用受到限制。

2. 修正通用土壤流失方程

1978年，W. Wischmeier和D. Smith针对应用中存在的问题，对USLE进行了修正，使USLE更具普遍性。然而，随着人类对土壤侵蚀过程认识的不断深入，对次降雨引起的土壤侵蚀进行预报势在必行，但以年侵蚀资料为基础建立起来的USLE，无法进行次降雨土壤侵蚀的预报。为此，美国土壤保持局于1985年开始了USLE的修正工作，该工作于1997年完成，建立了USLE的修正版RUSLE（Revised Universal Soil Loss Equation）。虽然RUSLE可进行次降雨土壤侵蚀的预报，但仍未摆脱经验模型USLE的基本框架。

按照模型开发研制的先后顺序，RUSLE具有不同的版本。在DOS界面下操作的版本有RUSLE1.05模型，主要用于农地和荒草地年土壤流失量（细沟间侵蚀和细沟侵蚀）的预报。RUSLE1.06除预报农地和和荒草地年土壤流失量外，还可预报矿区、建筑工地和开垦地的土壤流失量。在Windows界面操作下的版本有RUSLE2，是对早期版本的修正和完善，于2000年颁布。目前美国农业部泥沙研究实验室的科学家正在对该版本进行修正与完善，该模型可以预报不同农田生态系统的农地、矿区、建筑工地和林地的土壤流失量。

同USLE相比，RUSLE的数据源更广，并对各侵蚀因子的测算方法进行了改进。*R*值考虑到了表层水流对降雨击溅的缓冲作用，尤其是对高强度暴雨区的降雨侵蚀力等值线图进行了修正。此外，该方程在对美国西北部的农田和牧场农作物区*R*值的计算中，考虑到了多年冻土和部分消融土壤产生的径流。在*K*值研究中考虑了冻融循环使土壤变得松散以及生长期时由于土壤水分的消耗而使土壤重新固结的影响。*LS*值的测算则扩展了原有小于9°的适用范围，并对坡长的测算提出了新的算法，使得坡度、坡长因子的适用性更广。*C*因子在RUSL E模型中被分为若干个次因子，包括前期土壤管理状况、作物郁闭度、地表覆盖、地表糙度、土壤前期含水量，从而使*C*值对保土耕作措施、轮作措施等的估算更加精确。*P*值对等高耕作、带状耕作对泥沙输移的影响进行了考虑。

2.6.2 物理过程模型

物理模型模拟的是整个事件或系统的过程，这种模拟方法采用的是原理和理论的推导，而不是过程的简化。模型的物理参数可以通过实测获得，也可通过方程求得。物理过程模型运用了大量土壤侵蚀过程研究的结果，并且使用普遍规律（如质量守恒定律、牛顿第二运动定律以及热力学第一定律），使得模型基本上可在其他地区推广应用。过程模型，可以提供侵蚀时空分布信息；同时，模型中如果正确使用了物理过程，它将提高管理措施和土地利用变化对土壤侵蚀影响方面预报的可靠性。但对于过程模型而言，如果对侵蚀过程的定量表述不正确，将影响模型结构的设计和预报精度；而且随着模型复杂性的增加，模型输入的不确定性也将增加，误差传递也会随之增加。

在研究中较为常用的物理模型有以下几种：EUROSEM、CREAMS及其改进版OPUS、ANSWERS、WEPP、AGNPS模型，另外还有LISEM、SHE、GLEAMS、

SWAT 等。

1. 土壤侵蚀过程的模拟

1947 年 Ellison 将土壤侵蚀划分为降雨分离、径流分离、降雨输移和径流输移 4 个子过程，为土壤侵蚀物理模型的研究指明了方向。1958 年 L. Meyer 成功地建造了人工模拟降雨器，为土壤侵蚀机理研究创造了便利的技术条件。1972 年 G. Foster 和 L. Meyer 根据侵蚀泥沙的来源将坡面侵蚀划分为细沟间侵蚀和细沟侵蚀，假定并在近似稳定流的条件下，根据泥沙输移连续方程建立了坡面侵蚀泥沙连续方程，即

$$dG/dx = D_r + q_s \tag{2-35}$$

式中：G 为单宽泥沙量；x 为细沟长度；D_r 为细沟流分离速率或沉积速率；q_s 为细沟间泥沙输入速率。细沟流分离速率与径流分离能力、挟沙力、实际输沙率密切相关，其关系可用式（2-36）描述为

$$D_r = D_c(1 - g/T_c) \tag{2-36}$$

式中：D_c 为径流分离能力；g 为实际输沙率；T_c 为径流挟沙力。在特定土壤和水动力条件下，径流分离能力 D_c 和径流挟沙力 T_c 可视为常数，因此式（2-36）表明细沟流分离速率与实际输沙率之间呈简单的线性递减关系。式（2-35）和式（2-36）的建立，为基于侵蚀过程土壤侵蚀物理模型的发展奠定了理论基础。

2. 水蚀预报模型（WEPP）

WEPP 实际是 USDA 推出的用以替代 USLE 的新一代土壤侵蚀预测模型。从 1985 年开始研究，1989 年基本完成，后经过多次改进和完善，于 1995 年向外公布。它属于一种连续的物理模型。模型可模拟的流域物理过程有：日土壤水分平衡，不同植被条件下（农作物、林地和草地等）的日蒸发散，年作物产量、畜牧产量，径流、灌溉时的侵蚀，林地侵蚀，细沟和沟间侵蚀，农业管理措施对侵蚀及水文过程的影响等。

与传统的水文模型相比，WEPP 具有很多优点：①可模拟土壤侵蚀过程及流域的某些自然过程，如气候、入渗、植物蒸腾、土壤蒸发、土壤结构变化和泥沙沉积等；②可模拟非规则坡形的陡坡、土壤、耕作、作物及管理措施对侵蚀的影响等；③可以模拟土壤侵蚀的时空变异规律；④预测泥沙在坡地以及流域中的运移状态。模型中，泥沙模块采用 Yalin 泥沙输移公式计算，泥沙沉积的计算方法与 CREAMS 中的方法相同，入渗过程则采用 Green - Ampt 公式计算。在进行模型运算时，需要输入不同类型的参数，其中包括气象、土壤、地形和土地利用等参数。模型可以模拟冬天融雪所产生的径流过程。

WEPP 可模拟的项目很多，适用范围广，这是其最大的优点。模型易于操作，对运行环境的要求也比较低。但目前，模型需在 DOS 环境下进行操作，基于 WINDOWSTM 的测试版（beta 版）已于 1998 年公布，正式版仍在开发和完善过程之中。另外，模型本身只能模拟片蚀、细沟侵蚀和临时性沟道中的水力侵蚀过程，对于较大规模的沟蚀和流水沟道的侵蚀形式，模型无法进行模拟。

3. 欧洲土壤侵蚀模型（EROSEM）

英国 Morgan 等人根据欧洲土壤侵蚀的研究成果，开发了用于描述和预报田间和

流域的土壤侵蚀预报模型（EROSEM - European Soil Erosion Model）。其模型的建立主要是根据欧洲平原地区的侵蚀特点，尤其是考虑到壤中流在欧洲自然景观中所起的重要作用，并根据区域降雨特征采用与 RUSLE 不同的计算方法计算降雨侵蚀力。EUROSEM 模型是一个以缓坡为主的小流域模型，以预报次暴雨造成的土壤流失量为目标的过程模型。目前欧盟开发研制 EUROSEM 模型在暴雨条件下对侵蚀过程的模拟，以增强该模型对大强度暴雨侵蚀的预报精度。

EROSEM 是基于物理过程的次暴雨分布式侵蚀模型，模型以侵蚀产沙过程为切入点，考虑植被截留、土壤表面状况、径流产生、剥蚀及径流搬运能力等方面对侵蚀过程的影响，径流产生以 KINEROS（KINematicRunoff and EROSion model）为基础，以 1min 为时间步长，可生成降雨过程中的水文和泥沙曲线图，预报侵蚀和沉积部位，模拟与侵蚀和沉积相对应的微地形起伏变化。模型可模拟细沟侵蚀，但必须预先指定细沟位置。细沟流输移能力用 Govers 提出的输移方程模拟，细沟间径流输移用 Everaert 输移方程，目前还不能很好地模拟切沟侵蚀。尽管模型能够较好地模拟侵蚀，但对于 25m×35m 的地块，当侵蚀量小于 686kg/hm^2 时预报出现明显错误。该模型是针对欧洲平原地区的地貌及侵蚀特点开发而成的，适用于缓坡为主的小流域，在我国应用受到一定的限制。

4. SWAT（Soil and Water Assessment Tool）

SWAT 是为了预测流域管理措施对水质、泥沙和化学物质的作用而开发的一种分散连续性的物理模型。模型是由 SWRRB（Simulator for Resourcesin Rural Basins）模型改进后而得来的，主要用于大型流域。事实上，模型也可以对流域内部的许许多多次一级流域进行模拟。模型可以模拟流域中一般的水文过程，水文计算方法基本与 CREAMS 中提到的相同。模型还具有一个气象资料生成模块，可对日降雨和温度等进行模拟。另外，模型增加了一个模块用以模拟侧向水流和地下径流，还可以模拟水池、水库、河道以及沟道中的泥沙、化学物质的泥沙损失量等。该模型应用范围不太广泛。

5. EPIC（Erosion Productivity Impact Calculator）

EPIC 属于连续的半物理半经验土壤侵蚀模型，用于估算土壤侵蚀与土壤生产力间的相互关系。模型主要包括水文、侵蚀、气象、营养元素、植物生长、土壤、耕地和经济等 8 个功能模块，可模拟侵蚀输沙产沙、营养元素循环和作物的生长等。模型假定所模拟的区域空间特性相同，但是土壤在垂直方向上的特性可以不同。土壤沿垂直方向可划分为 10 个层面。EPIC 在美国曾广泛用于土壤侵蚀对土地生产力影响的预测和评价，是一个功能较为强大的模型。但是，模型只能模拟和计算约 1hm^2 的区域，而且所需的数据量大，所以不可能在流域研究中得到广泛应用。

6. SHE（System Hydrologique European）

该模型属于连续的分散物理模型。SHE 可用于模拟融雪过程、蒸发散、地上水流和沟道水流、饱和及非饱和产流的地表径流。模型把流域分割为一个由矩形栅格组成的栅格网，然后针对每一栅格进行计算。其中，地上水流和沟道水流用简化后的 St. Venant 公式计算，非饱和产流利用 Richards 方程模拟计算，饱和产流用 2 维的 Boussinesq 方程计算。模型运算所需的数据量较大。

2.6.3 国内土壤侵蚀模型研究

从20世纪40年代我国就开始了土壤侵蚀的定量化研究。1953年根据径流小区观测资料，首次提出了坡面年侵蚀量的计算公式，为我国土壤侵蚀的定量化研究揭开了序幕。20世纪50年代朱显谟先生、黄秉维先生对土壤侵蚀类型、特征、影响因素及分布区域的深入研究，为土壤侵蚀的定量研究奠定了基础。20世纪60年代朱显谟先生关于土壤抗冲性和抗蚀性的界定，促进了土壤抗蚀能力的研究。同期建立的黄河中游地区坡耕地土壤流失预报方程，引入了植被因子。20世纪70年代，在继续进行土壤抗冲性研究的同时，以小流域为单元进行水土流失研究和治理的思路初步形成，对中、大尺度的土壤侵蚀研究也逐渐展开。20世纪70年代末期，随着对外学术交流的不断发展，美国通用土壤流失方程（USLE）对我国土壤侵蚀统计模型的研究产生了重大影响。

根据美国通用土壤流失方程的基本思路和原理，从20世纪80年代开始，我国土壤侵蚀学者和地理学家进行了大量的系统研究，这一阶段对雨滴分布、雨滴速度、降雨溅蚀、植被截留、降雨侵蚀力、土壤可蚀性、坡度坡长因子、植被覆盖因子等诸多方面有了长足进展。

从20世纪80年代以来，流域土壤侵蚀模型的研究也取得了重大进展。从河流动力学的基本原理出发，根据黄土丘陵沟壑区径流小区观测资料，以年径流模数、河道平均比降、泥沙粒径和流域长度为基本参数，建立了流域侵蚀预报模型，虽然具有一定的局限性，难于在较大范围内推广应用，但该研究为流域土壤侵蚀模型的研究做了创造性的贡献。黄秉维先生总结了近期的大量研究成果后认为，从水力侵蚀的机制出发，坡面水蚀可分为两步：首先是土粒与土体的分离，其次是径流搬运已被分离的松散土粒。坡面降雨侵蚀营力包括3个方面：一是降雨雨滴的打击力；二是细沟间片流剪切力；三是细沟内股流剪切力。

目前坡面水蚀方面的理论研究，主要集中于对上述三种侵蚀营力的定量模拟以及与其相关的土壤分离和泥沙输移规律。上述理论的建立，为近期土壤侵蚀理论模型的构建奠定了理论基础。谢树楠等从泥沙运动力学的基本原理出发，假定坡面流为一维流体、流动中的动量系数为常数、不考虑泥沙黏性的前提下，通过理论推导建立了坡面产沙量与雨强、坡长、坡度、径流系数和泥沙中值粒径的函数关系，在充分考虑植被和土壤类型对土壤侵蚀影响的基础上，建立了具有一定理论基础的流域侵蚀模型，并用黄河中游三个中等流域产沙实测数据进行了精度检验，结果表明该模型具有一定的计算精度。汤立群从流域水沙产生、输移、沉积过程的基本原理出发，根据黄土地区地形地貌和侵蚀产沙的垂直分带性规律，将流域划分为梁峁上部、梁峁下部及沟谷坡三个典型的地貌单元，分别进行水沙演算。模型包括径流模型和泥沙模型两部分，径流模型中采用超渗产流模型，用Horton下渗曲线法确定入渗量，沟道中径流运动用一维圣维南方程进行计算。泥沙模型是在计算供沙量的基础上，通过现有全沙挟沙力公式（如Meyer－Peter）计算径流挟沙力，比较供沙量与径流挟沙力，输沙率为其中较小者。该模型充分借鉴了国外已有研究成果，模型结构简单明了，考虑因素较为单一，又考虑了黄土地区土壤侵蚀的垂直分带性规律，是目前国内较为理想的侵蚀模型。蔡强国在充分考虑黄土丘陵沟壑区复杂地貌特征和侵蚀垂直分带性的基础上，将流域土壤侵蚀模型划分为坡面、沟坡和沟道三个相互联系的子模型。在坡面子模型中考虑了地表结皮、坡度、植被覆盖、耕作等因素对坡面径流和侵蚀泥沙的影响，土壤分离和径流挟沙力都是建立在Bagnold水流功率的基础之上。在沟坡子模型中，根据黄土沟坡的侵蚀特征，对径流侵蚀、洞穴侵蚀、沟壁重力侵蚀和泻溜侵蚀分别进行了处理，建立了各自的定量模拟方程。而沟道子模型则根据实测的流域水沙资料，通过多元回归分析及数值优化方法，在分析泥沙输移比的基础上，建立了沟道子模型。该模型考虑因素较为全面，模型结构合理，充分考虑了黄土丘陵沟壑区土壤侵蚀的实际情况，可较为理想地模拟次降雨引起的土壤侵蚀过程。

总之，国家社会经济的发展对水土保持和生态环境的建设提出了更高的要求，水土保持与生态环境建设需要建立在科学和客观的基础上，为国民经济和社会发展提供可靠的生态屏障。我国土壤侵蚀预报的总体目标是立足于国家和区域水土保持和生态环境建设规划、决策和水土保持行政执法的需求，瞄准学科前沿，借鉴和吸收国际上水蚀预报模型研究的成功经验和教训，系统总结我国水蚀预报模型研究的成果，借助GIS等技术，建立中国水蚀预报模型。在近期要充分考虑我国侵蚀环境的复杂性及研发水蚀预报模型的难度，收集全国不同水蚀类型区土壤侵蚀试验观测、水文泥沙观测和土壤侵蚀研究等方面的数据，建立标准化的国家土壤侵蚀数据库。结合观测资料分析和水蚀过程的研究成果，提出我国水蚀预报模型的基本结构，并对模型参数表述及其标准化进行系统研究。选择我国主要水蚀区研究开发不同空间尺度的水蚀预报模型，为田间水土保持规划、流域管理、区域和国家水土保持与生态环境建设提供技术支撑，实现对全国水土流失的定期公告，预测大型工程建设对区域环境的影响。

复习思考题

1. 土壤侵蚀的概念是什么？正常侵蚀与加速侵蚀的区别和联系是什么？
2. 简述土壤侵蚀发生的动力因素。
3. 试述土壤侵蚀类型和土壤侵蚀形式的概念及区别。
4. 土壤侵蚀预测预报模型的主要类型有哪些？

参考文献

[1] 张洪江．土壤侵蚀原理．北京：中国林业出版社，2000.
[2] 关君蔚．水土保持原理．北京：中国林业出版社，1996.
[3] 刘秉正，吴发启．土壤侵蚀．西安：陕西人民出版社，1997.
[4] 吴发启．水土保持学概论．北京：中国林业出版社，2004.
[5] 王礼先．水土保持学．北京：中国林业出版社，2005.

第3章 水土保持工程措施

【本章提要】 水土保持工程措施具有见效快、防治效果好的特点，是其他技术措施的基础，水土保持工程是水土保持学的核心内容之一。本章主要介绍了针对水力侵蚀、风力侵蚀防治的各种工程措施及其规划设计方法。其中坡面治理工程、沟道工程和小型蓄排引水工程是较为常用的水保工程，尤其是梯田工程、沟道工程和坡面蓄排水工程，是本章学习的重点，需要掌握各类工程的特点、适用条件和规划设计的一般方法。本章还介绍了工程治沙以及护岸治滩工程的一些知识，可只作一般了解。

3.1 水土保持工程措施概述

水土保持工程措施是以修筑各种水土保持工程为手段，以防治山区、丘陵区、风沙区水土流失，保护改良水土资源为目的，以实现水土流失地区水土资源高效利用和环境改善为目标的各种工程措施的总和。工程措施主要通过坡面治理工程、沟道治理工程等防护工程的实施，改变地形状态，减少水土流失，并为水土资源利用创造条件。

水土保持工程按修建目的及其主要功能大致可分为5种类型：①坡面防护工程。主要作用是稳定坡面，蓄水保土，改良土壤，为恢复植被和农业生产服务；②沟床固定工程，主要作用是固定沟床以及蓄水拦沙；③护岸与治滩工程；④小型蓄排引水工程；⑤工程治沙工程。其中有些工程具有交叉性。如固定沟床的谷坊、淤地坝兼具蓄水、排水功能等。

中国大部分水土流失地区，如西北、东北和华北地区，降雨量偏少，水资源往往是当地土地资源高效利用的限制因素，同时径流也是造成土壤流失的最重要因素之一。蓄水保水，较之单纯的土壤侵蚀治理更加重要。因此，水土保持工程措施，在减少土壤侵蚀的前提下，应当尽量减少雨水（融雪）流失并加以积蓄利用。

对于水土流失严重的地区，单纯依靠农业措施和林草措施无法满足水土保持要求时，必须采用工程措施加以治理。工程措施投入较大，治理水土流失的效果较好，见效快，但工程措施与农业耕作措施及林草措施同等重要，不能互相代替。工程措施的最终目的是为了防止水土流失，提高水土资源利用效率，改善环境质量。因此，在规划水土保持工程措施时，应当考虑分析各种措施之间的相互关系，合理配置工程措施与农业措施、林草措施，使工程措施能够为农业措施和林草措施提供良好的水土条件，产生良好的经济效益和环境效益。

3.2 坡面治理工程

在山地和丘陵的坡面上，水力侵蚀可分为面状侵蚀和沟状侵蚀。坡面植被遭到破坏后，坡面极易发生面状侵蚀并形成许多细沟。随着径流的汇集，流量、流速也随之增大，面状侵蚀可能发展成沟谷侵蚀。坡面工程是治理面状侵蚀，阻止沟谷侵蚀发生，治理坡面水土流失的一系列工程技术措施的总称。

坡面水土流失主要是水力侵蚀的结果，坡面治理工程主要作用针对坡面水流及其导致的土壤侵蚀。坡面治理工程的作用机制，一是通过改变坡面地形因子，如坡长、坡度、糙率等，降低坡面水流流速，减轻土壤侵蚀强度，阻止沟谷侵蚀出现；二是通过就地拦蓄雨水及融雪水，增加土壤下渗，减少径流量，为农作物、牧草以及林木增加可利用的土壤水分；三是将未能就地拦蓄的坡地径流引入小型蓄水工程，作为灌溉或人畜饮水水源。另外，在有重力侵蚀危险的坡地上，修筑排水工程或支撑建筑物可以防止滑坡。

根据坡面工程所处的位置与作用，常将其分为斜坡固定工程、梯田工程以及沟头防护工程。有些教科书中将坡面蓄水和截留工程列入坡面治理工程，本书将其专列为小型蓄排引水工程（本书3.5节）。

3.2.1 坡面固定工程

坡面固定工程是指为防止坡面土体运动，保证坡面稳定而布设的工程措施，包括挡墙、抗滑桩、削坡和反压填土、排水工程、护坡工程、滑动带加固工程、植物固坡工程以及落石防护工程等。主要用于交通、沟河及建设工程两侧病险边坡的治理。

3.2.1.1 挡墙

挡墙又称挡土墙，可防止崩塌、小规模及大规模滑坡前缘的再次滑动。用于防止滑坡的又称抗滑挡墙。

档墙的构造有重力式、半重力式、倒T形或L形、扶壁式、支垛式、棚架扶壁式和框架式等（图3-1）。

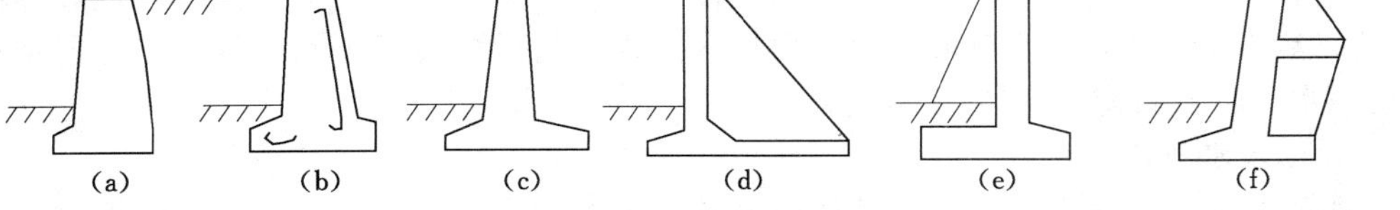

图3-1 挡土墙横断面图

(a) 重力式；(b) 半重力式；(c) 倒T形式；(d) 扶壁式；(e) 支垛式；(f) 棚架扶壁式

重力式挡墙可以防止滑坡和崩塌，适用于坡脚较坚固，允许承载力较大，抗滑稳定较好的情况。浅层中小型滑坡的重力式挡墙宜修在滑坡前，若滑动面有几个且滑坡体较薄时，可分级支挡。其他几种类型的挡墙多用于防止坡面崩塌，一般用钢筋混凝土修建。

3.2.1.2 抗滑桩

抗滑桩是穿过滑坡体将其固定在滑床的桩柱。抗滑桩使滑坡体和滑床连为一体，可有效防止滑坡。抗滑桩具有土方量小、施工方便、工期短等优点，是广泛采用的一种抗滑措施。

根据滑坡体厚度、推力大小、防水要求和施工条件等，可选用木桩、钢桩、混凝土桩或钢筋（钢轨）混凝土桩等。木桩施工方便，但强度低，长度小，抗水性差，一般用于浅层小型土质滑坡或对施工土体临时拦挡。对于大型滑坡体，一般常用钢桩和钢筋混凝土桩。如在安康电站施工中，曾采用直径超过100cm的大型预应力混凝土抗滑桩阻止山体滑坡。

3.2.1.3 削坡和反压填土

削坡主要用于防止中小规模的土质滑坡和岩质坡面崩塌。削坡可减缓坡度，减小滑坡体体积，从而减少下滑力。滑坡分为滑动部分和阻滑部分，前者位于滑坡体的后部，产生下滑力；阻滑部分即滑坡前端的支撑部分，产生抗滑阻力，故削坡的对象是滑动部分。对于高而陡的岩质坡，在受节理缝隙切割比较破碎，有可能崩塌坠石时，可采用剥除危岩、削缓坡顶部的方法加以处理。

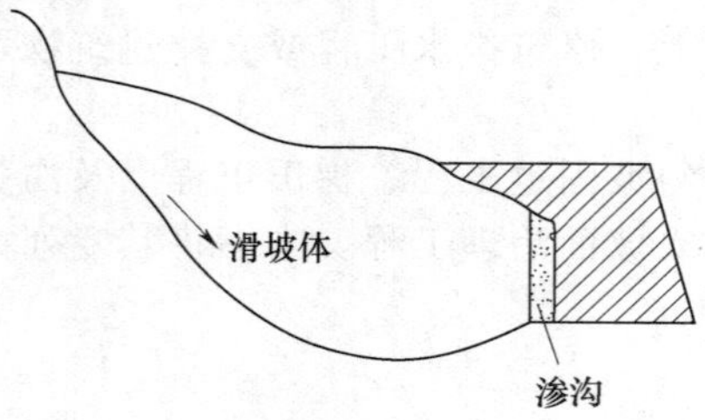

图3-2 反压土堤

反压填土是在滑坡体前面的阻滑部分堆土加载，以增加抗滑力，如图3-2所示。填土可筑成抗滑土堤，然后分层夯实。外露坡面可用干砌片石或种植草皮防护，堤内侧需修渗沟以排除滑动部分土体的水分。土堤和老土间需修隔渗层，防止上部滑动体水分进入抗滑土堤，并应先做好地下水引排工程。

3.2.1.4 排水工程

水的作用是造成滑坡的主要因素。一方面，水进入滑体后，增加滑体的重量；另一方面，水的浸入使滑面润滑，减小了滑体与滑床的摩擦阻力，软化了滑带土，增大了滑体推力。

坡面固定工程中的排水工程，主要是降低地表水和地下水对坡体稳定性的不利影响，一方面能提高现有条件下坡体的稳定性；另一方面允许坡度增加而不降低坡体稳定性。这与防止坡面侵蚀而采取的坡面排水工程（见后）有所不同。排水工程包括排除地表水工程和排除地下水工程。

1. 地表水排除工程

地表水排除工程的作用，一是拦截外部地表水进入，二是防止坡面内的地表水大量渗入，并尽快汇集排除。它包括防渗工程和排水沟工程。

防渗工程包括整平夯实和铺盖阻水，可以防止雨水、泉水和池水的渗透。当坡面上有松散的土体分布时，应填平坑洼和裂缝并整平夯实。铺盖阻水是一种大面积防止地表水渗入坡体的措施，铺盖材料有黏土、混凝土和水泥砂浆。黏土一般用于较缓的坡。

在坡面的湿地和泉水出露处，可设置明沟和渗沟等引水工程将水排走。当坡面较平整，或治理标准较高时，需要开挖集水沟和排水沟，构成排水沟系统。排水沟工程可采用砌石、沥青铺面、半圆形钢筋混凝土槽、半圆形波纹管等形式。也可采用土质沟道，但因渗透和冲刷较强，排水效果相对较差。

2. 排除地下水工程

排除地下水工程的作用是排除和截断渗透水，降低土体重量和渗透压力，增加抗滑力，保持边坡稳定。它包括渗沟、明暗沟、排水孔、排水洞和截水墙等。

如果地下水含水层向滑坡区大量流入，可在滑坡区外布设截水墙，将地下水截断后排除。

3.2.1.5 护坡工程

护坡是为了防止边坡崩塌而对坡面进行加固的工程措施。常见的护坡工程有干砌片石和混凝土砌块护坡、浆砌片石和混凝土护坡、格状框条护坡、喷浆和混凝土护坡、锚固法护坡以及植物护坡等。

干砌片石和混凝砌块护坡用于坡面有涌水，边坡小于1∶1，高度小于3m的情况，涌水较大时应设反滤层，涌水很大时最好采用盲沟。

防止没有涌水的软质岩石和密封实土坡面的岩石风化，可用浆砌片石和混凝土护坡。边坡小于1∶1的用混凝土，边坡在1∶0.5～1∶1之间的用钢筋混凝土。浆砌片石护坡可以防止岩石风化和水流冲刷，适用于较缓边坡。

格状框条护坡是用预制构件在现场直接浇制混凝土或钢筋混凝土，修成格式建筑物，格内可进行植被防护。为防止滑动，应固定框格交叉点或深埋横向框条。

植物护坡是指在坡面种植植物，通过植物覆盖减轻径流对坡面的冲刷，同时植物根系可以提高土体抗剪强度，增加斜坡的稳定性。植物护坡还具有美化环境的效果，在土堤坝、梯田田坎和高速公路边坡上运用较多。试验表明，在不大于50°的坡上，植物护坡能在一定程度上防止崩塌和小规模的滑坡。

3.2.2 梯田

梯田是在坡地上沿等高线修成台阶式或坡式断面的田地，由于地块顺坡按等高线排列呈阶梯状而得名。梯田是一种基本的水土保持工程措施，也是坡地发展农业的重要措施之一。梯田可以改变地形，拦蓄雨水，减少径流，改良土壤、增加土壤水分，具有显著的保水、保肥效果。因此，梯田对防治水土流失，促进山区和丘陵区农业发展，改善生态环境等具有重要作用。按照我国水土保持法规定，25°坡以下的坡地可以修成梯田发展种植业，大于25°的陡坡则禁止开垦种植农作物。

梯田切断了坡面径流，减小了坡面径流汇集面积和径流量，从而能有效地蓄水挡沙，控制水土流失，因此梯田是根治坡地水流失的主要措施。根据陕西省实测资料，与坡地相比，梯田可拦蓄70%～95%坡面径流，90%～100%的泥沙。江苏省试验资料业表明，在降雨量相同的情况下，梯田泥沙流失量减少95%。所拦蓄的表土泥肥，可增加土壤养分，促进作物生长。根据陕西延安、安塞等地的资料，修建梯田后，由于表土流失减少，土壤有机质、速效磷和全氮均有大幅度提高，单产可提高50%～150%以上。

由于梯田能拦蓄坡面径流，增加水分的入渗量，从而可提高抗旱能力，这对于我国干旱和半干旱地区农业生产具有特殊意义。根据内蒙古喀喇沁旗小牛群乡狮子沟试验站的多年观测，梯田可以拦蓄次降雨量达100mm的全部雨量，梯田很少发生径流和冲刷。另据甘肃平凉市水土保持试验站资料，梯田可以拦蓄次雨量为218mm的降雨，土壤入渗深度达到160cm，0～160cm土层较坡地蓄水量增加866m^3/hm^2，形成良好的底墒，有利于农作物抗旱和生长。

梯田可实现保水、保肥、保土，高产、稳产的目的，因此，实现坡地梯田化，是贫困山区退耕陡坡，种草种树，促进农林牧副业全面发展的可持续发展道路，也是改造坡地，保持水土、全面发展山区、丘陵区农业生产的一面重要措施。我国规定，25°以下的坡地一般可修成梯田种植农作物；25°以上的则应退耕植树种草。

3.2.2.1　梯田的类型

根据不同的划分标准，梯田可分为不同的类型。根据地面坡度不同，分陡坡区梯田（坡度一般为15°～25°）与缓坡区梯田（坡度一般在3°以下，少数可达5°～8°）；按断面形式可分为水平梯田、斜坡梯田和隔坡梯田；按田坎建筑材料可分为土坎梯田、石坎梯田、植物田坎梯田；按梯田用途，可分为旱作物梯田、水稻梯田、果园梯田、林木梯田等。现仅按梯田断面形式说明几种梯田的特点及其适用条件。

1. 水平梯田

水平梯田的田面水平、田埂平整，采用半挖半填方式修成，如图3-3所示。这种梯田蓄水、保土能力较大，适宜种植水稻、旱作物、果树等。水平梯田修筑填挖方量大，造价高，且下层生土翻至表层后，会降低耕地质量，需要改良，较适于土层深厚、经济条件较好的地区。

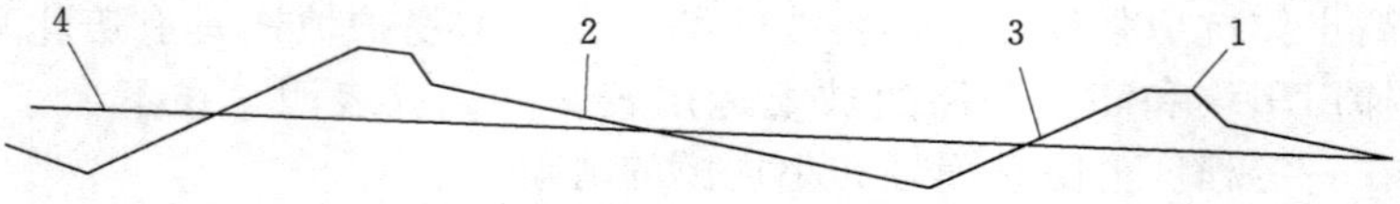

图3-3　水平梯田示意图

1—田埂；2—田面；3—田坎；4—原坡面

2. 斜坡梯田

斜坡梯田分顺坡梯田和反坡梯田。

顺坡梯田的田面坡度与山坡方向一致，坡度改变不大，田坎沿等高线布置，如图3-4（a）所示。通过翻耕和径流冲淤，上部田面土体不断下移，原田面坡度逐渐变缓，通过田坎加高，最终演变成水平梯田。这种梯田工程量小，但蓄水保土能力较水平梯田差，适于土层较薄，劳动力较少的地区。顺坡梯田只能种植旱作物或果树，且须采用等高耕作法耕作。

反坡梯田，田面坡向与山坡方向相反，修成3°～5°的反坡，这种梯田具有较强的蓄水、保土和保肥能力，但用工多。田坎下部一般布置蓄水沟或排水沟，用于集蓄和排除地面径流，如图3-4（b）所示。

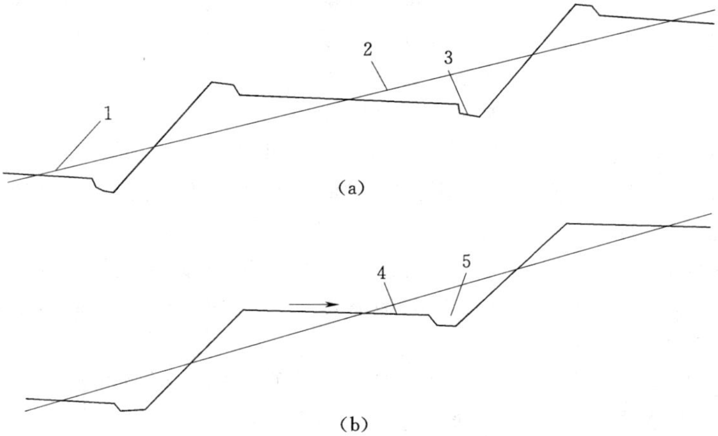

图 3-4 梯田示意图

(a) 顺坡；(b) 反坡

1—原坡面；2—顺坡田面；3—水沟；4—反坡田面；5—蓄水沟

3. 隔坡梯田

隔坡梯田即梯田与自然坡地相间布置的工程形式。梯田田面以水平为佳，可利用上部斜坡汇集的雨（雪）水和土壤颗粒种植农作物。斜坡部分一般种植牧草或其他水土保持效果较好的植物，如图 3-5 所示。

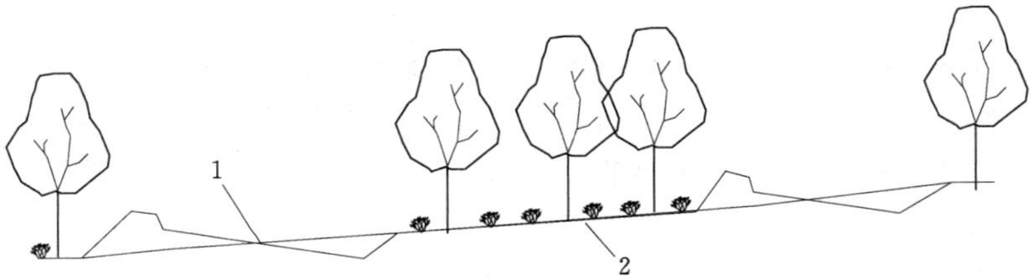

图 3-5 隔坡梯田示意图

1—梯田带；2—原坡带

顺坡梯田修建工程量较水平梯田为少，适于人少地多、降雨量较少、坡度较陡（15°～20°）的坡地修建，可迅速起到蓄水保土的作用，但其蓄水保土效果不如水平梯田。

3.2.2.2 梯田的规划布置

梯田规划应综合考虑地形、土质、气候等自然条件以及社会经济条件，合理确定兴修梯田的地点、范围、种类、数量和规格。梯田规划布置主要依据以下原则：

(1) 梯田一般规划在 25°以下的坡耕地（或山坡）上，25°以上的坡耕地原则上应退耕还草还林。我国南方有些多暴雨地区，除低矮坡平的小山丘外，梯田一般只修到山腰以下，而在山腰至山顶营造水源林，以涵蓄水源和调节气候。

(2) 尽量选择土质较好、坡度（相对）较缓、交通较便、位置较低、水源条件较好的地方修梯田。有条件的应考虑小型机械耕作和提水灌溉。

(3) 梯田的埂坎应平行等高线划定。对地形有波状起伏的，耕作区应顺总的地势呈扇形，区内梯田埂线亦随之略有弧度，不要求一律成直线。在地形弯曲的坡面，可按照“大弯就势，小弯取直”的原则加以调整。

(4) 尽量使每块梯田的面宽度相近以利耕作。

(5) 地块长度一般不小于100～200m，有条件的地方可采用300～400m。

(6) 若梯田有自流灌溉条件，田面可采取小比降（如1/300～1/500）；特殊情况最大不宜超过1/200，以防水土流失。

(7) 田坎应根据当地材料选用土质或石田坎。石料多的地方，或者土质较差，田坎不稳定时，宜采用石坎；缺乏石料的地方可选用土坎，但需要采用植物护坎，在维持土坎稳定的同时发展坎边经济。

(8) 梯田规划应与配套设施规划相结合。配套设施包括坡面蓄（排）水和拦沙设施、梯田区道路及灌溉排水设施等。在山丘上部有地表径流进入梯田区处，应布置截水沟等小型蓄排工程，以保证梯田区安全。当梯田区不能全部拦蓄暴雨径流时，应布置相应的排、蓄工程。

3.2.2.3　梯田的断面设计

梯田的断面要素包括地面坡度、埂坎高度、埂坎坡度、田面宽度等参数。如图3-6所示。

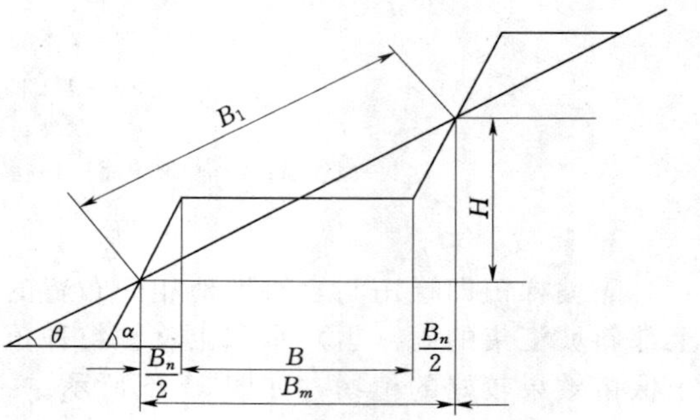

图3-6　水平梯田断面要素图

θ—坡面坡度（°）；α—埂坎坡度（°）；H—埂坎高度（m）；B—田面净宽（m）；B_n—埂坎占地（m）；B_m—田面毛宽（m）；B_1—田面斜宽（m）

从图3-6中可以看出，若田面宽度、埂坎坡度和地面坡度三个数值已知，则其余要素值均可由计算而得，如式（3-1）所示。

$$\begin{aligned} B_m &= H\times\cot\theta \\ B &= B_m - B_n = H\times(\cot\theta-\cot\alpha) \\ H &= B/(\cot\theta-\cot\alpha) \\ B_1 &= H/\sin\theta \end{aligned} \qquad (3-1)$$

对于一块具体的坡地而言，地面坡度为常数，因此田面宽度和埂坎坡度是梯田断面要素中起决定作用的因素。在断面设计和最优断面确定时，主要考虑这两个要素。

1. 田面宽度

一般根据土质和地面坡度先选定田坎高和田坎边坡，然后利用式（3-1）计算田面宽度，也可根据地面坡度、机耕和灌溉需要先定田面宽。保证机耕和灌溉的条件下，田面宽度为越小，修筑单位面积梯田的工程量越小。对于陡坡梯田，田面宽度一般5～15m，缓坡梯田宽度一般20～40m。

有机耕需要的地区，田面净宽至少应满足耕作机具转弯调头的需要；采用喷灌的地区，田面净宽与喷射半径应当互为整倍数，以免漏喷。对于无上述要求的地区，可以适当降低，以适于耕作和降低造价为宜。另外，田面宽度的选择还应该考虑土方平衡要求，尽量减少远距离土方运输。

2. 田坎高度与边坡

田坎高度选择与地面坡度和土质有关。田坎稳定性随高度而降低，但田坎高度过小会降低田面宽度，影响耕作。一般土质田坎的高度以 1～3m 为宜。缓坡地区田坎高度可以低些，如江苏省，缓坡的田坎一般在 0.6～1.2m 左右。

田坎边坡影响田坎的稳定性和占地量。对于石质田坎，一般修成垂直田坎以减少占地。土质田坎的边坡选择应综合考虑土质和坎高因素。一定的条件下，田坎外坡越缓则安全稳定性越好，但其占地和用工量越大。反之，如埂坎外坡较陡，虽然用工量减少，但安全稳定性变差。田坎坡度的选择，就是在保证田坎坚固稳定的前提下，最大限度地少用工和少占地。

我国常用的水平梯田断面设计参考值如表 3－1 所示。

表 3－1　我国常用的水平梯田断面设计参考值

适应地区	地面坡度（°）	田面净宽（m）	田坎高度（m）	田坎坡度（°）
中国北方	1～5	30～40	1.1～2.3	85～70
	5～10	20～30	1.5～4.3	75～55
	10～15	15～20	2.6～4.4	75～50
	15～20	10～15	2.7～4.5	75～55
	20～25	8～10	2.9～4.7	75～50
中国南方	1～5	10～15	0.5～1.2	90～85
	5～10	8～10	0.7～1.8	90～85
	10～15	7～8	1.2～2.2	85～75
	15～20	6～7	1.6～2.6	75～70
	20～25	5～6	1.8～2.8	70～65

注　表中资料引至《水土保持综合治理技术规范》（GB/T 16453.1～16453.6—1996）。

3.3 沟 道 工 程

沟道水土流失是由于面蚀未能及时控制、水土流失不断发展而形成的严重流失状态，主要表现为沟头前进、沟岸扩张和沟底下切。为固定沟床，拦蓄泥沙，防止或减轻山洪及泥石流灾害而在山丘区沟道中修筑的沟头防护、谷坊、拦沙坝、淤地坝、小型水库、护岸工程等，统称为沟道工程。主要包括沟头防治工程、沟床固定工程，我国南方风化花岗岩丘陵地区的沟道崩岗综合治理工程也属于沟道工程。

沟头防护工程的主要作用在于防止沟头的溯源侵蚀，减少侵蚀沟在长度上的发展，或者通过减少进入沟道的水量，减轻沟谷侵蚀程度。

沟床固定工程的主要作用如下：

（1）阻止沟谷侵蚀的发展。通过稳定沟床和沟坡，抬高侵蚀基准面，减小沟道水流纵向坡度，防止沟道底部下切和边坡坍塌，从而阻止沟谷侵蚀进一步发展。

(2) 蓄水、拦沙、灌溉、防洪，为沟道利用打下基础。如淤地坝可以拦蓄泥沙、淤地造田，拦蓄的径流可以防洪和灌溉。

沟床固定工程包括谷坊、淤地坝（南方称为拦沙坝）、小型水库、护岸工程、沟底防冲林带等。小型水库也属于蓄水工程，将在下节详细介绍。

3.3.1 沟头防护工程

3.3.1.1 蓄水式沟头防护工程

主要有沟埂式防护和池埂结合式防护两种形式。其主要特点是利用沟梗拦蓄上游来水，防止地面径流进入侵蚀沟，一般用于汇水面积不大的沟头防护。

1. 沟埂式防护

沿沟头等高线布设等高截水沟埂，利用沟埂拦蓄上游径流，防止径流入沟。根据沟头坡面完整或破碎情况，沟埂可做成连续围堰式或断续围堰式。连续围堰式的沟埂大致平行沟边，沿等高连续布设，在沟埂内侧每隔 5～10m 筑一截水横挡，以防因截水沟不水平，造成拦蓄之径流集中出现而冲刷决口，适用于沟头坡面较平缓（4°以下）的坡面（图 3－7)。断续围堰是沿沟头等高线布设上下两道互相错开的围堰（短沟埂)，每段围堰长度视地形破碎程度而定，适用于沟头地面破碎，地面坡度变化较大，平均坡度在 15°左右的丘陵地带沟头。

沟埂的间距及其横断面设计，其沟道蓄水容积，必须满足设计暴雨（一般采用 10～20 年一遇暴雨计算）所产生的径流量，水否则需要加沟埂的尺寸，或者缩小沟埂间距。

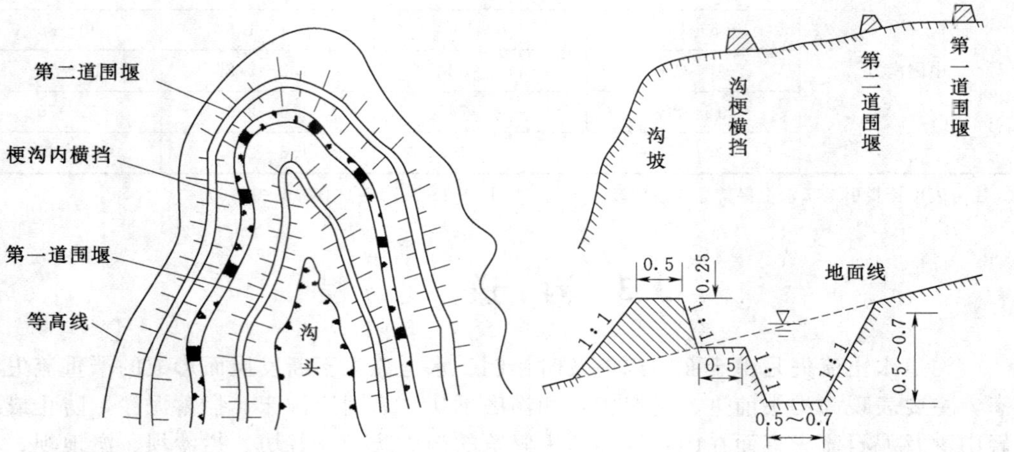

图 3－7 蓄水式沟头防护工程布置图

(a) 平面布设；(b) 断面图

2. 池埂结合式防护

沟埂布置与沟埂式防护类似，但在沟头附近设有蓄水池或水窖与沟垠相连接，多余的径流可通过沟埂进入蓄水池或水窖。根据蓄水要求，沟埂可设或不设置截水横挡。

池埂结合式适于沟头集水面积较大、来水量较大的沟头防护，沟头防治与蓄水工程相结合，可充分利用雨水资源，在我国西北干旱、半干旱地区尤其适用。

3.3.1.2 排水式防护

当沟头上部集水区来水量大，且不适宜修建蓄水设施时，如沟头临近村镇，或蓄水设施影响交通时，须采用排水式沟头防护。其作用是把径流导至集中地点，通过泄水建筑物泄入沟底，利用防冲和消能设施，防止溯源侵蚀。常见排水式沟头防护有悬臂管（槽）式沟头防护和跌水式沟头防护。

1. 悬臂管（槽）式沟头防护

在沟头径流集中处，采用混凝土管（或板槽）将径流集中，使之与沟壁脱离并导向沟头下方。由于出水管（槽）出口悬于空中，故称悬臂式。为消除出口水流对下方冲蚀，在下部须设消力池，如图3-8所示。

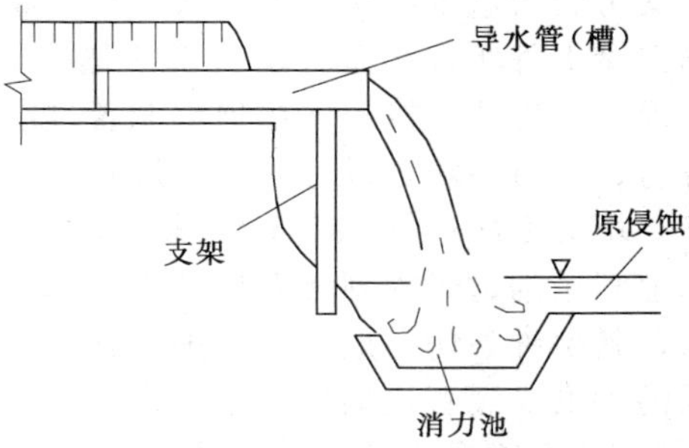

图 3-8 悬臂管（槽）式沟头防护

该形式适于沟头流量较小，沟头下方落差相对较大（数米至数十米），沟底土质较好和沟头坡度较陡的沟头防护。

2. 跌水式防护

跌水式防护又称为台阶式排水，适用于沟头坡度较缓，落差较小，流量较大的地方。即对原沟头处修建陡坡或跌水式的防冲排水道，防止沟头水流的冲刷和淘蚀，稳定沟头，如图 3-9 所示。

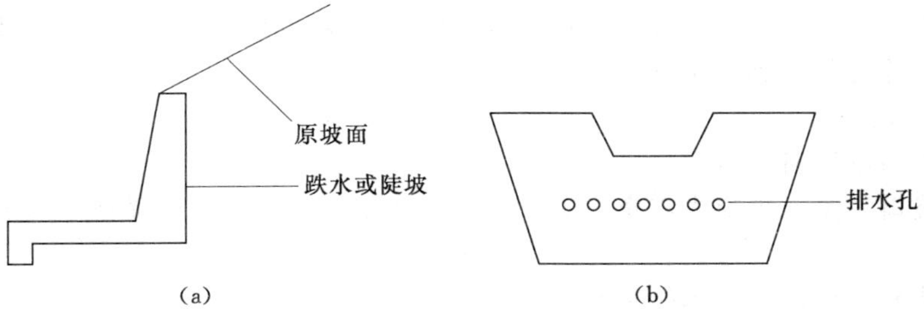

图 3-9 跌水式沟头防护

(a) 侧视图；(b) 正视图

3.3.2 谷坊

谷坊是在侵蚀沟，为防止沟床冲刷及泥沙灾害而修筑的 5m 以下的横向拦挡建筑物，又被称为沙土坝、闸山沟、垒坝阶、防冲坝等，是水土流失地区沟道治理的一种主要工程措施，在我国水土流失地区应用很广。

一般将坝高小于 5m，库容小于 0.5 万 m^3，淤地面积小于 0.2hm^2 的横向拦挡建筑物称为谷坊。若超过该标准，一般称为淤地坝。

3.3.2.1 谷坊的作用

（1）固定和抬高侵蚀基准面，防止沟底下切。修建谷坊后，沟道水流的水力坡度减小，流速降低，对沟底的冲刷降低。

(2) 淤高沟床，稳定坡脚，抑制沟岸扩张及滑坡。

(3) 拦蓄泥沙，使沟底川台化，为发展农林业生产创造条件。

(4) 减轻山洪或泥石流灾害。减缓沟道纵坡，削减洪峰流量，降低山洪流速。

3.3.2.2 谷坊的分类与选型

按照谷坊的建筑材料，分为土谷坊、石谷坊和植物谷坊三类；按照谷坊的透水性，又可分为透水谷坊和不透水谷坊。如干砌石谷坊、带孔洞的浆砌石谷坊、格栅式钢筋混凝土谷坊，钢栅谷坊等都为透水性谷坊。不透水的谷坊有土谷坊、浆砌石谷坊、混凝土谷坊。按照谷坊顶部能否过水，可分为过水谷坊和不过水谷坊。一般混凝土谷坊、砌石谷坊多设计成过水形式，土谷坊则不允许过水。

谷坊类型的选择取决于地形、地质、建筑材料、劳力、技术、经济、防护目标和对沟道利用的远景规划等多种因素。国内各地所修的谷坊多为土谷坊、石谷坊和生物谷坊，其他种谷坊一般在为保护铁路、公路、居民点和重要的工矿企业等有特殊防护要求的山洪、泥石流沟道才使用。

3.3.2.3 谷坊规划设计与布置

谷坊的主要作用是防止沟床下切，因此，沟道是否需要修建谷坊，取决于沟床是否处于冲刷与下切状态。沟道的下切冲刷与沟床的土壤、地质、植被、沟底纵坡、流速、流量等有关，若发生设计洪水时沟道流速低于沟床不冲流速，则无需修建，否则，应考虑在沟段修建谷坊。一般情况下，沟底纵坡大于5%～10%的沟段需要布设谷坊群。

谷坊工程应在以小流域为单元的全面规划综合治理中与沟头防护、淤地坝等沟壑治理措施互相配合，以收到共同控制沟谷侵蚀的效果。

谷坊工程在防治沟蚀的同时，还应充分利用沟中水土资源发展林果牧生产和小型水利，做到除害与兴利并举。

1. 坝址选择

选择谷坊坝址时，应满足以下条件：

(1) 谷口狭窄，坝前库容量较大，即“口小肚大”，上游有宽阔平坦的贮砂地方的地点。

(2) 地质条件好，沟床稳定。

(3) 便于施工，取材方便。

2. 防御标准

谷坊的防御标准一般取10～20年一遇3～6日最大暴雨；根据各地降雨情况，分别采用当地最易产生严重水土流失的短历时高强度暴雨。谷坊上方集流面积采取水土保持措施，径流进行了控制时，设计标准可低些，部分进行了控制时，设计标准可适当提高；谷坊下游对径流控制要求高时应高些，反之可适当降低。

3. 谷坊横断面参数及间距确定

在谷坊断面设计中，坝高（谷坊底到溢水口底高度）是一个重要指标，它和谷坊间距相互制约，在相同的沟底纵坡条件下，谷坊的高度愈大，其间距也就越大。

谷坊坝高一般2～5m，下一座谷坊的顶部大致与上一座谷坊基部等高。故谷坊的

水平距离可按下式计算，即

$$L = H/(i - i') \tag{3-2}$$

式中：L 为谷坊间距，m；H 为谷坊底到溢水口底高度，m；i 为原沟床纵坡，%；i' 为谷坊淤满后的纵坡，%。

谷坊断面尺寸与所采用的建筑材料有密切的关系。谷坊在运行过程中要经受沟道洪水冲击和淤沙压力，对于不允许漫坝的土、石谷坊，须在设计高度上加 0.25～0.50m 的安全超高。表 3－2 列出了几种常用谷坊的规格以供参考。

表 3－2　　谷坊断面尺寸参考表

谷坊类别	断面			
	坝高（m）	顶宽（m）	迎水面坡比	背水面坡比
土谷坊	1.0～5.0	0.5～3.0	1∶1.0～1∶2.5	1∶1.0～1∶2.5
浆砌石谷坊	2.0～4.0	1.0～1.5	1∶0～1∶1.0	1∶0.3
干砌石谷坊	1.0～3.0	0.5～1.2	1∶0.5～1∶1.0	1∶0.2～1∶0.5
土僵石谷坊	1.0～2.0	0.8～1.5	1∶1.0	1∶1.0
杨柳谷坊	1.0～1.5	2.0～4.0		

3.3.3　淤地坝

淤地坝是指在水土流失严重地区，用于拦泥淤地而横建于沟道中的水工建筑物。淤地坝的作用主要是防治沟道水土流失、滞洪、拦泥、淤地（坝地），控制沟床下切和沟岸扩张，并可调节径流泥沙，减轻下游水库淤积，改善生态环境。和谷坊相比，淤地坝的坝高和坝后库容较大，具有一定的调蓄能力。

淤地坝主要分布于陕、甘、晋、蒙等省的黄土高原沟壑区。与其他坝体修建的目的不同，淤地坝一般不长期蓄水，其下游通常也无长期灌溉和供水要求。随着坝内淤积面的逐渐提高，坝体与坝地能较快地连成一个整体，最后成为重力式挡泥（土）墙。

3.3.3.1　淤地坝的作用和组成

淤地坝主要目的在于拦泥、淤地、造田，坝内所淤成的土地称为坝地。与坡耕地相比，坝地土壤肥沃，地势平坦，生产能力较高。建坝淤地是水土流失地区，尤其是沟蚀严重地区充分利用水土资源的重要手段。根据陕北地区试验资料，坝地粮食单产可达陡坡地的 10 倍。

淤地坝和一般坝体一样，由坝体、溢洪道、泄水洞三部分组成。

坝体是横拦沟道的挡水拦泥建筑物，用以拦蓄洪水，淤积泥沙，抬高淤积面。淤地坝的坝体并非长期用于挡水，当拦泥淤成坝地后，即投入生产种植，不再起蓄水调洪作用。

溢洪道是排泄洪水的建筑物，当洪水位超过设计高度时，由溢洪道排除，以保证坝体安全和坝地的正常生产。

泄水洞多采用竖井式和卧管式，用于排除沟道日常流水以及雨后的库内清水，防止作物受淹和坝地盐碱化。在蓄水期间可为下游供水。

为防止坝前地下水位过高导致坝地盐碱化，增加坝坡稳定性，坝体通常设置反滤排水设备。

3.3.3.2 淤地坝的分类

按筑坝材料可分为土坝、石坝、土石混合坝等；按坝的用途可分为缓洪骨干坝、拦泥生产坝等；按建筑材料和施工方法可分为夯碾坝、水力冲填坝、水中填土坝、定向爆破坝、堆石坝、干砌石坝、浆砌石坝等。

根据淤地坝的坝高、库容、淤地面积等特点，可分为小型、中型、大型三类。其中小型淤地坝一般坝高5～15m，库容1万～10万m^3，淤地面积0.2～2hm^2，单坝集水面积1.0km^2以下，建筑物一般由土坝与溢洪道或土坝与泄水洞两部分组成；中型淤地坝一般坝高15～25m，库容10万～50万m^3，淤地面积2～7hm^2，单坝集水面积1.0～3.0km^2以下，建筑物少数为土坝、溢洪道、泄水洞三部分，多数为土坝与溢洪道或土坝与泄水洞两部分；大型淤地坝一般坝高25m以上，库容50万～500万m^3，淤地面积7hm^2以上，建筑物一般是三部分齐全。

3.3.3.3 淤地坝洪水设计标准

与一般水库相比，淤地坝建设标准较低，尤其是溢洪道排洪能力不足，在发生超标准设计暴雨时，容易发生漫堤现象而被洪水冲毁。但提高设计洪水标准，必然增加建设费用。因此需要根据当地的自然、经济和社会状况，综合确定经济合理的淤地坝设计洪水标准。表3-3列出了黄河中游地区淤地坝设计洪水标准，可供类似地区参考。

表3-3 淤地坝设计洪水标准

分级标准		大型	中型	小型
洪水重现期（年）	正常（设计）	20～30	20～10	10
	非常（校核）	200～300	100～200	50～100
设计淤积年限（年）		10～15	5～10	2～5

3.3.3.4 淤地坝规划原则

(1) 坝系规划应以完整的小流域为单元，从支沟到主沟，从上游到下游，全面系统地布设淤地坝。

(2) 能够最大限度地发挥淤地坝的调洪拦沙、淤地增产的作用，充分利用侵蚀区内的水土资源。

(3) 淤地坝建设要与耕作措施、生物措施相结合，以形成完整的水土保持体系。

(4) 在具控制作用的沟段，应布置少量治沟骨干工程，拦蓄暴雨和洪水，保护沟中其他坝库安全。

(5) 淤地坝规划要与当地的道路、灌排设施规划相结合。

3.3.3.5 淤地坝设计

1. 坝高

淤地坝除了拦泥淤地外，还有防洪的要求。所以，淤地坝的库容由拦泥库容和滞洪库容两部分组成。相应于该两部分库容的坝高，即为拦泥坝高和滞洪坝高。为了保证淤地坝下游和坝地生产的安全，还需增加一部分坝高，即安全超高。因此，淤地坝总坝高 H 等于拦泥坝高 H_1、滞洪坝高 H_2 及安全超高 H_3 之和，即

$$H = H_1 + H_2 + H_3 \tag{3-3}$$

(1) 拦泥坝高 H_1 确定。根据不同坝型确定拦沙库容 V_1，即

$$V_1 = N(S - \Delta S)/\gamma \tag{3-4}$$

式中：V_1 为拦沙库容，m^3；S 为年均来沙量，t；ΔS 为年均排沙量，t；N 为淤积年限，年；γ 为泥沙容重，1.3～1.4t/m^3。

年均来沙量包括悬移质和推移质两部分，可采用多年平均输沙量计算。推移质泥沙的估算，目前较多应用的是其占悬移质的比例系数法，即

$$\overline{W_b} = B\overline{W_s} \tag{3-5}$$

式中：$\overline{W_b}$为年推移质输沙量，t/a；$\overline{W_s}$为年悬移质输沙量，t/a；B 为系数。无资料情况下，平原地区河流可取 0.01～0.05；丘陵地区河流 0.05～0.10；山区河流 0.15～0.30。

年均排沙量可根据溢洪道泄水洞设计排洪量中含沙量情况确定。

淤积年限可根据淤地坝的类型（大中小）确定，从而确定淤地坝拦沙库容，然后从坝高库容曲线上查得拦泥坝高。

(2) 滞洪坝高 H_2 确定。根据不同坝型规定频率的洪水设计标准与校核标准，确定洪水总量（W）与洪峰流量（Q），据此设计溢洪道最大排洪量并求得与最大排洪量相应的溢洪道最大过水深度，即为滞洪坝高 H_2。

(3) 安全超高确定。坝高为 10m 时，安全超高取 0.5～1.0m；坝高为 10～20m 时，安全超高取 1.0～1.5m；坝高大于 20m 时，安全超高取 1.5～2.0m。

2. 坝体断面设计

(1) 坝体宽度（土坝）。坝顶宽度与坝高和施工要求有关。坝体高度越大，宽度越宽。当坝顶有交通要求时，其宽度应根据交通部门有关公路等级的要求确定。常用淤地坝坝顶宽度可参考表 3-4。

表 3-4　　不同施工方法与不同坝高的坝顶宽度　　单位：m

施工方法	坝高			
	<10	10～20	20～30	30～40
碾压施工	2～3	3～4	4～5	5～6
水坠施工	3～4	4～5	5～6	6～7

(2) 上下游坝坡。坝坡的陡缓是决定坝体稳定的主要条件之一，一般可根据坝高、土料、施工方法和是否经常蓄水等条件，并参考已建成的同类土坝等拟定。对于蓄水时间较短的淤地坝，可不作坝体稳定分析。

当淤地坝加高改作治沟骨干工程后，由于蓄水时间较长，需作坝体稳定分析，根据满足稳定要求的坝体断面来决定上下游坝坡。具体分析方法参见水工建筑物设计。

不同坝高和不同施工方法分别采取不同的上下游坝坡可参考表3－5。

表3－5　　不同坝高与不同施工方法的坝坡比

施工方法	坝坡类别与坝体土质	坝高			
		10m	20m	30m	40m
碾压施工	上游坝坡	1∶1.5	1∶2.0	1∶2.5	1∶3.0
	下游坝坡	1∶1.25	1∶1.5	1∶2.0	1∶2.0
水坠施工	沙壤土	1∶2.0	1∶2.25	1∶2.5	1∶3.0
	轻粉质壤土	1∶2.25	1∶2.5	1∶2.75	1∶3.25
	中粉质壤土	1∶2.5	1∶2.75	1∶3.0	1∶3.5
	重粉质壤土	1∶2.75	1∶3.0	1∶3.5	1∶3.75

3.3.4　拦沙坝

拦沙坝是横亘于侵蚀沟谷的拦挡建筑物。主要用于南方地区沟谷治理，以滞留洪水、拦截沙石，消除或减轻泥石流危害，起到固定河床，防止沟道冲刷，稳定山坡山脚的作用。在我国黄土高原地区沟谷修建的土坝，拦截的沙石颗粒较细，泥沙可用于淤地造田，一般称为淤地坝。

拦沙坝在规划和布置上，基本和谷坊、淤地坝相似，坝高一般为3～15m，但由于泥石流的作用力不同于水流，所以拦沙坝在受力分析、泄流和消能方面具有一些自身特点。

拦沙坝的坝型主要根据泥石流或山洪的规模、沟谷的形态以及当地的建筑材料来选择。在石料比较丰富，开采、运输方便的地方，最好采用砌石坝，而在石料缺乏时可考虑采用格栅坝、混凝土坝或钢筋混凝土坝。

1. *砌石坝*

砌石坝可分为浆砌石坝、干砌石坝和砌石拱坝等。其中浆砌石坝、干砌石坝属于重力坝，凭借自身的重量来维持坝体的稳定。

(1) 浆砌石坝。浆砌石坝的坝轴线应尽可能选择在沟谷比较狭窄，沟床和两岸岩石比较完整或坚硬的地方。但泥石流沟道的覆盖层往往很厚，基础开挖难以达到基岩，为防止坝基不均匀沉降而使坝体裂缝，要沿坝长方向每隔10～15m预留一道2～3cm宽的构造缝。

浆砌石坝横断面一般为梯形，顶宽随坝高而不同，但不小于1.0m，为减小泥石流对坝面的磨损，下游坝面也垂直设置。为了排泄坝前积水或淤积物中的渗水。坝体内要布设排水管，排水管的水平间距为3～5m，垂直间距2～3m。排水管尽量布置成梅花状，排水管向下游倾斜，坡度为1/100～1/200。在坝的两端为了防止沟坡崩塌须加设边墙，其顶部应高出设计水（泥）位，长度视具体情况而定。

(2) 干砌石坝。干砌石坝的断面通常为梯形，但尺寸比浆砌石坝大。当坝高为3～5m时，顶宽为1.5～2.0m，上游的坡比取1∶1，下游坡比为1∶1～1∶1.2。由于干砌石坝透水，受浮力的作用，坝面砌石易被冲动，因此，要用大块的平板石或条石砌筑。砌筑时，各层之间的块石要互相错开、嵌实、咬紧，避免松动、滑脱现象。

(3) 砌石拱坝。砌石拱坝广泛用于中小型泥石流和水石流沟道的治理。拱坝的高度一般不小于3m，要求具有沟谷狭窄，沟床及两岸山坡为岩石且比较坚硬完整的地形地质条件。拱坝的两端嵌固在基岩上，坝上游的泥沙压力和山洪作用力均通过石拱传递到两岸岩石上。由于砌体受压强度高，受拉性能差，而拱坝承受的主要是压力，因此，拱坝能发挥砌体的抗压性能。与同规模的其他坝型相比，可以节省10%～30%的工程量。

2. 混合坝

(1) 土石混合坝。当坝址附近土料丰富而石料不足时，可选用土石混合坝。土石混合坝的坝身用土填筑，而坝顶和下游坝面则用浆砌石砌筑。由于土坝渗水以后容易发生沉陷，因此，坝的上游坡必须设置黏土隔水斜墙。下游坡脚设置排水管，并在其进水口处设置反滤层。当坝高为5～10m时，上游坡为1∶1.5～1∶1.75，下游坡比为1∶2～1∶2.5，宽顶宽为2～3m。由于泄洪时下游坡将受到卵石的冲击，需采用坚硬的大块石砌筑。

(2) 木石混合坝。在盛产木材的地区，可采用木石混合坝。坝身由木框架填石构成。为了防止上游坝面及坝顶被冲坏，常加以砌石防护，木框架一般用圆木制作，其直径应大于0.1m，横木的两侧嵌固在浆砌石边墙之中，横木与纵木用扒钉或螺杆连接牢固。

(3) 铁丝笼坝。适用于小型荒溪，在我国西南山区较为多见。其特点是修筑简易，施工快，造价低，但使用期短，坝的整体性较差。铁丝笼坝由铁丝石笼堆砌组成，石笼之间用铁丝接紧。铁丝笼为箱形，尺寸一般为0.5m×1.0m×3.0m，先用ϕ12～15钢筋焊接框架，再用10号铅丝编制网孔。

(4) 格栅坝。格栅坝可分为钢筋混凝土格栅坝和金属格栅坝两种，前者适应大中型泥石流和水石流，后者适应中小型泥石流和水石流。格栅坝由横梁和立柱组成，其工作特点是水与细颗粒砂砾可由横梁间的格栅孔下泄，而粗大石块则挡在坝内，因此设计时，必须根据泥石流所挟固体物质的级配情况来确定格栅坝尺寸。

为了防止沟床下切和拦蓄泥石流，往往需要在侵蚀沟内逐次建坝，形成坝系。此外，还要求下坝拦蓄的淤砂能保护上坝的基础，有效地防止过坝泥石流对坝基的冲刷，坝系中相邻两坝的间距及坝高，应根据地形、地质、淤积平衡坡度以及下坝对上坝基础保护的埋深要求等因素来确定，具体计算与谷坊公式类似。

拦沙坝属于过水坝，坝高即为其拦沙高度。坝高的大小由拦沙效益、工程量及坝下消能等因素确定。在确定坝高时，同时应考虑当地的劳力条件，一般应在第二年汛期泥石流来临前修筑完工。一般情况下，拦沙坝一般不高于10m。

拦沙坝的横断面形状和尺寸、坝体受力分析及稳定计算、溢流和消能设施的设计可参照水工建筑物设计进行。表3-6给出了常用重力式浆砌石拦沙坝的设计参数。

表3-6 重力式浆砌石拦沙坝断面尺寸

坝高(m)	坝顶宽度(m)	坝底宽度(m)	坝坡	
			上游	下游
2	1.0	2.6	1∶0.5	1∶0.3
3	1.2	4.2	1∶0.6	1∶0.4
4	1.5	6.3	1∶0.7	1∶0.5
5	2.0	9.0	1∶0.8	1∶0.6
8	2.5	16.9	1∶1	1∶0.8
10	3.0	20.5	1∶1	1∶0.8

3.4 护岸与治滩工程

水流在直段上的水深，流速及含沙量的分布较均匀，水流对河床的影响主要是水力冲刷和由此引起的坍塌等作用。对于天然河道，河道大部分是弯曲的，水流在弯曲河道上作曲线运动时，会产生指向凹岸方向的离心力，进而导致横向环流的产生。不同时段来水、来沙的变化，也会引起河槽的淤积或冲刷，影响滩地的冲刷与淤积，进而引起河道横断面的变化。水流与河床的这种相互作用，常造成河岸、滩地的崩塌，改变河道走势，甚至危及农田及城镇村庄的安全，影响水利工程的正常运行。因此需要修建护岸与治滩工程，以抵抗水流冲刷，维护河道稳定。

3.4.1 河道侵蚀与变形

河道侵蚀包括横向侵蚀和纵向侵蚀，河道变形也相应分为横向变形和纵向变形。

3.4.1.1 河道横向侵蚀与横向变形

河道横向侵蚀是指河（沟）道与流向垂直的两侧方向的侵蚀，如河（沟）岸崩塌、沟道被冲刷而变宽等现象。横向变形是指河道在与流向垂直的两侧方向上的变形，是横向侵蚀的结果。

导致河道横向侵蚀的原因：一是河（沟）床纵向侵蚀的影响，如由于河床下切或者采砂而使河岸失稳，导致河岸坍塌；非汛期主河槽的淤积，使得滩地水流增加，产生冲刷和坍塌现象；二是在弯曲河段水流的横向冲刷。在横向环流的作用下，凹岸不断被冲刷而坍塌，而凸岸则成为水浅流缓的浅滩，使得河道横断面发生变化。如果凹岸土质不够坚固，就会使弯道向下移动。

河道的横向侵蚀与河床土质的非均匀性有关，而横向侵蚀的结果会导致横断面的变化与河道的摆动。根据统计，天然河流长度的80%～90%基本上是弯曲的。如黄河、长江，都是典型的弯曲河道。我国古代就有“木性喜直，水性喜弯”的说法，说明了河道演化的一般规律。

3.4.1.2 河道纵向侵蚀与纵向变形

河道纵向侵蚀主要是河床的冲刷与淤积。纵向变形是河道沿流程纵深方向上发生的变形，主要表现是河床的抬高与冲刷，是河道纵向侵蚀的结果。

横向侵蚀和纵向侵蚀是相互联系的。当汛期流量较大而含沙量不足时，纵向侵蚀导致河床冲刷，会导致河岸和滩地的坍塌，产生横向侵蚀；同样，横向侵蚀也会引起河道水流特性的变化，导致河床的冲刷与淤积。

3.4.2 护岸工程的作用

护岸工程是用以控制水流流向，防护河岸或沟岸、水库坝坡免受冲刷而沿沟道或河道修筑的工程。护岸工程适用于因山洪、泥石流冲击而使山脚遭受冲淘，山坡发生崩坍的沟（河）段；谷坊或拦沙坝附近需防止沟岸冲淘的沟段；沟道纵坡陡峻、两岸土质容易被冲刷、坍塌的沟段等。

3.4.3 护岸工程的种类

护岸工程一艇分为护坡与护基（或护脚）两种工程类型。枯水位以下称为护基工程，枯水位以上称为为护坡工程。根据所用材料的不同，又可分为干砌石、浆砌石、混凝土板、铁丝石笼、木桩排、木框架与生物护岸等。此外，还有混合型护岸工程，如木桩植树加抛石，抛石植树加梢捆护岸工程等。

3.4.3.1 护基（脚）工程

护基工程长期位于水下，受到水流的冲击和侵蚀作用，其材料的选取，一是在结构上要求具备抗御水流冲击和推移质磨损的能力；二是要富有弹性，易于恢复和补充，以适应河床变形；三是材料的耐水流侵蚀的性能要好；四是便于水下施工等。常用的护脚工程有抛石、沉枕、石笼等。

1. *抛石护脚工程*

抛石护脚工程是将石头铺到护岸工程的基部进行护底。石块间的位置可以移动，但不能暴露沟底，以免受洪水冲刷淘深。抛石护脚较耐用，且施工简单，是较常用的方法。

护脚块石要求采用石质坚硬的石灰岩、花岗岩等，不得采用风化易碎的岩石。块石的大小，应以能抵抗水流冲击，不被水流冲走为原则，需要根据护岸地点洪水期的流速、水深等实测资料，用一般启动流速进行略估。块石直径一般取为 20～40cm，并可掺入一定数量的小块，用以充填块石之间的缝隙。

2. *石笼护脚工程*

当护坡地点流速较大，边坡陡峻，或缺少大块石料而卵石较为丰富时，可采用石笼护脚。石笼一般采用铅丝、铁丝、竹筋、荆条等材料做成各种网格的笼状物体，内填块石、砾石或卵石。其优点是具有较好的强度和柔性，且不需较大的石料，在高含沙山洪的作用下，石笼中的空隙很快会被泥沙淤满而形成坚固的整体护层，具有良好的抗冲能力。其缺点是笼网日久会锈蚀，导致石笼解体（一般镀锌铁丝石笼使用年限为 8～12 年，普通铁丝为 3～5 年）。另外，在沟道有滚石的地段，为防止滚石撞坏笼体，一般不宜采用石笼护脚。

3.4.3.2 护坡工程

护坡工程又称护岸堤，其作用除了防止水流的横向侵蚀外，还可发挥挡土墙的作用，稳固坡脚。常用的有砌石护坡、混凝土护坡、生物护坡等多种护坡形式。

对于水流流向比较平顺，不受主流冲刷的防护地点，一般采用干砌块石护坡；在受到河道主流的冲刷，流速较大（大于4～5m/s），挟带固体物多，冲击力猛的防护地点，则采用浆砌石或混凝土面板护坡。

近年来，生态型护坡（岸）工程被广泛研究和应用。其主要特征是在护坡工程中大量使用环保材料（如天然石料和植物材料），在保护河（沟）岸的同时，较少改变河道生物的栖息环境，有助于保持生物多样性和改善河（沟）流水质，代表了现代河流治理的发展趋势。目前主要用于城市河道整治。

3.4.4 治滩工程

治滩工程是通过工程措施，将河床缩窄、改道、裁弯取直，在治好的河滩上，通过引洪漫地等措施将滩地改造成耕地的措施。

治滩造田是小流域综合治理的一个组成部分，往往具有较好的经济效益。但滩地是重要的湿地组成部分，对于维护生物多样性、改善环境质量具有重要意义。河道蜿蜒性使得河流形成主流、支流、河湾、沼泽、急流和浅滩等不同环境，形成丰富多样的生物群落，如急流生物群落和缓流生物群落。治滩工程改变了原有水生生物的生存环境，可能导致生态平衡发生改变。因此，治滩工程必须尊重河（沟）道演化的自然规律，考虑河道滩地的生态功能，科学规划、合理利用，避免为增加耕地而盲目开发滩地。

治滩工程主要包括以下几种类型：

（1）束河造田。沿河道方向新建河堤，束窄原河床，将河堤之外的河滩改造成耕地。适于宽度较大的河道。

（2）改河造田。对于过分弯曲的河道，可以在条件适宜的地方开挖新河道，将原河改道，而在老河床上围垦造田。

（3）裁弯造田。对于形成河环的弯曲河道，可在河环狭劲处开挖新河道，将原河道裁弯取直，而对老河弯进行封堵，将河床和滩地改造成农田。

（4）堵叉造田。在河道分叉处，保留一叉或多叉，堵塞剩余河汊并将其改造为农田。保留之河汊须满足过流要求，否则需要进行整治。

3.5 小型蓄排引水工程

蓄排引水工程是通过蓄水、排水措施，减少坡面土壤侵蚀，并将径流加以蓄积、利用的措施。工程类型包括坡面小型蓄排工程、路旁沟底小型蓄引工程以及引洪漫地工程。有些资料中，将坡面小型蓄排水工程列为坡面治理工程。

我国主要水土流失地区，如黄土高原和华北、东北地区，水力侵蚀是主要的侵蚀方式，土壤流失和水流失结合在一起，而上述地区降雨量不足，水资源匮乏是限制当地农业发展的最主要因素。结合水土保持工程，在降低土壤侵蚀的前提下，蓄水保水，发展灌溉或雨养农业，较之单纯的土壤侵蚀治理更加重要。

3.5.1 坡面蓄排工程

坡面蓄排工程的主要作用包括两个方面：一是拦截、集蓄坡面径流，用于发展灌溉、雨养农业、人畜饮水等；二是改变坡长，减少径流量，降低坡面水流流速，减少水力侵蚀，起到坡面防护作用。主要工程类型包括截（蓄）水沟、排水沟和蓄水池。

坡面小型蓄水工程一般与坡耕地治理中的梯田、水保耕作措施、造林育林草等措施配合使用。在坡长较大的情况下，通过坡面雨水的拦蓄和排除，可以有效减少坡面侵蚀，尤其是可以防止面蚀向沟谷侵蚀发展。

3.5.1.1 截水沟

截水沟用于拦截坡地上游降雨（雪）径流和泥沙。截水沟分为两类，一是蓄水型截水沟，基本沿等高线布设，也称为水平沟，用于拦蓄上游坡面来水和泥沙，主要用于荒坡的造林整地。为增加不同沟段蓄水、入渗的均匀性，往往在沟底每隔 5～10m 留一道土挡，类似竹节，因此蓄水沟又称为竹节沟。

蓄水型截水沟断面形式有两种：一种是半挖半填的梯形断面，如图 3-10（a）所示；另一种是为了多拦蓄水量，而将土埂向下移动一定距离的复式断面，其断面如图 3-10（b）所示。当蓄水沟淤积严重时，可通过清淤的方式加以清理，防止水土下坡。发生超标准降雨时，多余径流可以通过与之垂直布置的排水沟排除。

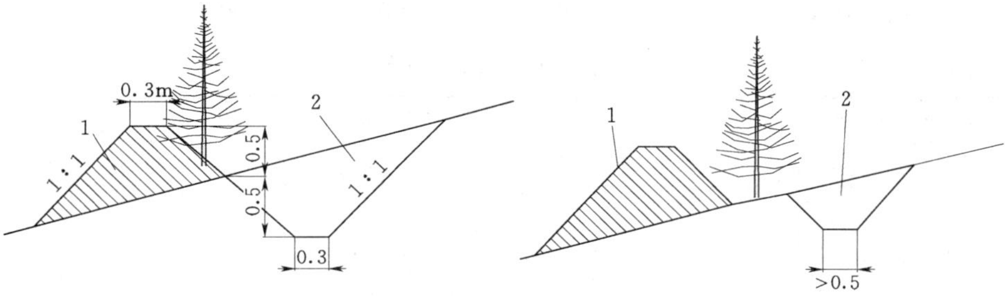

图 3-10 蓄水沟断面
1—土埂；2—蓄水沟

二是单纯排水型截水沟，用于拦截水、沙并通过排水沟排出坡面。排水型截水沟纵向一般采用 1%～2%的纵坡，沟内一般不设置横挡。多用于道路两侧坡面的防护，或作为雨水收集之用。

1. 截水沟规划布置

（1）当坡面下部是梯田，或林草上部是坡耕地、荒坡时，应在其交界处布设截水沟。

（2）当无措施坡面的坡长太大时，应在此坡面设置多道截水沟。截水沟的间距一般取 20～30m，应根据地面坡度土质和暴雨径流情况，通过计算具体确定。

（3）排水型截水沟的排水一端应与坡面排水沟相接，并在连接处作好防冲措施。

2. 截水沟设计

（1）蓄水型截水沟的设计。蓄水型截水沟横断面设计参数（挖深、底宽、蓄水深、边坡等）和沟距的确定，应根据土层厚薄、土质、当地雨量和地形坡度情况而定。

横断面参数选择，除满足稳定要求外，必须使沟道的容积能够承担设计暴雨产生的蓄水量，沟道不产生溢流。在使用过程中，由于土壤侵蚀，沟道泥沙不断淤积，因此，沟道的容量，除满足设计暴雨的径流量外，还应该考虑截水沟控制区域的 1～3

年的土壤侵蚀量，即

$$V = V_w + V_s \tag{3-6}$$

式中：V 为截水沟容量，m^3；V_w 为设计次暴雨径流量，m^3；V_s 为截水沟控制区内1～3年的土壤侵蚀量，m^3。

一般情况下，干旱、半干旱地区要求截水沟容量能拦蓄当地10～20年一遇的一次降雨中两埂之间坡面所产生的地表径流与泥沙。

截水沟间距根据地面坡度、降雨类型、土壤类型和侵蚀状况、土地利用状况综合确定。一般是地面坡度陡、雨量和雨强大、土质黏重、渗透性较差的，沟距就小，反之就大。对于造林用截水沟，沟距主要根据造林的行距确定。

在一般情况下，沟深常为0.4～0.6m，沟底宽0.3～0.5m，挖方边坡系数可取为1∶1，填方可取为1∶1.2～1.5m，沟间距随坡度增加而减小，一般为12～30m（表3-7）。在沟底每隔5～10m，留一道土挡，土挡高度为沟深的1/3～1/2。其目的是使沟内分段蓄水，当沟底不水平时蓄水也能较均匀地下渗，并可排除超标准的径流。对造林水平沟，视具体情况，可放大尺寸，多拦蓄降水，以利树木成活。

表3-7　山坡截水沟间距

地面坡度		沟间距	地面坡度		沟间距
(°)	%	(m)	(°)	%	(m)
3	1.7	30	9～10	5.1～5.7	46.5
4	2.3	25	11～13	6.3～7.4	15
5	2.9	22	14～16	8.0～9.1	14
6	3.4	20	17～23	9.4～12.6	13
7	4.0	19	24～37	13.3～20.0	12
8	4.6	18	38～40	21.0～21.8	11.5

注　表中资料引自王礼先主编的《水土保持学》。

（2）排水型截水沟设计。截水沟断面根据设计频率暴雨和坡面最大径流量，按明渠均匀流公式计算。具体方法可参照渠道设计。

坡面最大径流量可按照下式计算，即

$$Q = \frac{F}{6}(I_t - I_p) \tag{3-7}$$

式中：Q 为设计最大流量，m^3/s；I_t 为设计频率10min最大降雨强度，mm/min；I_p 为相应时段土壤平均入渗强度，mm/min；F 为设计坡面汇水面积，hm^2。

3.5.1.2　排水沟

排水沟是排除截水沟不能容纳的地表径流，并将其导入蓄水设施的沟道。

排水沟一般布设在坡面截水沟的两端或较低一端，其终端连接蓄水池或天然排水道。

排水沟在坡面上的比降，根据其排水去处蓄水池或天然排水道的位置而定。当排水出口的位置在坡脚时，排水沟大致与坡面等高线正交布设，其坡度等于坡面坡度。

此时由于坡度较大，排水沟一般需要采用防冲处理，如混凝土、浆砌石衬砌等；当排水去处的位置在坡面时，排水沟可基本沿等高线或与等高线斜交布设。

梯田区两端的排水沟，一般与坡面等高线正交布设；为防止冲刷，土质排水沟一般分段设置跌水，排水沟纵断面可采取与梯田区断面一致，以每台田面宽为一水平段，以每台田坎高为一跌水，并在跌水处设置防冲措施。

排水沟的设计可参考排水型排水沟设计。

3.5.1.3 蓄水池

蓄水池是在地面挖坑或在洼地筑埂，用以拦蓄地表径流和泉水，防止水土流失的小型坡面蓄水工程。在我国北方习惯称为涝池，南方常称为水塘、涝池等。

1. 蓄水池位置的选择

蓄水池应选在汇流区的局部低地上，以便汇集径流，减少工程量。有灌溉要求的蓄水池，其位置选择应当尽可能使得池底稍高于被灌溉的农田地面，以便自流灌溉。

池址要满足防渗和安全性要求。最好选在土质坚实，最好是黏土或黏壤的地点，便于防渗。为保证蓄水池安全，池址应当远离沟头、塌方等处。

蓄水池一般应与排水沟或排水型截水沟的终端相连以集蓄坡面排水，保证足够来水量。

2. 蓄水池组成

蓄水池包括池底、池坎（埂）和进出口三部分，池底多呈锅底形，一般须进行防渗处理，如黏土夯实池底等。池坎常修成斜坡以利稳定，仅在取水处修成台阶形以便上下。池坎应高出地面 0.3～0.7m，顶宽为 1.0m 左右。

3. 蓄水池容量设计

蓄水池总容量按下式计算，即

$$V = K(V_w + V_s) \tag{3-8}$$

式中：V 为蓄水池容量，m^3；V_w 为设计频率暴雨径流量，m^3；V_s 为设计清淤年（n 年）累计泥沙淤积量，m^3；K 为安全系数，取 1.2～1.3。

当蓄水池考虑在坡面小型蓄排工程系统之中，且与坡面排水沟终端相连，以沟中排水为其主要水源时，V_w 和 V_s 应根据排水沟的设计排水量和淤积量计算。

当蓄水池不在坡面小型蓄排工程系统中，需独立计算暴雨径流量时，采用下计算，即

$$\begin{aligned} V_w &= M_w F \\ V_s &= 3M_s F \end{aligned} \tag{3-9}$$

式中：M_w 为设计频率一次暴雨径流模数，m^3/hm^2；M_s 为一年的侵蚀模数，m^3/hm^2；F 为蓄水池的集水面积，hm^2。

3.5.1.4 鱼鳞坑

鱼鳞坑是为减少水土流失，在山坡上挖掘的具有一定蓄水容量、交错排列、类似鱼鳞状的半圆形或月牙形土坑。一般用于坡地的造林整地，可显著提高坑内土壤的含水率以及树木的成活率，促进树木生长。

鱼鳞坑用于分散拦截坡面径流，控制水土流失，适于地形破碎，不便于设置截水沟的地区。挖坑取出的土，堆积在坑的下方，培成半圆的埂，以增加蓄水量。

鱼鳞坑在坡面上一般按品字形排列成半圆形坑群，为改善雨水汇集效果，鱼鳞坑两边可设计集水沟，使径流截止于集水沟并汇集于鱼鳞坑内。

鱼鳞坑的布置及规格，应根据当地降雨量、地形、土质和植树造林要求而定。一般鱼鳞坑间的水平距离（坑距）为1.5～3.0m（约2倍坑的直径），上下两排坑的斜坡距离为3～5m（或植树的行距）。坑长0.8～1.5m，坑宽0.4～0.5m，坑深度0.4～0.5m，土埂中间部位填高约0.2～0.3m，内坡1：0.5，外坡3：1，坑埂半圆内径约1～1.5m，埂顶中间应高于两头。

3.5.2 路庭小型蓄引工程

路庭小型蓄引工程是指利用道路、庭院拦蓄径流并加以储蓄，为解决人畜饮水和抗旱灌溉提供水源的工程。由于路面、庭院（包括屋面）表层致密，渗漏速率低，径流系数大，适宜径流积蓄。且利用道路、庭院集蓄雨水，投资较小，因此在我国北方干旱、半干旱水资源匮乏地区得到了较为广泛的应用。水窖是路庭小型蓄引工程的主要形式。

作为汇水水源的道路，路面应修成中间高两侧低的鱼背形，地表径流由路面两侧排水沟引入涝池或水窖。在我国西北干旱、半干旱地区，当地居民经常利用房顶、场院和汇流路面等地方铺设混凝土或三合土集流，结合蓄水设施，用于人畜饮水或发展庭院经济。

水窖又名旱井，主要用于西北干旱、半干旱地区，尤其是黄土高原地区。因其结构简单，造价低，蒸发渗漏少，是人畜用水和小面积灌溉的有效工具。

水窖按其形式可分井窖、窑窖两种。

（1）井窖。主要分布在黄河中游地区，一般布置在来水量不大的路旁、庭院内，水窖单窖容量在30～50m³左右。建于庭院内的水窖，容积坑内更小。井窖一般有地面建筑物和窖体组成。

1）窖体：由窖筒、旱窖、散盘、水窖、窖底等部分组成，如图3-11所示。

窖筒用于取水之用，在黄土区，直径一般在0.6～0.7m，黏土地区可控制0.8～1.0m，深度一般为1.5～2.0m。

旱窖指窖筒下口到散盘这一段，一般不上胶泥，也不能存水。

散盘指旱窖与水窖连接的地方。水窖是井窖的主要部分，用于储存降雨径流。水窖四周窖壁一般采用黏土（胶泥）或混凝土衬砌防渗。

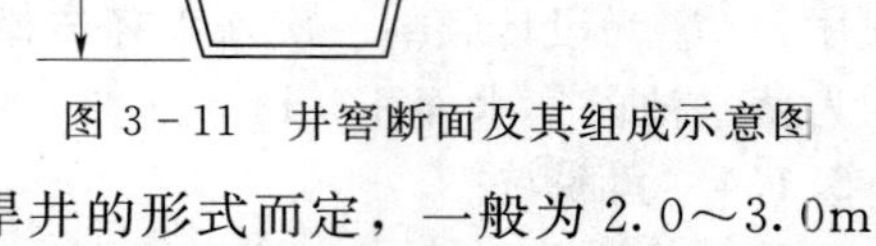

图3-11 井窖断面及其组成示意图

水窖深度一般在3～5m之间，窖底直径随旱井的形式而定，一般为2.0～3.0m。

2）地上建筑物。地上建筑物用于雨水的汇集、沉淀和取用，包括由窖口、沉沙池、进水管三部分。

沉沙池位于来水方向的路、庭或沟底旁，用于汇集雨水并进行沉淀，防止泥沙进入水窖；进水管一般为圆形，可采用预制混凝土管、PVC或其他当地材料，用于将沉淀后的雨水送入水窖。对于人畜饮水的水窖，进水口可设置滤网，防止杂物进入；窖口也称为井抬，一般用砖或石砌成，高出地面0.3～0.5m，起到防护作用，避免污物入窖和保护人畜安全。

（2）窑窖。窑窖与西北地区的窑洞相似，具有容积大，占地少，施工安全，取土方便，省工省料的特点。水窖的容积一般为100～200m^3。大的窑窖容积可达300～500m^3以上。

窑窖由窖体和地上建筑物组成。窖体由取水管、窖顶、窖底、窖门三部分组成；地上建筑物组成与井窖相同，其结构如图3-12所示。

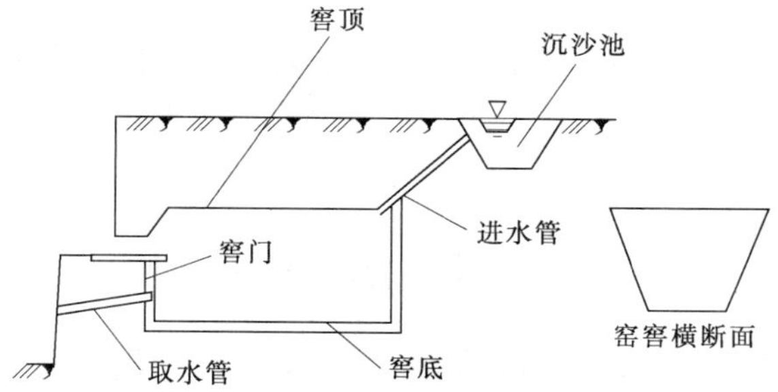

图3-12 窑窖断面及其组成示意图

3.5.3 引洪漫地工程

所谓引洪漫地，是指在暴雨期间，引用坡面、道路、沟壑及河流的多泥沙洪水淤漫耕地或荒滩的措施。洪水中的泥沙颗粒一般来自土壤表层，土壤肥力较高，利用水中的泥沙漫地，可以起到淤地造田、改良土壤结构、增加土壤肥力的作用。干旱地区引洪漫地，可充分利用雨水资源，增加土壤墒情和土壤水库库容，抵御后期干旱。在盐碱化地区，还可以淋溶土壤中的盐（碱）分，改良土壤。

用于淤漫的耕地，宜种植早熟作物和高秆作物，以利汛期深漫厚淤。农地淤漫后应及时排除清水，减轻作物受淹损失；休闲地淤漫后要适时耕翻，疏松表土，消灭杂草，防止板结和龟裂；盐碱滩地淤漫后，若泥层较薄，可不排除地表积水，而应通过下渗排出，防止土壤积盐。

根据洪水来源不同，可分为坡洪漫地、沟洪漫地、路洪漫地、河洪漫地。

3.5.3.1 引坡洪漫地

当坡地的中下部是水平梯田、其上部与中部是荒坡坡耕地或林草地时，暴雨产生大量地表径流形成坡洪，可引入水平梯田进行漫灌。

引坡洪漫地必须与坡面排水工程相结合。需在梯田区上部设置截水沟，拦截上部坡洪水，通过与截水沟相连的排水沟，将坡洪从梯田两端逐台下排至梯田进行漫灌。

3.5.3.2 引路洪漫地

我国水土流失地区，降雨多以暴雨形式出现。暴雨期间从坡地和农田中排出的大量地表径流汇集于道路网，形成路洪，此时可就近取土，在路边作临时土埒，将路洪引入道路两旁低于路面的水平梯田或其他平整农田地中进行漫灌。

3.5.3.3 引沟洪漫地

在沟道的中下游，两岸有位置较低的成片沟台地，或在沟口以外附近有成片的川台地或涧滩地，当沟中洪水含沙量较高而且可以控制引用的，可引沟洪漫地。

沟洪泥沙含量一般较高，引水入地具有较好的淤地效果。作为漫灌区的沟台地与川台地，引洪前需要进行平整，将缓坡地修成宽面低坎的水平梯田，田边设置蓄水埂并作好进水口与出水口，便于将多余的清水排除。

为抬高沟道洪水水位，扩大漫地面积，可在沟中修建5～10m高的拦洪坝，便于将沟中更多洪水引入农地。坝的一端或两端设置溢洪道，下接引洪输水渠系。

3.5.3.4 引河洪漫地

在水土流失区，暴雨期间河流的含沙量一般较高，若沿岸有大片平整农地或荒滩地，且位置较低，可采用工程措施，引河洪漫灌农地，以提高产量或将漫荒滩改造为农田。

3.6 工程治沙措施

工程治沙是指在风沙侵蚀区设置障碍物，或采取一定的工程设施，对风沙流进行干预，以固定、阻挡或疏导流沙，改变风沙运动规律，减轻风沙危害的各种工程措施的总称。常见的工程措施主要有机械沙障、化学治沙、风力治沙以及水力治沙等。

3.6.1 机械沙障

机械沙障又称为沙障或风障，是采用柴、草、树枝、黏土、卵石、板条等材料，在沙面上设置各种形式的障蔽物，通过改变下垫面性质，增加地表粗糙度来改变风沙运动条件，以控制风沙运动动的方向、速度、结构，改变蚀积状况，达到防风阻沙，改变风的作用力及地貌状况等目的。

机械沙障具有效果好、见效快的特点，在治沙中具有极其重要的地位，是植物措施无法替代的。在自然条件恶劣地区，尤其是植物难以成活的地区，机械沙障是治沙的主要措施。在自然条件较好的地区，一般首先采用机械沙障，当风沙危害降低到一定程度后，再采用植物措施治沙。

3.6.1.1 机械沙障的类型和工作原理

1. 机械沙障的类型

按防沙原理和设置方式方法的不同划分为平铺式沙障和直立式沙障两大类。

平铺式沙障按设置方法不同又分为带状铺设式和全面铺设式。带状沙障是沿主风向每隔一定距离垂直于主风向设置沙障。沙障通常由柴、草、秸秆、枝条、黏土、卵石等材料铺设，主要用于防治风向较为单一的沙害；全面平铺式沙障是将覆盖物全面铺平在沙面上，适于在铁路和公路两侧或项目区周围的地段，防沙效果最佳，但工程量和投资较高。

直立式沙障按高矮不同又分为：高立式沙障，高出沙面50～100cm；低立式沙障，高出沙面20～50cm（亦称半隐蔽式沙障）；隐蔽式沙障，几乎全部埋入与沙面平，或稍露障顶。直立式沙障在灌溉渠道和农田防沙上应用较为普遍。

直立式沙障按透风度不同分为透风式、紧密式、不透风式三种结构型。

2. 机械沙障的工作原理

(1) 平铺式沙障的工作原理。平铺式沙障属固沙型的沙障，利用柴、草、卵石等材料物质铺盖于沙面上，阻隔风与松散沙层的接触，起到就地固定流沙的作用。但对过境风沙流中的沙粒截阻作用不大。

(2) 直立式沙障防沙原理。直立式沙障大多是积沙型沙障。风沙流受到障碍物的阻挡，风速降低，挟沙能力下降，部分沙粒沉积在障碍物的周围，以此来减少风沙流的输沙量，从而起到防治风沙危害的作用。

(3) 透风结构沙障的工作原理。当风沙流经过沙障时，一部分分散为许多紊流穿过沙障间隙，摩擦阻力加大，产生许多涡漩，互相碰撞，消耗了动能，使风速减弱，风沙流的挟沙能力降低，在沙障前后就形成积沙。

透风沙障在沙障前的积量小，沙障不易被沙埋，而在沙障后不断积沙，沙堆平缓向纵深方向伸展，积沙范围延伸的较远，因而拦蓄沙粒的时间长，积沙量大。

(4) 不透风或紧密结构沙障的防沙原理。当风沙流经过沙障时，在障前被迫抬升，而越过沙障后又急剧下降，在沙障前后产生强烈的涡动，由于相互阻碰和涡动的影响，消耗了风速动能，减弱了气流载沙能力，于是在沙障前后形成沙粒的堆积。

(5) 隐蔽式沙障的防沙原理。该沙障是埋在沙层中的立式沙障，障顶与沙面平或稍露出沙面，因此对地上部分的风沙径流影响不大，而它的主要作用是制止地表沙粒以沙纹式移动，隐蔽式沙障起到一个控制风蚀基准面的作用，设置沙障后沙粒仍在动，但总的地形并不发生变化。因为有隐蔽式沙障的存在，虽有一定的风蚀，但风蚀到一定程度后即不再往下风蚀，保持着一定的水平，故而不会使地形发生变化。

3.6.1.2 机械沙障设计的技术指标

1. 沙障孔隙度

沙障孔隙度是指沙障孔隙面积与沙障总面积之比，是衡量沙障透风性能的指标。一般孔隙度在25%时，障前积沙范围约为障高的2倍，障后积沙范围为障高的7～8倍。而孔隙度达到50%时，障前基本没有积沙，障后的积沙范围约为障高的12～13倍。孔隙度越小，沙障越紧密，积沙范围越窄，沙障很快被积沙所埋没，失去继续拦沙的作用。反之，孔隙度越大，积沙范围延伸得越远，积沙作用也大，防护时间也长。

为了发挥沙障较大的防护效能，在障间距离和沙障高度一定的情况下，沙障孔隙度的大小，应根据各地风力及沙源情况来具体确定。一般多采用25%～50%的透风孔隙度。风力大的地区，而沙源又小的情况下孔隙度应小，沙源充足时，孔隙度应大。

2. 沙障高度

沙障主要用于阻止蠕移质和跃移质的运动。根据风沙流结构特征及运动规律，沙粒主要是在近地面层内运动，80%以上的沙粒都集中在沙面以上10cm范围内，90%以上集中在30cm以下，因此，在一般情况下，沙障的高度在20～30cm即可。但沙障高度过低易受沙埋，一般达到30～40cm即可收到显著效果。高立式沙障，一般达到100cm即可。

3. 沙障的方向

沙障布置方向应与主风方向垂直，通常在沙丘迎风坡设置。设置时先顺主风方向在沙丘中部划一道向轴线作为基准，由于沙丘中部的风较两侧强，因此沙障与轴线的夹角要稍大于90°而不超过100°，这样就可使沙丘中部的风稍向两侧顺出去。若沙障与主风方向的夹角小于90°，气流易趋中部而使沙障被掏蚀或沙埋（图3-13）。

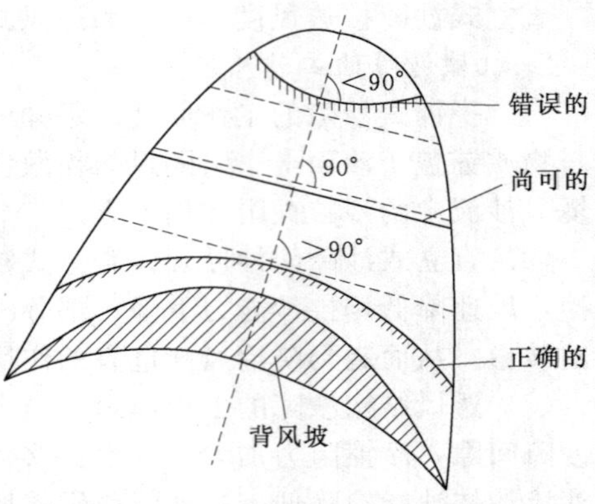

图3-13 沙丘迎风坡沙障设置方向示意图

4. 沙障的间距

沙障间距即相邻两条沙障之间的距离。该距离过大，沙障容易被风淘蚀损坏，距离过小则浪费材料，因此，在设置沙障前必须确定沙障的行间距离。

沙障间距与沙障高度和沙面坡度有关，同时还要考虑风力强弱。沙障高度大，障间距应大，反之亦然。沙面坡度大，障间距应小，反之应大。风力弱处间距可大，风力强时间距就要缩小。一般在坡度小于4°的平缓沙地上，障间距应为障高的15～20倍。

在地势不平坦的沙丘坡面上障间距可根据障高和坡度进行计算，即

$$D = H\cot\alpha \tag{3-10}$$

式中：D为障间距离；H为障高；α为沙面坡度。

黏土沙障的间距一般为2～4m，埂高为20～25cm，埂底宽0.6～0.8m，埂顶呈弧形。在风沙危害严重、风向不稳定地区，沙障间距还应缩小，可设置成1～2m的行列式或黏土方格沙障。

3.6.2 化学治沙措施

化学治沙措施是指利用化学材料及工艺，采用喷洒等技术，对易发沙害的沙丘或沙质地表建造一层能抗御风蚀和保水的固结层，阻断沙源向风沙流供沙，达到固沙治沙以及提高沙地生产力的目的。

化学固沙成本较高，喷洒工艺复杂等，目前很难大面积采用。但化学固沙见效快，一般用于风沙危害造成重大损失的地区，如机场、交通线、军事设施和重要工矿区等，并常与植物治沙配合，作为辅助性和过渡性措施。

常用的化学治沙材料主要有沥青乳液、沥青化合物、油漆胶乳等材料，这些物质喷洒后，能够形成极薄的封闭层，或者增加沙粒间的相互作用，使沙粒能很好粘结形成固结层，阻止沙粒的运动，起到治沙作用。

3.6.3 风力治沙

风力治沙以风的动力为基础，人为地干扰控制风沙的蚀积搬运，因势利导，变害为利的一种治沙方法，亦称风力拉沙。其特点是以输为主，应用空气动力学原理，采用各种措施，降低粗糙度，使风力变强，减少沙量，使风沙流非饱和，造成地表风蚀，将沙粒移出或移至设计区域。实践证明，该方法治沙效果较好。

3.6.3.1 渠道防沙

1. 渠道防沙的基本要求

渠道防沙的要求是在渠道内不造成积沙，这就必须保证风沙流通过渠道时成为不饱和气流，即渠道的宽度必须小于饱和路径长度，或者采取措施，从气流中取走沙量，使过渠气流成为非饱和气流。

渠道是具有弧形或接近弧形的剖面形状，容易产生上升力，所以具有非堆积搬运的条件。要使渠道本身更好地输沙，必须使渠的深度和宽度在一定的范围内，合理地确定宽深比，才有利于渠道的非堆积搬运。

2. 防沙堤和护道

在渠道迎风面上，距岸一定距离筑一道 1m 的堤，即防沙堤。由于防沙堤的作用，沙粒沉积，风沙流成为不饱和气流，在通过渠道时，沙粒不会沉积，并可能带走渠道内的沙粒。堤到渠边的距离，称为护道。该距离一般根据试验确定，原则上应使渠道处于饱和路径的起点。

在我国沙区，为了防止渠道积沙，往往采用设置地埂的方法治沙。即在田中隔一定距离设一定高度的地埂，增加地表粗糙度，使地面均匀积沙，不形成沙丘。既可以掺沙改土、保墒压盐，又可以造成非饱和气流，使风沙流处于非堆积搬运状态。再加上护渠林营造合理，就可以有效地控制风沙流，防止渠道积沙。

3.6.3.2 拉沙修渠筑堤

利用风力修渠筑堤，是设置高立式紧密沙障，降低风速，促进沙粒沉积在沙障附近。当沙障被埋一部分后，通过加高沙障，使得沙粒沉积高度增加，直至达到设计渠顶高度。

沙障位置需要根据渠道中心线确定。先修下风一侧，达到或接近渠顶设计高度后，再修上风一侧。形成的沙粒堆积，需要进行防渗处理，再作为渠堤使用。

沙障距中心线的距离一般可按下式计算，即

$$I = 1/2(b + a) + mh \qquad (3-11)$$

式中：I 为沙障距渠道中心线的距离；b 为渠堤底宽；a 为渠堤顶宽；m 为边坡系数（沙区一般为 1.5～2）；h 为渠堤高度。

3.6.3.3 拉沙改土

拉沙改土是利用风力拉平沙丘，使沙粒在丘间低地沉积。对于地势较高的沙丘，拉沙是以沙粒输出为目的，而对于丘间低地，是以积沙为目的。通过风力拉沙，风沙地得以平整，低洼处的黏土得以掺沙改良。黏质土壤掺沙改土不仅改变土壤机械组成，而且可以改善土壤水分和通气条件，对抑制土壤盐渍化也有作用。

风力拉沙改土必须掌握两个技术环节：首先要有一定的沙源，保证较短时间内供给足够的沙子；其次要造成很有效的积沙条件。

3.6.4 水力治沙

水力治沙是以水为动力，按照需要使沙子进行输移，消除沙害，改造利用沙地、沙漠的一种方法。是以引水拉沙，修渠灌溉等一系列水利技术措施为手段，并结合其他工程和生物措施，达到增加沙地水分，改变沙地的地形，改良土壤，改善沙区小气候，促进沙地综合利用的目的。

水力治沙的基本原理是运用水土流失的基本规律，以水力为动力，通过人为的控制影响流速的坡度、坡长、流量及地面粗糙度的各项因子，使水流大量集中，形成股流，产生沟谷侵蚀，通过沟底下切和沟坡坍塌，上游的沙粒被输移到下游平坦及低洼地上，流速降低后沉积下来。

水力治沙的前提是沙害区具有大量的水资源，而这在我国并不常见，故其应用受到限制。水利治沙的主要形式有引水拉沙修渠、引水拉沙造田、引水拉沙筑坝等形式。

3.6.4.1 引水拉沙修渠

拉沙修渠是利用沙区河流、海水、水库等水源，自流引水或机械抽水，按规划的路线，引水开渠，以水冲沙，边引水边开渠，逐步疏通和延伸引水渠道。

首先在连接水源的地方，开挖冲沙壕，引水入壕，将冲沙壕经过的沙丘拉低，而在沙湾淤积填高，变成平台，再引水拉沙开渠或人工开挖渠道。在经过大的沙丘、沙梁时，可采用水泵直接在沙梁顶部冲沙开渠。

沙区渠道渗漏较强，修成之后，须做好防风、防渗、防冲、防淤等防护措施才能使用。

3.6.4.2 引水拉沙造田

引水拉沙造田是利用水的冲力，产生水力侵蚀，把起伏不平、不断移动的沙丘，改变为地面平坦、风蚀较轻的固定农田。

引水拉沙造田的田间工程包括引水渠、蓄水池、冲沙壕、围埂、排水口等，如图3-14所示。这些田间工程的布设，既要便于造田施工，节约劳力，又要使造出的农田布局合理。

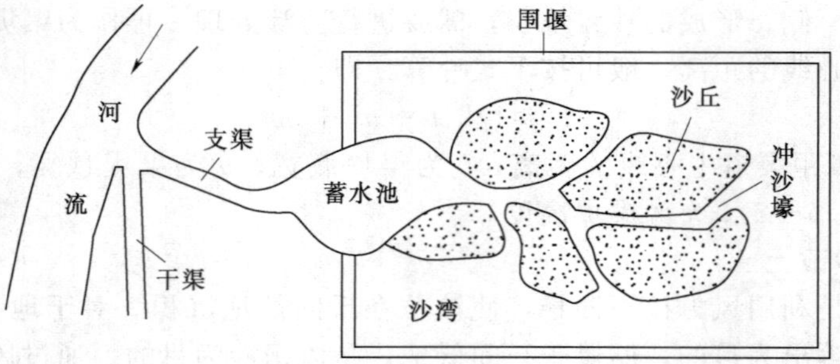

图3-14 拉沙造田田间工程布设示意图

引水渠上接水源，下接蓄水池。造田前引水拉沙，造田后大多成为固定性灌溉渠道。若从水源直接抽水造田，可不挖或少挖引水渠。

蓄水池是临时性的贮水设施，利用沙湾或人工筑埂蓄水，主要起抬高水位、积蓄水量、小聚大放的作用。蓄水池下连冲沙壕，凭借水的压力和冲力，冲移沙丘平地造田。在水量充足压力较大时，可直接开渠或抽水拉沙，可不修蓄水池。

冲沙壕挖在欲拉平之沙丘上，通过水力侵蚀拉平沙丘，填淤洼地造田块。冲沙壕纵坡要大，以获得足够流速，提高侵蚀效果。冲沙壕一般底宽0.3～0.6m，放水后逐渐扩大。由于侵沟蚀的坍塌，两边沙丘逐渐冲刷入壕，沙子被流水夹带到低洼的沙湾，削高填低，直至沙丘被拉平。

围埂用于拦截冲沙壕拉下来的泥沙和排出余水，使沙湾地淤填抬高，与被冲拉的地段相平。围埂用沙或土培筑而成，造田后变成农田地埂，设计时应按田块规划修筑成矩形。

3.6.4.3 引水拉沙筑坝

引水拉沙筑坝是通过自流引水或机械抽水，利用水力冲击沙土，形成沙浆输入坝面，经过脱水固结，逐层淤填，形成均质坝体。用这种方法进行筑坝建库，称为引水拉沙筑坝，俗称水坠筑坝。

复习思考题

1. 坡面固定工程主要有哪些类型？其工作原理是什么？
2. 梯田的主要作用是什么？有哪些类型？各自有何特点？
3. 沟头防护工程有哪些主要类型？各自的特点是什么？
4. 谷坊的主要作用是什么？
5. 淤地坝的主要功能是什么？主要包括哪些部分？
6. 什么是河道的横向侵蚀与横向变形？
7. 设置护岸工程的主要目的是什么？
8. 护基材料的选择有哪些要求？
9. 河道护岸工程的类型有哪几种？
10. 治滩造田工程有哪些主要类型？
11. 小型蓄排引水工程主要包括哪些工程类型？
12. 蓄水型截水沟有哪些特点？
13. 坡面排水沟布置需要注意哪些问题？
14. 水窖一般有哪些部分组成？各自有何用途？
15. 引洪漫地有哪些作用？
16. 什么是工程治沙措施？主要有哪些类型？
17. 机械沙障的类型有哪些？各自有何特点？其治沙原理是什么？

参考文献

[1] 孙保平. 荒漠化防治工程学. 北京：中国林业出版社，2007.
[2] 高景堂，李景林，雷大鹏. 狮子沟梯田的稳产高产与保护. 中国水土保持，1986，5：15-17.
[3] 孙尚海，张淑芝. 梯田水分动态及抗旱增产作用的初步分析. 中国水土保持，1985，14-19.
[4] 王学礼，朱金兆. 水土保持学. 北京：中国林业出版社，2005.
[5] 王礼先，水土保持工程学. 北京：中国林业出版社，1991.
[6] 朱震达，赵兴梁，凌裕泉，等. 水土保持工程学. 北京：中国环境科学出版社，1998.
[7] 刘松林. 水土保持工程. 北京：水利电力出版社，1990.

第4章 水土保持林草措施

【本章提要】 本章主要阐述水土保持林草措施的作用和水土保持林营造的技术措施；农田防护林体系的规划及营造技术；沙地固沙造林技术及水土保持植草的关键技术措施。

4.1　水土保持林草措施概述

水土保持林草措施又称水土保持生物措施或水土保持植物措施，是指在水土流失地区以控制水土流失、保护和合理利用水土资源、改良土壤、维持和提高土地生产潜力、改善生态环境、增加经济与社会效益所进行的人工造林或飞播造林种草、封山育林育草等措施。它是治理水土流失的根本措施。水土保持林草措施是区域（流域）水土流失综合治理措施的组成部分，与水土保持农业措施、水土保持工程措施组成一个有机的区域（流域）综合防治体系。

4.1.1　林草措施的水土保持作用

在水土流失区造林种草的主要作用是涵养水源、保持水土、防风固沙、保护农田。除此以外，它还可以改良土壤，调节气候，减少或防止空气和水质污染，美化、保护和改造自然环境，从而改变农业生产的基本条件，保证和促进农业高产稳产。同时，水土保持造林种草又具有生产性。通过造林种草，还可以获得“四料”（木料、燃料、饲料、肥料）、果品及其他林副产品等一系列经济收益，促进水土流失区经济的发展。造林种草的水土保持作用主要表现在以下几个方面。

4.1.1.1　调节径流、削减洪峰

下暴雨的时候，没有植被覆盖的光山秃岭，水土大量流失，甚至山洪暴发，往往造成很大的灾害，而有植被覆盖的山区，植物根系纵横交错，大大增强了土体的抗冲防蚀能力，为减轻或防止重力侵蚀、泥流和石洪创造了条件。就是在同一地区，有植被覆盖和没有植被覆盖的山坡也大不一样。这就是植被涵养水源、保持水土的巨大作用。

1. 林冠截留降雨，调节地表径流，减少土壤侵蚀

造林后形成的林分，枝叶重叠，树冠相接，像一把伞一样，承接降雨，保护地面。在林草覆盖的流域土地上，降雨到达林草冠层上，要被重新分配，总趋势是到达林（草）地土壤表面的降雨减少。相当一部分降水被林（草）冠层和枯枝落叶层截留，林冠截留降雨一般为15%～40%，截留的雨水除一小部分蒸发到大气中外，其余大部分经过枝叶一次或几次截留以后，缓慢滴落或沿树干下流，改变了雨水落地的方式。林冠的截留作用，一方面减小了林下的径流量和径流速度；另一方面又推迟了降雨时间和产流时间，缩短了林地土壤侵蚀的过程，使侵蚀量大大减小。另外，树干径流的雨水顺枝干到达地面后，一般在树干附近渗入土壤，有利于树木根系的吸收，避免了雨滴击溅侵蚀。进入土壤的水分在土内重新分配，而后更有效地供给林草等植物吸收、蒸腾以及缓慢地下渗变为土内径流，补充河川。同时，枝叶、枯落层的阻截消耗了雨滴的动能，减少和消除了雨滴对土壤的打击力，从而防止了土壤被侵蚀。

林冠层截留量的大小与树种、树冠结构、林冠郁闭度、林冠层湿润状况有关。一般规律是：软阔叶树比硬阔叶树截留量大，针叶树比阔叶树截留量大，灌木在针阔叶树之间。林冠截留量还与降雨量、降雨性质有关。一般来说，降雨量大，截留量也大，但不是直线关系。雨量小时、截留量随降雨增加而增加，截留率也增加，直至林冠截留达到饱和，将不再随降雨而增加，截留率则相对减少。当降雨强度较小时，截留量会增加，降雨强度大时，则截留量减少。降雨历时长或间歇降雨，截留量要大。截留率与降雨量成反比，与降雨强度成反比。

2. 枯枝落叶层吸水下渗，调节径流

降雨被林冠截留后，到达林地之后又被枯落物层截留、吸收、分散、消能，之后再进入土壤进行第二次再分配。林草地大量的枯枝落叶层，像一层海绵覆盖在地面，直接承受落下的雨水，保护地表免遭雨滴的溅击。枯落层的水保作用是多方面的，比如：彻底消灭降雨的动能；枯枝落叶层结构疏松，具有很大的吸水能力和透水性，据测定，1kg的枯枝落叶可以吸收2～5kg的降水，当其吸水饱和以后，多余的水分通过枯枝落叶层渗入土壤，变成地下水，因而，大大减少了地表径流，如在坡度为10°的坡地上，有枯枝落叶层覆盖的地表，其径流量仅为裸地的1/30；此外，枯枝落叶层还能加大地表的粗糙程度，机械阻挡并分散水流，从而大大降低径流速度，减少了泥沙的下移，起到了调节径流的作用。

3. 削减洪峰

林草地每年可以形成大量的枯枝落叶，并且还有相当数量的细根死亡，能增加土壤中的有机质和营养物质。有机质经微生物分解，形成黑褐色的腐殖质，与土壤结合形成团粒结构，可以减小土壤容重，增加土壤孔隙度，改善土壤理化性状。同时，林木根系的活动，也使土壤变得疏松多孔。这样便大大提高了土壤的透水性能和蓄水性能。由于林草植被对地表的覆盖作用和改善土壤理化形状、增加土壤入渗率的作用，都促进降雨向下渗透，从而减少地表径流。同时，林地土壤的蓄水能力也显著增强，因此，大量的雨水渗入并蓄存于土内，变成地下水，大大减少了地表径流及其对土壤的冲刷。又因植被对降雨的阻截与吸收，土壤饱和持水量较高，这样林草植被在客观

上就起到了削减洪峰的作用，即延长了洪峰历时、降低了洪峰值、减少了洪水总量。

一般情况下无林草的流域随着造林种草、建设植被和覆盖率的提高，直接径流都减少了，洪峰流量则明显减少。大量事实证明，林草植被对削减洪峰的作用是非常明显的。但这一作用受林草植被条件、土壤地质条件、地形条件、气候条件的制约，不同条件，作用程度不同。相反，林草植被的破坏，不论是多雨区还是少雨区，直接径流量和洪峰量都是增加的。

林草地水土保持作用的大小，取决于枯落物输入量，也取决于枯落物分解速率，但分解速度一般小于输入速度，所以能不断积累。枯落物现存量的厚度和性质决定了截留降雨量的多少。枯枝落叶层越厚，分解得越好，越松软，吸水作用就越大。林种、树种组成及林龄等不同，其枯枝落叶层的厚度和性质不同，因而吸水能力也不同。一般来说，混交林的枯枝落叶层比纯林的厚度大，吸水作用强，阔叶林的比针叶林的枯枝落叶层厚度大，吸水作用强，林龄大的比林龄小的枯枝落叶层厚度大，吸水作用强。而不同地区，不同树种枯落物现存量差异很大，因此截留降雨的多少差异也很大。

保持林草地的枯落物，是水土保持林草经营的重要措施之一。

4.1.1.2　涵养水源、保持水土

林草植被的水源涵养作用是指土壤中暂时赋存的水分中，一部分以土内径流和地下水的形式补充河川，从而起到调节河流流态特别是季节性河川水文状况的作用。

在森林的覆盖下，地面径流状况发生了很大的变化。降雨的一部分（15%～30%）首先为林冠所截留，另一部分（5%～10%）从林内蒸发掉，而大部分（50%～80%）被林地枯枝落叶层吸收和渗入土壤及其下层，变成地下径流，只有很少一部分（0～10%）形成地表径流。渗入土壤下层的水分常以泉水的形式流出地面，补充、调节着河川的水量，改善了河川的水文状况。因此，林区内的河川流量在一年四季内基本上是均衡的，这就是森林的涵养水源的作用。

林草植被的这一作用因各国各地地理环境、气候条件、研究方法的差异，对林草植被，对流域总径流量即林草植被的水源涵养作用的研究结果却是很不相同。这个问题有待进一步研究与试验。

4.1.1.3　固持和改良土壤

1. 固持土壤

林草植物，为了自己的生存而形成了强大根系，能构成密集的根网，土壤越干旱瘠薄这一特点越突出。有些植物根深和根幅都超过地上部分几倍到几十倍。许多乔木树种主根粗壮，侧根发达，其上又生出大量的须根，纵横交错地分布在不同土层中，形成密集的根网。浅根性的树种和灌木树种侧根发达，须根密集，交织成网，紧紧把土体网络固持成一体，防止和减少了边坡上重力侵蚀的发生，增强了边坡稳定性。如醋柳灌木丛内，在0.25m的表土层中，支毛根沿水平方向均匀四散，上面密生着须根和根瘤，并且生长出大量的萌蘖苗，迅速铺满地面，起着保土固坡的作用。这样密集发达的根系网络能固持土体，大大增强了土体的抗冲防蚀能力。

草本植物具有丛密发达的根系，纵横交错成根网，对固结土壤和保持水土也起很大的作用，特别是禾本科植物的根系固土能力更为明显。在侵蚀坡面和沟底种草，对于防止土壤侵蚀和水流冲刷作用很大。

林草根系提高边坡稳定性的作用大小受很多因素影响。树种不同固土作用不同，水平根型树种不如直根型树种和散生根型树种固土效能强，而散生根型树种又不如主根型树种固土效能强；树种不同，其根系抗拉力也不同，固持力就不同。根的抗拉力是影响植物根系固土能力的重要因素。影响植物根系抗拉力强度的又一重要因素是根系的直通性，直通性小的根系分枝角度小，纤维组织好，具较大抗拉力。此外，立地条件对根系抗拉力也有很大影响。疏松土壤，根系能自如伸展，较通直，有较大抗拉力。坚硬土壤、砾石地上情况则相反。根的抗拉力还随根径增大而增大，而根的抗拉力强度则相反，随根径增大而减小。故须根型树木比主根型植物固土作用好。林龄与根系固土能力也有密切关系，林龄大固土能力也大。然而就林木而言，根系有效固土深度约为1m，对表层土体滑动有抑制作用，对深层土体移动无能为力。

不同树种组成的混交林，特别是深根性和浅根性树种的混交以及乔灌混交林，根系纵横交错，且多层分布，在相当大的范围内固持土体，消除了土体滑坡面的形成，为减轻或防止重力侵蚀、泥流和石洪创造了条件。

所有植物对滑坡都有抑制作用，但以木本植物效果最佳。根系对土体的固持力实际上是对土壤抗剪强度的增强，它起到了防止边坡土体滑动，增强边坡稳定性的作用。这是根系对土体固持的实质。

2. 增加土壤肥力，改善土壤理化性状

森林改良土壤的作用主要表现在通过制造有机物质和枯落物、腐根分解改善土壤理化性质等方面。森林通过庞大的树冠，进行光合作用，制造有机物质，为林地土壤肥力改善提供了良好的条件。林木从土壤中吸收的有机物质少，而归还给土壤的有机物质多。据测定，林木每年有60%～70%的有机物质以枯枝落叶的形成归还于土壤，而只有30%～40%的有机物质用于自身的生长发育。100年生的云杉林地所含灰分物质为28t/hm^2，有机质为520t/hm^2，而100年生的橡树林地的灰分物质和有机质分别为62.3t/hm^{2}和588t/hm^2。林木每年从1hm^{2}的土地上吸收的有机物质是农作物和草本植物的1/15～1/10倍。所以，阔叶林地的有机物质和无机物质多于针叶林。在森林覆盖下的土壤经过长年累月有机质的循环积累，土壤肥力愈来愈高。

林地中根系数量很多，对土壤理化性质影响很大。林木根系直接与土壤接触，交织成网，不仅增加了土壤的孔隙度，而且向土壤内分泌碳酸和其他有机化合物，促进了土壤微生物的活动，加速了土壤有机化合物的分解。同时根系不断更新，腐根分解后也增加了土壤有机质，改善了土壤结构。

林内大量的枯枝落叶聚积在地表，形成了有机质，经过微生物的分解作用，提高了土壤腐殖质的含量。据测定，有林地土壤腐殖质含量比无林地多4%～10%。林地土壤腐殖质含量的增加，大大改善了土壤的质地、结构和其他理化性质。

草本植物茎叶繁茂，枯落物丰富，给土壤聚积了大量的有机物质。牧草的根系也能增加土壤的氮、磷、钾养分，尤其是豆科牧草的根系具有根瘤菌，能固定空气中的氮素。此外，草本植物在减弱径流过程中，将径流携带的泥沙过滤沉积，也能增加土壤肥力。一般来说，种植牧草可使土壤有机质含量增加10%～20%。草本植物的栖落物和腐根，经微生物分解后，形成土壤腐殖质，加之密集的根系交织成网，促进了土壤团粒结构的形成，增加了土壤的吸水、保水性和透气性，改善了土壤的理化性质。

3. 提高林地土壤入渗能力

林草植被覆盖下的土壤与裸地相比，土壤入渗能力有很大不同，林草地土壤入渗能力要高于裸地。林地初期、终期入渗能力均高于裸地。据测验，林地土壤的透水性，比荒地高35.5%，土壤入渗率（单位时间渗入土壤的水量，以mm/min计）为1.08～1.40mm/min，较撂荒地0.94mm/min提高14.9%～48.9%，平均初渗量（产生径流以前渗入土壤的降雨量，单位为mm）为草坡的2～4倍，为农田的3～5倍，这主要是因为植被改良了土壤，改善了土壤物理性质。可归于以下几方面：

（1）枯落物的存在及分解是提高林地入渗能力的重要原因。这主要是枯落层避免了雨滴击溅地表，防止结皮形成；对泥沙过滤作用，防止了土壤孔隙堵塞；枯落物分解形成大量腐殖质，进而形成大量水稳性团粒，形成了良好的土壤结构；枯落物层增加土壤有机质，为微生物及土壤动物、昆虫提供食物和保护，促进了土壤孔隙发育和结构的稳定。

（2）植物根系大量生长于林地土壤中，不断有老根死亡，新根产生。根系死亡腐烂分解成腐殖质，促进了土内微生物、动物的活动，特别是蚯蚓的活动，结果形成了大量大孔隙，其活动的中间产物能胶结土壤颗粒，形成大量水稳性团粒，稳定了土壤骨架。植物根系也分泌一些胶状化学物质，有利于根孔周围土壤胶结，保持孔隙稳定连通。故林草覆盖的土壤表层、深层的孔隙度，特别是非毛管孔隙度高于裸地。植物生长可调节小气候，调节冻土深度，有利于保持土壤入渗率。

4. 改善土内径流状况

植物覆盖的土壤有机质含量高，孔隙发达，结构稳定，土壤物理性质垂直梯度变化较缓和，整个剖面上渗透能力较强，死亡和生长着的根系及动物活动能形成各方向特别是向下的孔隙，使土内径流发生很大变化。表现在：①土内径流发生深度增加，剖面饱和导水率提高，流路更复杂；②土壤剖面蓄水能力提高，垂直渗透能力提高，水分可进入更深土层，这完全不同于裸地；③使降雨进入地下水机会增加，对水源涵养暴雨削洪起了重要作用；④对质地细或间层发达土壤，由于植物生长的横断与穿透作用，提高了间层导水率，间层中形成通道，避免了浅层水分蓄积，而增加了土内径流深度，提高了土体稳定性。

5. 增加土体贮水能力

土壤吸收贮水量的大小反映了土壤保水性及土壤水分对植物生长的有效性。其大小取决于土壤非饱和导水性和毛管孔隙度。大孔隙越多，土壤透水性越强，但土壤保水性越差。毛管孔隙度高，土壤保水性好，水分的有效性也越高。林草既提高了土壤非毛管孔隙，也提高了毛管孔隙度，故土壤保水性即吸收贮水量远大于裸地。

4.1.1.4 提高土壤的抗蚀性和抗冲性

土壤的抗蚀性指土壤抵抗径流对土壤分散和悬浮的能力，其强弱主要取决于土粒间的胶结力及土粒和水的亲和力。胶结力小且与水亲和力大的土粒，容易分散和悬浮，结构易受破坏和分解。土壤抗蚀性指标主要包括水稳性团聚体含量、水稳性团聚体风干率（风干土水稳性团粒含量/毛管饱和土水稳性团粒含量×100）和以微团聚体含量为基础的各抗蚀性指标。土壤中水稳性团聚体含量越高，土壤抗蚀性越强。

从对林草地土壤结构分析来看，林草地土壤可以形成大量较大的稳定性团聚体，增加了土壤抗蚀力。土壤抗蚀力的增加能使土壤容许流速和容许切应力值提高，因而在径流条件相同时，林草地土壤流失量比裸地小。许多研究表明人工林草地的土壤抗蚀性高于农田。一般随林龄增加土壤抗蚀性也增强，且与土壤腐殖质和毛根数量关系密切。

土壤抗冲性指土壤抵抗径流的机械破坏和搬运的能力。林草植物增强土壤抗冲性的作用主要表现在其地被物层对地面径流的调蓄和吸收以及根系对土壤的固持作用方面。地被物包括活地被物和枯落物，两者均有抗冲作用。当单位面积上活地被物茎叶数量越多和枯落物厚度越大时，其土壤的抗冲性就越强。另外，林草地发达的根系网络能固结土壤，根系层是继枯落物层之后，对土壤抗冲性产生重大影响的又一活动层。根系提高土壤抗冲性的作用与不大于1mm的须根密度关系极为密切，须根密度越大，增强土壤抗冲性效应就越大。因此，一旦植被遭到破坏，特别是地被层和根系遭到破坏，土壤抗冲能力会迅速下降，若遇暴雨冲刷，会导致沟蚀发生。

4.1.1.5 改善小气候环境

林草植被对于土壤辐射、气温、地温、干热风、风速、空气湿度、无霜期和初终霜期、冻土深度、积雪、土壤湿度等气候因子都有较好的调节、控制和改善作用，有利于形成对生物有益的小气候环境。这是林草改善生态条件的重要组成部分。

4.1.2 水土保持林（草）及其体系

4.1.2.1 水土保持林林种

根据“因地制宜、选择适宜树种”的原则，配置在不同地形部位、具有不同的树种构成、林种结构和防护作用的水土保持林，称为水土保持林种。水土流失区域广阔，自然条件复杂，各地域间水土流失形式、强度差异较大，从而导致水土保持林种具有多样性和复杂性的特点。

水土保持林草措施种类的划分与地貌密切相关，同时也受灾害性质及社会经济需求的影响。水土流失区造林种草的主要作用是控制水土流失，但在不同的地貌立地条件下，造林种草的目的有所区别，如塬面以改善农田小气候，保护和促进农业生产为主；在山地丘陵区的陡坡以防止土壤侵蚀为主；在一些海拔较高的山地，又以涵养水源为主；在水库、河川地区，以护库、护岸、固滩为主；在饲草能源缺乏的地方，还要充分考虑改善群众生活，提高经济水平，解决农村能源和饲草等问题。因此，水土保持林草措施除保持水土外，还具有多种功能。

划分水土保持林林种的主要依据是：①以地域环境条件和防护对象不同为依据，如梁峁防护林、塬边防护林等。②以区域防护对象的要求，以造林目的为依据，如坡地径流调节防护林、沟道防护林等。有些兼有以上两者特点，如固土护坡林，固土为造林目的，护坡为防护对象，具双重含义。这些水土保持林只是代表性林种，实际上根据生产生活中多种社会需求派生出来的林种更加繁多，它们既有联系，又有区别，常表现“一林多用”特点，这反映出水土流失区自然经济状况的复杂性和综合治理原则的灵活性。

4.1.2.2 水土保持林（草）体系

防护林体系同单一的防护林林种不同，它是根据水土流失地区自然条件、社会经济条件、地域间环境条件、生产特点、水土流失性质、程度与强度，按不同防护目的、防护对象和防灾、生态建设的需要，因地制宜，将多功能多效益的各个林种结合在一起，形成一个区域性、多树种、高效益的有机结合的防护整体。这种防护体系的营造和形成，往往构成区域生态建设的主体和骨架，发挥着主导的生态功能与作用。它必须反映出乔灌草、多林种、带片网、造封管相结合的特点。

1992年中国林学会水土保持专业委员会学术会议上正式提出比较全面、深刻的关于生态经济型防护林体系的定义：“生态经济型防护林体系是区域（或流域）人工生态系统的主体和其有机组成部分。以防护林为主体，用材林、经济林、薪炭林和特用林等科学布局，实行组成防护林体系各林种、树种的合理配置与组合，充分发挥多林种、多树种、生物群体的多种功能与效益，形成功能完善、生物学稳定、生态经济高效的防护林体系建设模式”。

水土保持林体系的组成从林种划分。在生产实践中，水土保持林草体系大多用“地形（或小地貌）＋防护性能＋生产性能”，或“地形（小地貌）＋防护性能（或生产性能）”进行命名，如护坡薪炭林、护坡经济林、梁峁顶防护林、坡面水土保持林等。

北京林业大学关君蔚先生（1979年）提出的我国黄土高原和石质山区水土保持林体系如图4－1所示。

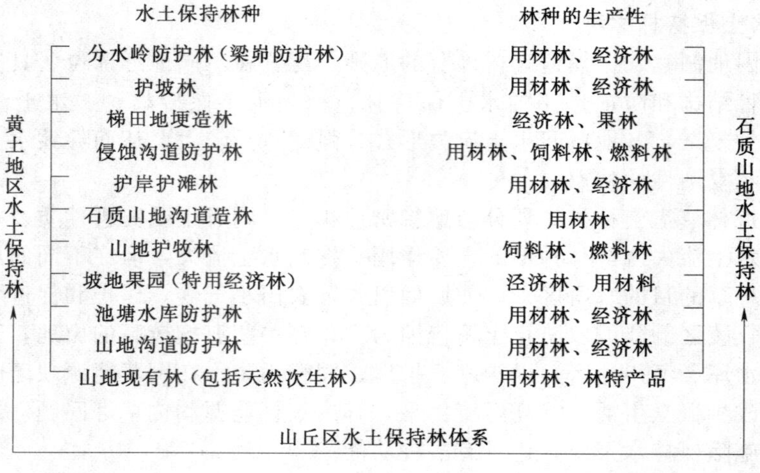

图4－1 水土保持林体系简图

吴发启主编的《水土保持学概论》中将各类型区的水土保持林草体系种类进行了归纳和总结，见表4－1。

表 4-1　水土保持林草体系的分类

类型	种　类	地形（或小地貌）及土地利用类型	防护与生产性能
分水岭防护林草工程	山顶防护林	石质和土石山脉顶部的荒草地、耕地	保持水土，涵养水源，保护农田，获取大径材
	梁峁顶防护林	黄土梁峁顶部的荒草地、耕地	防止水蚀和风蚀，保护农田，获取小径材或灌木饲草
	山梁、峁顶草地	山梁、峁顶退耕地、荒地	防止水蚀和风蚀，获取饲草
塬面防护林草工程	塬面农田防护林	塬面平缓耕地，梯田地埂（坎），道路、渠道和村庄周围	防止侵蚀与风害，调节小气候，保护农田和渠道，获取木材或林副产品
	塬面农林复合经营	塬面平坦耕地	防蚀防风，调节小气候，保护农田，获取木材或林副产品
	塬面人工草地	塬面平缓耕地	防止轻度侵蚀，刈割牧草
坡面防护林草工程	坡面水土保持林	较陡的山坡、峁坡、沟坡，矿区开发的裸露坡面	防止各类坡面侵蚀，一般禁止生产活动
	护坡薪炭林	较缓的山坡、梁峁坡、沟坡，且靠近村庄和农户	防止各类坡面侵蚀，刈割取柴
	坡面护牧林	较缓的山坡、峁坡和沟坡草地	防止侵蚀，刈割牧草或放牧
	护坡用材林	缓坡、坡麓、塌地	防止侵蚀，获取木材
	护坡经济林	平缓的向阳坡面	防止侵蚀，获取经济林果
	坡地农林复合经营	较缓的山坡、梁坡和塬坡耕地	防止坡耕地侵蚀，获取木材或取条
	梯田地埂林	梯田地埂或坎坡	防止埂（坎）侵蚀，取材、取条或其他林副产品
	护坡草地	较陡的山坡、梁坡、沟坡封禁成为天然草地；平缓的坡面、坡麓、塌地人工种草	防止坡面侵蚀，封禁或刈割牧草
侵蚀沟道防护林草工程	沟头防护林（草）	沟头荒地或耕地	防止水蚀与重力侵蚀，一般禁止生产活动
	沟边防护林（草）	沟边荒地或耕地	防止水蚀与重力侵蚀，一般禁止生产活动
	沟底防冲林（草）	沟底荒滩、荒草地	防止水流冲刷，一般禁止生产活动
	坝坡防护林（草）	拦泥坝、淤地坝坡	防止水蚀，一般禁止生产活动
水库河川防护林草工程	水库防护林（草）	水库坝坡、库岸及周边	防止水流冲刷、库岸坍塌，过滤挂淤，一般禁止生产活动
	护岸护滩林（草）	河岸、河滩	防止水流冲淘、河岸坍塌，固岸，挂淤护滩，一般禁止生产活动

这些水土保持林林种及其形成的体系中，实际上还包括流域内所有木本植物群

体，如现有天然林、人工乔灌木林、“四旁”（村旁、路旁、宅旁、渠旁）植树和经济林等。它们均发挥着水土保持、水源涵养和改善区域生态环境条件的功能和效益。

4.2 造 林 技 术

水土保持林是在水土流失地区，通过林业工程措施，调节地表径流，防止土壤侵蚀，减少河流、水库泥沙淤积，达到改善山区、丘陵区的农牧业生产条件，建立良好的生态环境和提供一定林副产品的天然林和人工林。

4.2.1 水土保持林造林地立地条件分析与分类

4.2.1.1 造林立地条件分析

一般来说，在造林地上凡是与林木生长发育有关的自然环境因子统称为立地条件，简称为立地。造林地立地条件对造林树种的选择、人工林的生长发育及产量和质量等都起决定性的作用。此外，不同的立地条件其造林技术也不尽相同。因此，正确地分析造林地的立地条件，是造林的基本前提。

立地条件的分析一般应掌握四个关键环节：一是全面调查分析立地因子，主要是地形（海拔高度、坡向、坡位、坡度、地貌部位等）、土壤（土壤类型、土层厚度、腐殖质层厚度及含量、土壤侵蚀程度、石砾含量、机械组成、结构、pH 值等）、水文（地下水位深度及季节变化，有无季节性积水及积水持续期等）、生物（造林地植物群落名称、结构、盖度及其生长情况，病虫、兽害情况，有益动物及微生物状况等）等环境因子，另外，还需掌握一些特殊环境因子，如造林地是否处在风口和冰雹带，有无大气污染源等；二是要系统分析各环境因子之间的相互关系；三是要从保证林木生长所需的光、热、水、养分等生态因子着手，从复杂的环境因子中找出影响林木生长的主导因子；四是要尽可能对立地因子的作用进行定量化分析，以减少定性分析的主观误差。

关于立地条件的定量分析，一般在研究分析时主要采用立地指数，即以一定基准年龄时的林分上层高作为与立地因子相关研究的生长指标。因为上层高对立地的反应最为敏感，而且受其他因素（如林分密度）的干扰少。目前，研究林木生长与立地因子之间关系的方法有主分量分析、通经分析、典型相关分析、逐步回归分析、数量化分析及聚类分析。以多元回归分析为例，把立地指数与各立地因子作逐步回归分析，选择适宜的多元回归方程，即可对立地与生长之间的数量关系给出明确的解答。同时，根据立地因子与生长之间的相关程度的差异，可以确定客观存在的主导因子。此外，根据多元回归方程还可对无林地立地的生产潜力作出预测。

4.2.1.2 立地条件分类

立地分类的目的是对不同立地条件和生产潜力的林地或无林地进行科学的分类和评价，为造林树种和经营措施的选择提供基础依据。不同立地环境对林木的树种组成、结构、生产力有决定性的作用，因此划分立地条件类型必须以造林地上客观存在的立地环境作为基本依据。

关于立地条件类型的划分方法主要有 3 种：

一是按主导环境因子法划分，如阳坡薄土、阴坡厚土等。这种方法简单明了，易于掌握，应用比较普遍。缺点是比较粗放，难以精细反映立地的某些差异。

二是按生活因子法划分。优点是类型反映的因子比较全面，类型本身就说明了它的生态意义。缺点是许多生活因子不宜直接测定，划分标准难以掌握。

三是用立地指数代替立地类型。优点是能对立地的生产潜力给出数量化表示；缺点是它本身只能说明效果，不能说明原因。

此外，立地指数还必须与树种相联系，因为不同的树种对立地的反应是不同的，但是如果能建立不同树种立地指数代换模型，就可以解决这个问题。由于水土流失区地形复杂，通常采用主导环境因子法划分立地类型。

划分立地条件类型的步骤如下。

1. 绘制平面图

小流域平面图是划分立地条件类型最基本的图面资料，已经做过水土保持规划设计的流域可利用该规划设计平面图，未进行规划设计的流域可利用 1/1000 地形图对坡勾绘或者测绘，绘制平面图。

2. 划分小班

小班是造林设计的基本单位，其地类、权属和立地条件基本一致。在平面图确定的宜林地上，根据地面明显的标志（如山脊、道路、流水线和地类界）划分小班，小班面积一般为 1～20hm^2，小班号自上而下，自左向右排列。

3. 确定划分立地条件类型的方法

按主导环境因子法划分。

4. 确定小班调查的因子

根据主导环境因子法的要求，确定小班调查的具体因子，如地形（地貌）、土壤、水文等。

5. 划分立地条件类型和命名

根据小班调查资料，通过分析找出主导因子，如黄土区主导因子有坡向、地貌部位和土壤种类；土石山区有海拔高度、坡向和土层厚度；河滩地区有地下水位、土壤质地等。主导因子找出后，要进行分级并组合成不同立地条件类型，然后进行命名，如梁峁阳坡黄增土，冲风口峁顶黄蟮土，阳向沟坡下部姜石粗骨土，低山阳坡紫色土，海拔 800m 以上阳坡厚层土等。

4.2.2 水土保持林适生树种选择

4.2.2.1 水土保持林树种选择原则

水土保持林的主要任务是拦截及吸收地表径流，涵养水分，固定土壤免受各种侵蚀。营造水土保持林，必须根据保持水土的目的及水土流失地区的自然特点，同时兼顾当地人民群众生产生活的需求来选择树种。选择的基本原则是：

（1）适应性强。例如，护坡林的树种要耐干旱瘠薄（如柠条、山桃、山杏、杜梨、臭椿等），沟底防护林及护岸林的树种要能耐水湿（如柳树、柽柳、沙棘等）、抗冲刷等。

（2）树冠浓密，枝叶发达，枯落物丰富，能形成良好的枯枝落叶层，能有效拦截雨滴直接冲击地面，保护地表，减少冲刷。

(3) 根蘖能力强，根系发达，特别是须根发达，能固持土壤，增强土体的抗侵蚀能力。

(4) 具有土壤改良性能（如刺槐、沙棘、紫穗槐、胡枝子、胡颓子等），能提高土壤的保水保肥能力。

(5) 生长迅速，寿命长，繁殖容易，种源充足。

4.2.2.2 主要地区水土保持林适宜树种

依据水土保持林的树种选择原则，在我国的四片主要水土流失区，除黄土高原的西北部外，一般水、热条件好的地区，可选择的树木种类还是比较多的。但是水土流失荒坡一般具有陡峭、土层瘠薄、易干旱的特点。所以，适于营造水土保持林的树种就受到一定程度的限制。需要根据各地具体情况，综合评定后筛选。现将我国各重点地区适于水土保持林的树种简述如下。

1. 黄土高原丘陵沟壑区

刺槐是该区的主栽树种，但后期生长较慢，不能成大材，在北部高寒地区受冻枯梢。旱柳仅在沟底生长良好，而河北杨在斜坡甚至陡坡生长良好，是适于营造水土保持林的较好的杨树品种。已有的经验表明，在黄土高原地区，适宜选作水土保持林的主要树种：针叶类的有油松、侧柏、杜松、樟子松、华北落叶松、华山松、云杉等；阔叶类的有群众杨、河北杨、山杨、合作杨、小叶杨、刺槐、臭椿、旱柳、白榆、槐树、杜梨、栓皮栎、辽东栎、柿树、山杏、楸树、白蜡等；小乔木和灌木类的有柠条、沙棘、胡枝子、金银花、狼牙刺、酸枣、文冠果、翅果油树，黄蔷薇、花椒、木瓜、扁桃、花棒、火棘、山桃、杞柳、枸杞、紫穗槐、荆条等。

在黄土坡、梁峁顶等处生长良好的树种有沙棘、柠条、柽柳、紫穗槐、杜梨、油松、侧柏、刺槐、河北杨等。天然野生于荒坡的有狼牙刺、酸枣、文冠果、山桃、栓皮栎、枸杞等，生长良好。沟底防冲林有旱柳、小叶杨、毛白杨、灌木柳类等。

2. 长江中上游丘陵山区

本区在水土流失的丘陵、荒山上造林，生长良好的树种有柏木、马尾松、桤木、光皮桦、云南松、华山松、刺槐、马桑、湿地松等。在乔木林下或边缘地带天然繁衍的树种中，生长良好的有麻栎、栓皮栎、槲树、化香、黄荆、刺梨、乌桕、胡枝子类、白栎、茅栗、白花刺、栲类、救军粮、葛藤、黄檀、南岭黄檀、山苍子、苦槠、木荷、黄栀子、枫香等。另外，在金沙江干热河谷有余甘子、台湾相思、坡柳、山毛豆、番石榴、赤桉、木麻黄、小桐子等。

3. 太行山区

太行山区水土保持林主要造林树种为侧柏、油松、刺槐、栓皮栎、槲树、华北落叶松、日本落叶松、华山松、辽东栎、蒙古栎、白蜡、臭椿、元宝枫、栾树、胡枝子、紫穗槐、沙棘、杜梨、山桃、山杏、黄栌、荆条、酸枣、山楂等。另外，沟底防冲林主要有旱柳、小叶杨、毛白杨、群众杨、灌木柳类等。

4. 东北黑土丘陵区

本区主要造林树种有兴安落叶松、长白落叶松、红皮云杉、樟子松、小黑杨、小青杨、山杨、白桦、紫椴、旱柳、胡枝子、丁香、沙棘及灌木柳类等。这些树种作为水土保持林在适宜立地生长良好。

4.2.3 水土保持林的配置

水土保持林的配置，是指在一定的水土流失区域内，根据地形地貌特征和水土流失规律以及针对防护对象而做出的造林模式的具体安排。水土保持林的科学配置是有效拦截天然降水和地表径流，发挥水土保持作用的主要途径之一。水土保持林配置要按防护目的因害设防。常见的几种配置模式如下。

1. 分水岭防护林

分水岭防护林又称为梁峁顶防护林。梁峁顶部是坡地地表径流的起源地，具有高寒、风大、土层瘠薄等特点。分水岭防护林应根据地形、土壤及土地利用情况进行配置。梁峁顶部为荒地，应进行全面造林；在窄而陡峭呈屋脊形的分水岭上，沿山岭脊设置林带，带宽一般 10～20cm，选择抗风而又耐瘠薄的树种，采用乔灌木混交，也可营造密植的纯灌木林带。在宽而缓或顶部浑圆的梁峁顶部，土层厚，多为农地，一般按农田防护林的要求，在农田的一侧或两侧配置疏透结构的防护林带，带宽 10m 左右，选择生长迅速、抗风、耐旱、经济价值较高的树种，尽量采用水平沟、水平阶或鱼鳞坑整地。乔木采用三角形配置，株距 1.0m×1.5m；灌木 0.5m×1.0m。梁峁顶部造林一般比较困难，应特别注意造林树种的选择，要选抗风蚀耐干旱和根系发达的树种或灌木，并应加大灌木的比重。

2. 坡面防护林

护坡林是指在梁峁顶部以下，侵蚀沟以上的坡面营造的水土保持林。在丘陵山地，该区域坡陡面广，土壤疏松，多为耕地，是水土流失最活跃的地方。

坡面按地形特征划分，一般可分为凸形斜地、凹形斜地、直形斜地 3 种类型。各类型的护坡林树种配置是：凸形斜坡径流量大，流速快，土壤侵蚀强烈，土壤水分差，应营造乔灌混交护坡林，灌木的比重应占到 60%以上；凹形斜坡，上部较陡，水土流失集中，下部凹陷处常伴有泥沙沉积现象，水分条件较好，上部应营造以灌木为主的防护林，下部凹陷处可营造果灌为主的混交林；直形斜坡，侵蚀较轻，分布比较均匀，应营造以乔木为主的乔、灌混交林。

坡度也是决定林带配置的因素，一般坡度小于 3°的平缓坡地，应按农田防护林带的要求配置，当坡度在 3°以上，林带应沿等高线配置。

营造护坡林，在树种配置上，无论选择什么树种，都应以混交方式进行，且必须为紧密结构的复层混交林，只在乔木生长困难的地方采用纯灌木林带。对于乔灌混交林带的迎水面还应配置紧密的灌木林缘，以更好地发挥分散水流的作用。

在坡长较短，坡度较缓，农地少牧地多的斜坡，可采用保土灌木与牧草混交组成窄条林带，带宽 5～10m，灌木行株距 1.0m×0.5m，草本植物行距 0.5m。牧草以草木樨、紫花苜蓿为主。

3. 侵蚀沟水土保持林

侵蚀沟是各类地貌中水土流失量最大、危害程度最深的地方。侵蚀沟分为沟头、沟坡、沟底、沟沿和进水凹地几个部分。

沟头由于径流冲蚀作用激烈，土体崩塌严重，不断扩张。沟头造林须采取生物措施和工程措施相结合的办法，具体做法是在距沟头 3～6m 的地方，筑埂高 1.0～1.5m，顶宽 0.5～0.7m 的围堰，围堰外密植灌木，堰内栽植乔灌混交林。

沟坡集水面积大，植被稀少，遇有大雨经常发生滑坡和崩塌。沟坡造林应在侵蚀沟的两侧，沿等高线整成0.5～0.8m宽的水平条带，栽植根系发达、郁闭早的乔灌木。坡面支离破碎，采取鱼鳞坑整地方式，栽植乔灌混交林。在不超过45°的缓斜的沟坡上，可直接挖穴整地造林；沟坡较陡的坡面上，应修成反坡梯田或植树平台，在其上造林或栽果树。植树平台沿等高线呈品字形排列。田面大小为1～2m，平台水平间距2m，株距根据造林树种而定。

沟底径流集中，流速快，泥沙多，径流常常导致沟底加宽加深。沟底造林应视沟底状况，采取不同的措施和方法。如果沟底坡度比较小，下切不严重，可全面造林；沟底较缓，土壤条件较好，集水面积不大，可营造块状林和小片丰产林；沟底坡度比较大、水流急、下切严重，必须采取修筑小型拦水坝、谷坊和栽植乔灌混交林相结合的方法来治理。

进水凹地由流水线路和水路两侧两部分组成。流水线路是经常流水的凹地底部。水土保持林应选择萌蘖性强，枝叶茂密的灌木树种，与流水线垂直成行密植。行距1.0～1.5m，株距0.3～0.5m，呈三角形排列。可每年平茬，促进丛生。水路两侧应营造与流水线平行的乔灌木混交林带。如果周围为非耕地，林带应适当加宽。林带的长度应超出进水凹地以上，以便更好地发挥作用。如果在沟顶以上集水面积较大、来水量多的情况下，在流水线路的中间也可留出适当宽度的流水通道，以免冲毁灌木林带。

沟沿林带在沟坡基本稳定的条件下，应在距沟沿以外2～3m远处设置。近沟沿处作为天然生草地带或作为将来可能塌落的部分，正在发展的沟岸地带，则应由沟底按土壤的自然倾斜角35°左右向沟沿上方引线，在引线与沟沿相交的2～3m远处设置林带。沟岸地带如为农田，为了少占耕地，带宽可为5～7m；如为荒地，则可达10～20m。林带结构应采用乔灌混交的复层紧密结构林带，林带两侧边缘配置根蘖性强的灌木林缘，以便分散水流和固结土壤。沟沿林带按等高线成直线或折线进行配置。

4. 地埂林

地埂林又称为埂坎林。地埂包括梯田地梗、坡地地埂和农田地埂3种。地埂林的营造应视农田的坡度、宽窄和大小而确定造林树种、栽植密度和方式。对于坡度较陡的农田，可在地埂的上下各栽1～2行树木或经济价值较高的灌木；对于长而较窄的梯田，可在地埂的外沿栽植经济林树木，如桑树、枣树、柿树、花椒等；对于面积较大的塬面农田，则沿地埂、地界或田间小路营造防风林带，同时在塬边地头营造以灌木为主的生物带，灌木栽后2～3年可在晚秋或早春平茬，以促进灌木丛生。地埂林主要有植苗法、插条法和压条法等栽植方法。

5. 水源涵养林

水源涵养林泛指河川上游集水区内的大面积森林。水源涵养林侧重于涵养水源，减低洪峰流量、增加枯水期供水的作用。水源涵养林一般多设置在山地或河川上游临近分水岭的高山和远山地区。水源涵养林需全面造林，营造时宜根据立地条件的不同，一般采用近自然方式，在树种搭配上采用阴阳性混交型、乔灌木混交型或者综合混交型，形成复层混交林。在干旱瘠薄荒山上，造林树种应具有抗干旱和抗贫瘠的特性。

在高山区，雨量较大，又是河流源地，有的还残留一些灌丛或次生林，应全部实行封山育林，通过封造结合的办法，使其构成多树种的复层混交林，并划为水源涵养林进行相应的经营管理。

4.2.4 水土保持林造林技术

4.2.4.1 造林原则——适地适树

适地适树是指使造林树种的特性，特别生态学特性与造林地的立地条件相适应，以便充分发挥生产潜力，达到该立地在当前技术经济条件下可能达到的高产水平。随着林业生产和科学技术的发展，适地适树的含义也在不断更新。现代造林工作，不但要求造林地和造林树种相适应，而且要求造林地和一定树种的一定类型（地理种源、生态类型）或品种相适应，即适地适种源、适地适品种、适地适类型。

总之，适地适树是造林工作的一项基本原则。

适地适树主要有三条基本途径：

（1）选择途径，包括选树适地和选地适树。选树适地主要根据造林地立地条件的特点，深入分析树种的生态学特性，做到选择的树种适应造林地立地条件。树种选择的基本原则是：一方面，造林树种要具备最有利于满足造林目的的要求，如生产木材、防护功能、美化功能等。因此，林种不同，对造林树种的要求也不尽相同。另一方面，造林树种又要最能适应造林地的立地条件。选地适树主要依据造林树种的生态学特性，选择能满足造林树种适应和生长需求的造林地，以达到造林的目的。

（2）改树适地，即通过选种、引种和杂交育种的办法，改变树种的某些特性，使其逐渐能在原来不适应的立地条件下生长。

（3）改地适树，主要是指通过整地、抚育、灌溉、施肥等措施，改变造林地的立地条件，使得原来不适应的树种能够生长。一般改地适树的造林成本比较高，需要进行经济分析，以确定最佳的改地措施。需要指出的是以上三条途径是互相补充、相辅相成的。第一条途径是后两条途径的基础，因为在当前的技术、经济条件下，改树和改地的程度都是有限的，而且改树和改地也只有在地树尽量协调适应的条件下，才能取得好的效果。

4.2.4.2 水土保持林整地方法

水土保持整地法是指针对带有水土保持坡面工程的性质，以能够拦蓄斜坡径流并将其储蓄于造林穴及其周围的土壤中为目的，在水土流失地区造林。目前各地都已经创造了适合本地区的多种整地方法。主要有水平阶与反坡梯田、鱼鳞坑、水平沟整地、短水平条状整地、大穴整地或开沟整地等方法。所有整地方法，都要求做到生土培埂，表土回填，碎细土块，碎石、草根放于穴外。除破土面外，尽量保留坡面植被，以减少泥沙淤积整地工程。在水平阶、反坡梯田、鱼鳞坑内植树时，应栽于埂内边至外边一线靠近外边的 1/3 处。水平沟则应栽于埂内缓坡的中部。

理想的整地深度，应达到 40cm 以上，土壤所蓄水分才能保证幼树度过春旱而存活下来。但人工整地很难普遍达到这样的深度。因此，除特殊干旱地带外，平均达到 30cm 最低要求。

整地季节以造林前一年的雨季、秋季整地效果最好。春季整地应在土壤水分较好时开始，土块不易打碎时结束。无论何时整地，都必须在下过透雨后，才能造林。长江、东北水土流失区雨量充沛，相对湿度较大，可采用穴状整地。

4.2.4.3 造林密度

造林密度是指单位面积造林地上的栽植数或播种点（穴）数，通常以株或穴为计算单位，它是形成一定林分结构的数量基础。在一定的具体条件组合下，客观上存在一个生物学最适密度范围。在这个范围内，林分的群体结构合理，净第一性生产力最大，林木个体健壮，生长稳定，干形良好。最适的林分密度不是一个常数，而是一个随经营目的、培育树种、立地条件、培育技术和培育时期等因素变化而变化的数量范围。确定造林密度的总原则是：一定树种在一定的立地条件和栽培条件下，根据经营目的，能取得最大的经济效益、生态效益和社会效益的造林密度，即为应采用的合理的造林密度。

1. 经营目的与造林密度

经营目的首先反映在林种上。林种不同，在培育过程中所需的群体结构不同，林分密度也不同，因此造林密度也应有所不同。如营造用材林，一般培育大径材（锯材、枕木、胶合板等）的造林密度宜小一些，以使林木个体有较大的营养空间；培育防护林则应根据林种类型的不同要求确定林分密度，水土保持林密度应大一些；防风林密度稀一些，有较低的枝下高，利于挡风。农田防护林要使密度和配置与所需透光系数相适应。

2. 树种特性与造林密度

造林密度的大小与树种的喜光性、速生性、树冠特征、干形和分枝特点等一系列生物学特性有很大关系。阳性树种、速生树种宜稀一些，如杨树、落叶松等；阴性树种、慢生树种宜密一些，如云杉、侧柏等；干形通直而自然整枝良好的宜稀，如杉木、檫树等；干形易弯曲而且自然整枝不良的宜密，如马尾松、部分栎类树种；树冠宽阔而且根系庞大的宜稀，如毛白杨、团花等；树冠狭窄而且根系紧凑的宜密，如箭杆杨、冲天柏等。

3. 立地条件与造林密度

立地条件好（气候条件适宜、土层深厚、土壤湿润、肥沃的造林地），有利于林木的生长，其造林密度小一些；气候条件恶劣、土壤干旱、贫瘠的造林地，不利于林木生长发育，造林密度应大一些以增强对不良环境条件的抵抗力，提高幼树的保存株数。但在干旱贫瘠的土壤上，有限的水分和养分只能满足一定量的苗木生长的要求，密度可以小一些。

4. 经营条件与造林密度

交通方便，离居民点比较近，且小径材有销路的造林地，造林密度可大一些以间伐利用；偏远的山区，离居民点比较远，技术力量薄弱，小径材不进行间伐利用，密度应小一些。

5. 栽培技术与造林密度

栽培技术越细致、集约，林木生长越快，就越没有必要通过密植来获得高产。比如，整地越细致，供水供肥越充足，苗木规格越大，质量越高，抚育管理越加强，就越要求相对的稀植。

根据上述原则，在确定造林密度时可采用以下几种方法。

1. 经验方法

分析过去不同造林密度的人工林的效益，确定新的条件下的造林密度。采用这种方法时，决策者应当有足够的理论知识及生产经验，否则会产生主观随意性的弊病。

2. 试验方法

通过不同密度的造林试验结果，确定合适的造林密度。这种方法虽然最为可靠，但所需时间长（一般应至少达到半个轮伐期以上，最好是一个完整的轮伐期），而且成本高，需要花很大的精力和财力。因此，一般只能对几个主要造林树种，在其典型的生长条件下进行密度试验，从这些试验中得出密度效应规律及其主要参数，以便指导生产。

3. 调查方法

调查现有林分密度与各项生长指标的关系，如胸径、树高、蓄积量、树冠以及经济成本的关系，然后采用统计分析的方法，得出类似密度试验林可提供的密度效应规律和有关参数，以确定合理的造林密度。

4. 查图表的方法

对于某些主要造林树种（如落叶松、杉木、油松等），已进行了大量的密度规律的研究，并制定了各种地区性的密度管理图（表），可通过查阅相应的图表来确定造林密度。但现在的大多数密度管理图（表），无论在理论上，还是在实际应用上，都还存在不完善的地方，需要继续深入研究。

以上 4 种方法根据所具备的条件可参照使用，也可同时使用，相互检验。

4.2.4.4 造林方法

造林方法按所使用的造林材料（种子、苗木、插穗等）不同，一般分为植苗造林、播种造林和分殖造林。

1. 植苗造林

植苗造林是营造水土保持林最广泛的一种造林方法，植苗造林最突出的优点是不受自然条件的限制，如水土流失地区、气候干旱的地方、杂草繁茂、鸟兽害及冻害比较严重的造林地上都可以采用植苗造林。此外植苗造林可以节省种子，在种源不足的情况下，应先育苗再造林。

2. 播种造林

播种造林也叫直播造林，可分为人工播种造林和飞机播种造林。

3. 分殖造林

分殖造林是利用树木的营养器官（如茎、枝条、根、地下茎等）直接进行造林的方法。该造林方法只适用于营养器官具有萌芽能力的树种，如杉木、竹类、杨、柳等。分殖造林不需要种子和育苗，能保存母本植株的特性，但因没有现成的根系，故要求较湿润的土壤条件。

水土保持林的造林方法，一般以植苗造林为主。但是，一些先锋灌木树种可以采用直播造林方法。在阴坡土壤水分条件较好地带，一些针阔叶乔木树种也可以直播造林。

一般植苗造林采用明穴植树法。穴深要大于根长，穴宽要大于根幅，栽正扶直，深浅适宜，根系舒展，先填表土、湿土，分层踏实，最后覆一层虚土。小苗可采用小穴靠壁栽植法。在土质较松地带，对根系细窄的小苗木，如马尾松小苗，可采用窄缝栽植法，但不要窝根，栽后打紧土缝或踏实，再覆些虚土。北方干旱、半干旱地区，萌芽力强的阔叶树种可采用截干苗栽植，可提高成活率。用地膜、草秸或石块覆盖于植树穴上，可以抑制土壤水分蒸发，达到蓄水保墒、促进幼树成活的目的。所用苗木应符合国家有关苗木出圃质量标准，并应分级栽植，以防林木生长出现分化。苗木从起苗到定植过程中，必须注意保护苗木质量，特别是使苗木水分不过多减少，还要选择温度、水分最稳定的季节定植。

具有无性繁殖能力的树种，可以采用插条、压条或分根造林方法。

对于发芽迅速并有一定抗旱能力的先锋树种，如柠条、马桑、栓皮栎等，在鸟兽害少的地方，也可采用直播造林的方法。在南方高海拔山地，云南松、华山松、光皮桦等树种直播造林也已经取得明显效果。

4.2.4.5 幼林抚育

幼林抚育包括除草松土、培土壅根、正苗、踏实、除萌、除藤蔓植物，以及对分枝性强的树种进行平茬等，但重点是除草松土作业。

林木与杂草（特别是与喜光、宿根性禾本科杂草）处于激烈的生存竞争状态。初植的幼树竞争力较弱，由于杂草对土壤水分、养分的争夺，导致土壤干旱、板结，影响幼树成活、生长。因此，除草松土是保证幼树成活和生长的一个重要技术环节。概括各地经验，除草松土作业应从春季造林的当年或秋、冬季造林的第二年开始，直到幼树郁闭为止。但个别适应性强的树种，如马尾松、云南松等，可以只除草、不松土。在春季杂草刚发芽时，就要进行第一次除草。一般第一年应进行1～3次，第二年2次，第三年1次。直播造林抚育时间可适当延长。要依据整地方式进行带状或穴状松土除草。实行林木绿肥，林粮、林油、林菜、林药间作。以耕代抚是一项好经验，应积极推广，但要严禁间种有害幼树生长的藤本和一些高秆作物。

对于耐旱性强、与杂草竞争性强的灌木树种，可以减少抚育年限和抚育次数；土壤水分好、杂草稀少地带可不进行松土除草。对新造幼林要实行封禁，严禁一切人为破坏。

总之，抚育管理是巩固造林成果，加速林木生长的重要措施。抚育管理主要是在造林整地的基础上，继续改善土壤条件，使之满足林木生长的需要，对林木进行保护，使其免受各种自然灾害及人畜破坏；调整林木生长过程，使其适应立地条件和人们的要求。“三分造林，七分管”，“一日造林，千日管”，“有林无林在于造，活多活少在于管”，都生动地说明了造林后抚育管理的重要性。

4.3 农田防护林规划及营造

农田防护林是指在有农田的地方，为防止自然灾害，改善农田小气候，创造有利于农作物和牲畜生长繁育的环境，保证农牧业稳产高产，并为人民群众生产生活提供木材而营造的防护林。农田防护林大致有3种形式：第一种是林农间作形式，即在农田内部间种树木，其株行距均较大，近似于散生状态；第二种是林岛形式，即在农田的间隙地带营造丛状林和小片林；第三种是林带的形式，即在农田四周的带状林分。

林带往往在农田之中交织成网，又称为农田林网。以农田林网为骨架，结合“四旁”植树，小片丰产林、果园、林农混作等形成一个完整的平原森林植物群体，即谓农田防护林体系。这种形式在国内外应用最普遍。目前世界各国在进行农业现代化建设中，尤其是进行生态农业建设中，都把农田防护林体系看作是其重要的内容。下面主要以林带形式介绍农田防护林的培育。

4.3.1 我国农田防护林的主要适用地区与特点

我国平原农业地区普遍存在旱、涝、风等自然灾害，营造农田防护林是确保这些地区农业高产稳产的重要措施，平原地区也是农田防护林的主要推广应用地区，各主要地区的自然与防护林建设的特点如下。

1. 东北西部、内蒙古东中部平原地区

本区年降水量350～550mm，自东向西，雨量渐减。全区多属旱作农业区，并由东部以农业为主向西逐步转向以牧业为主。间有大面积的盐碱地、流沙地错综分布。本区危害农业的自然灾害主要是沙尘风暴、旱晚霜等。牧区的主要灾害是风沙、干旱无雪而造成的“黑灾”和连降大雪造成的“白灾”以及草原沙化。

农田防护林是本区防护林体系的主体，其次还兼有草牧场防护林、固沙林、水土保持林、小片用材林、薪炭林及“四旁”绿化，综合构成以护田护牧为主、生态效益与经济效益相结合的防护林体系。

2. 西北绿洲灌溉农区

本区包括新疆、甘肃河西走廊、青海柴达木盆地、宁夏及内蒙古西部等年降水量不足250mm、必须依靠水源灌溉进行农业生产的地区。耕地除宁夏、内蒙古集中连片外，一般均呈大小不等的块状，零散分布于广阔的戈壁、沙漠之中。本区主要灾害气候是沙暴、干旱、干热风等。

本区农田防护林网营造在绿洲内部，而在绿洲与沙漠、戈壁交界处，营造一条防沙林带，或以边缘的护田林带来代替。在绿洲外围建立宽200m以上的灌草固沙带，适当补充护堤护岸林、薪炭林、小片用材林、经济林等。这是该地区防护林体系的基本模式，单纯的农田防护林很难达到保护农业生产的目的。

3. 华北中原平原地区

本区是我国最大的平原，为传统的农业耕作区。年降水量550～1000mm，以旱作为主，但多有灌溉条件。本区主要危害天气是大风及轻度沙暴和季节性干热风。由于本区曾是黄河、海河、淮河干流、支流洪水泛滥地区，遗留有废旧河道及泛滥地的沙地，有的为流动的平沙地或沙丘，流沙埋压附近农田、水井、渠道和村庄，给当地农业生产带来很大的影响。

本区有农桐、农枣、农条（条子林）等农林间作的传统，农田防护林以结合路、渠绿化配置的农田林网为主体，与农林间作、“四旁”绿化、固沙林、小片速生用材林、小片果园等构成多层次的立体农业，成为我国农林复合经营模式的代表。

4. 长江中下游平原地区

本区年降水量800～1400mm，水热资源丰富，湖泊较多，河流、沟渠密布，以种植水稻或稻、麦轮作为主，耕地连片集中。本区农业的主要危害是洪涝灾害，稀有干热风、倒春寒、寒露风的危害。

本区的农田防护林，是利用纵横交错的河、渠水网系统营造农田林网，并以水田林网为主体，与堤岸林带、防浪护堤林带、季节性淹没地带的速生用材林、农林复合经营以及环村“四旁”林等构成防护林体系。

4.3.2 农田防护林的规划设计

农田防护林规划设计是否合理，直接影响到农田防护林效能的大小和农牧业生产效率的高低。因此，农田防护林规划设计必须贯彻“因地制宜、因害设防、宜带则带、宜网则网”的原则，同时要考虑当地群众生产生活和国民经济发展的需要。

1. 林带结构的选择

林带结构是指林带树冠上下组成的层次、宽度、纵断面形状、枝叶状况、密度和透光度状况等综合情况。不同的林带密度、宽度、树种组成，构成防护效能不同的林带结构。根据防护的需要，通常把林带结构划分为3种基本类型，即紧密结构、疏透结构和通风结构。

（1）紧密结构林带。是由乔木、灌木混交组成的复层林冠，整个林墙上下枝叶密被，无透光空隙，气流很难通过。研究表明，气流遇到林带后，很大部分被迫抬升，在背风面1倍林高处附近上空形成一个高速区，在林带背风面近地层形成一个大的低速涡流区，垂直范围可达0.6倍林高，水平延伸可达8～10倍林高，在林前林后，气流呈不连续分布。在高速区和涡流区之间形成一个很强的速度梯度，能量向下传递非常强烈，使背风面风速很快得到恢复，从而缩小了防护距离。透风系数在0.1以下的林带弱风区出现在林带背风面1倍林高处，有效防护距离约为林高的15倍，平均降低风速48.9%，防风作用较小。

（2）稀疏结构林带。是由大乔木和亚乔木或边行配置灌木形成两层林冠的林带，整个林墙上下，枝叶分布均匀稀疏，具有透光孔隙，能穿过一定数量气流。其特点是：当气流遇到林带的阻碍被分为两股，一股被迫抬升，在林带背风面1.9倍林高处上空形成一个较小的高速区；另一股气流经林墙空隙中透过，在贴近地表层形成一个低速涡流区，其零值闭合线在4～13倍林高处之间，厚度达0.2倍林高。林带上空的急流区和近地层涡流区之间，产生了一个较弱的速度梯度，其变幅随林带疏透度的减小而增大，它直接影响到林带的防护距离。透风系数为0.3的林带，弱风区在一般风速下出现在背风面的3～5倍林高处，为对照风速的25%～40%，有效防护距离为25～31倍林高，防护范围大，效果好。

（3）通风结构林带。是由单一的乔木组成一层或二层林冠的林带，林墙上部枝叶稀疏，具有均匀而大的透光孔隙，能通过中量气流，下部为缺少枝叶的树干，具有均匀的透光空隙。其特点是气流遇到林带阻碍，被分成三部分：第一部分气流被迫抬升，在林带背面上空2倍林高处出现第一个范围较小的急流区，其强度随林冠部位疏透度的减小和枝下高的降低而增强；第二部分气流从树干空隙中通过，在背风面林缘附近又形成第二个强度较弱的急流区，由于地面的阻力，这一急流区逐渐减弱为低速区直至消失，从而增大了它的防风距离；第三部分气流直接从林冠部位通过，在林冠背风面形成一个低速涡流区，并向下倾斜到近地层形成一个低速区，这个低速区和高速区之间的能量传递使贴地层的弱风区得以逐渐恢复到旷野风速。通风结构林带又分为高度透风和低度透风两种结构：前者林冠疏开互不衔接，成林后枝下高与林带高之比 1/3 以上，整个林墙高度透风，透风系数在 0.7 以上，弱风区出现在林后 10 倍林高处，降低风速达 50%，有效防护距离为 17 倍林高，平均降低风速 20.9%。后者林冠互相衔接，成林后枝下高与林带高之比在 1/5 以下，透风系数为 0.5 左右，弱风区出现在林后 7 倍林高处，降低风速 50%～60%，有效防护距离范围达 24～28 倍林高，平均降低风速 34%～41%。

上述三种林带结构，各有利弊，在应用中要根据实际情况采用。紧密结构林带在风沙严重地区，容易在林带内和背风林缘低速区引起积沙，林带间距过大，条田中间引起风蚀，降雪较多的地区，还会引起堆雪，所以用作农田防护林带应是有条件的。但近距离防护作用大，对防止果园果树落花、落果，阻止流沙前进和防雪等，采用这种结构比较适宜。通风结构林带，防护距离最远，通风量大，防风总效果较差，而且在大风频繁地区迎风林缘树木常遭风蚀裸根。但能使飞沙、降雪比较均匀地分散于条田内，适宜在一般风害区和降雪较多的地区应用。稀疏结构林带介于紧密与通风结构之间，在风沙和干热风危害较重的地区，是较为理想的结构。

2. 林带高度、宽度和横断面

林带宽度（width of forest belt）以能够形成适宜的林带结构和适宜的疏透度为标准，疏透度指林带纵断面透光孔隙面积占纵断面总面积的百分数。

林带的防风作用、防护范围与林高有关，随着林高增加，林带的防护距离也增大。所以，在一定范围内，林高与防护作用呈正比关系。因此，用高大乔木营造农田防护林带，是有重要意义的。

林带宽度指林带两侧，树冠垂直投影的距离，数值一般为：（林带行数－1）×行距＋两侧林缘宽度。林带宽度与防护作用并不存在正相关，但也是一个影响林带防风作用的重要因子。林带太窄，林墙薄，会形成高度透风结构，通风量大，效果当然很差；林带太宽，林墙厚，也易形成紧密结构，同样影响防护效果，同时还多占耕地。因此确定林带宽度，应以最大限度发挥防护效能，最小限度占用耕地为原则。

另一反映林带防护效果的重要指标是林带横断面。林带横断面形状主要有 4 种基本类型，即三角形、梯形、凹槽形和矩形。据各地试验，在林带其他条件一致的情况下，稀疏结构林带以矩形横断面形状的防风效果最好；紧密结构林带以不等边三角形横断面且迎风面坡度小的林带防护距离最远；通风林带以屋脊形横断面的防护距离最远。

3. 林带走向

林带走向取决于主害风的风向，确定林带走向时，首先应掌握和了解害风风向的特点。农田防护林由主林带和副林带组成。主副林带相互垂直交叉，构成农田防护林网。防止主要害风的林带称主林带，一般与主害风方向垂直。防止主害风以外风力的林带称副林带。林带走向就是指主、副林带配置的方向。林带走向以林带方位角，即林带与子午线的夹角表示。林带与主害风的夹角称为交角。90°减去交角称为林带的偏角。

林带走向的确定一般是根据当地气象部门提供的以 1 年或几年中风速不小于 8m/s

的大风出现的日数及风向为依据，按8个方位角绘制害风风向频率图来确定主害风，再依此确定林带走向。最适疏透度和最适透风系数都是以主林带与主害风垂直来确定的，当主林带走向与主害风垂直时，防护距离最远，防护效果最大。随着主林带与主害风交角的减小，其防护效能也相应降低。

4. 林带间距的确定

林带间距指两条相邻的主林带或两条相邻的副林带之间的距离，包括主林带间距和副林带间距。主林带间距的大小，是由林带的防护距离和树高所决定的。一般来说，害风越过林带后造不成危害的距离为主林带的有效防护距离。副林带的间距大小，可根据防护效率的要求来确定，当防护效率要求为100%时，副林带的间距与主林带相等；当防护效率要求小于100%时，副林带的间距应大于主林带的间距。

4.3.3　农田防护林的营造与管理技术

4.3.3.1　农田防护林的树种选择与配置

1. 农田防护林树种的选择原则

农田防护林的主要防护对象是霜冻、旱涝、冰雹、干热风、沙尘风暴等自然灾害。主要功能是通过改善农田小气候条件，保证农田高产稳产，同时生产各种林产品并美化环境。因此，对农田防护林的树种有以下要求：

(1) 抗风力强，不易风倒、风折及风干枯梢，在次生盐渍化地区还要有较强的生物排水能力。

(2) 生长迅速，树体高大，枝叶繁茂，能更快更好地发挥防护效能。

(3) 深根性树种，侧根伸展幅度小，树冠紧束不过分开张，对防护区内的农作物不利影响较小。

(4) 农作物没有共同的病虫害。

(5) 能生产木材和其他林产品，具有较高的经济价值。

(6) 生长稳定，寿命长。

2. 主要平原地区农田防护林的树种

适合做农田防护林的树种较多，从适地适树的角度考虑，全国各地从20世纪50年代起，在树种选择上已经积累了很多的经验，证明以下树种是适宜的。

(1) 东北西部内蒙古东部平原地区。适宜的树种有小青杨、小黑杨、加杨、北京杨、白城杨、旱柳、白榆、樟子松、油松、红皮云杉、落叶松、胡枝子、紫穗槐、灌木柳类、沙棘、小叶锦鸡儿、柽柳等。

(2) 西北绿洲灌溉农区。适宜的树种有新疆杨、箭杆杨、银白杨、二白杨、胡杨、北京杨、青杨、旱柳、白柳、白榆、沙枣、小叶白蜡、桑、杏、紫穗槐、沙棘、沙拐枣、柠条、沙柳等。

(3) 华北中原地区。适宜的树种有毛白杨、沙兰杨、I—214杨、加杨、小叶杨、刺槐、旱柳、泡桐、白榆、臭椿、楸、桑、白蜡、枣、侧柏、簸箕柳、紫穗槐、柽柳、水杉（南部）等。

(4) 长江中下游地区。适宜的树种有水杉、池杉、落羽杉、杉木、枫杨、刺槐、旱柳、I—72杨、69杨、63杨、I—214杨、沙兰杨、桑、乌桕、桤木、灌木柳类、紫穗槐等。水杉、池杉、落羽杉是稻田防护林的优良树种；69杨、63杨、I—214杨是“四旁”生长迅速的优良树种。

3. 树种的配置

树种配置通常是采取树种与树种混交进行，常见的类型有乔木和乔木混交、乔木和灌木混交、阔叶树和针叶树混交配置3种类型，其中以乔木和灌木配置混交最好，可以形成复层林冠，能有效防止病虫害的发生蔓延。此外，由于农田防护林所处的立地条件一般较好，在考虑混交配置时，除最大限度地发挥农田防护林的防护作用外，同时还应考虑提供一定数量的木材、林副产品和干鲜果品。

4.3.3.2 农田防护林的整地措施

造林前的整地是保证农田防护林营造成功的重要环节，细致整地可以改善造林地土壤的理化性质，消灭杂草，蓄水保墒，从而为幼林的成活、生长创造有利条件。不同地区和立地类型，不同造林树种，其整地方法有差别。下面介绍主要立地类型的几种适用的整地方法。

1. 旱作农耕地

北方旱作耕地，先要结合秋翻，将秋收后的谷类密茬通过浅翻清除干净，耙平或起垅即可造林；对高粱、玉米等稀茬庄稼，先用人工清除干净，然后翻地耙平。已经清茬的轻壤质、沙壤质耕地，可直接造林。西北绿洲耕地的整地方法同上，但要特别注意地形的平整和渠系的配套，以利灌溉。

2. 撂荒地或生荒地

采用压青整地法，夏季深翻13～17cm，使杂草腐烂，土壤蓄水。秋季再深翻17～20cm，耙平镇压后即可造林。也可于来春耙平镇压后造林。

3. 干旱草原

在半干旱地区年降水量300～500mm的草原造林，于造林前一年的春季到夏天到来前深翻地25～30cm，耙平后休闲1年，干旱年份休闲2年。休闲期间松土除草3～4次，松土深度由最初7cm逐步加深至15cm左右，使各层草籽先后发芽，彻底灭草，并蓄水保墒，使土壤含水量达到16%左右，镇压后造林。这种方法也适用于盐碱地，但应加挖排水沟，降低地下水位，并适当延长休闲年限。

4. 半湿润地区

对于并不严重缺乏水分的地区，为了减少投入，增加收益，休闲时期先种上一茬作物，如豆类。在生长季节，结合夏锄，中耕除草2～3次。收割并清茬后，即可造林。这种方法切忌种植消耗土壤水分很多的谷类作物。

5. 盐碱地

对于渍涝地带或地下水位高的盐碱地，可用台田整地法。造林前1～2年，先深翻土壤，然后在预定营造林带用地两侧及内部挖排水沟，把沟中的表层土壤翻到林带用地上，作成比地下水位高1.5m的台田。然后用草类覆盖于台田表面，并在台田四周筑埂蓄水，经过1～2年雨水淋洗，盐分降低到一定程度后，就可以选用耐盐树种造林。如果含盐量降至0.1%以下，已成为脱盐土，可选用一般树种造林。

6. 浅层土下有钙积层的栗钙土、黑钙土类

可用开沟整地法，用拖拉机带动开沟犁或用人工开挖深、宽各1m的沟，破坏钙

积层，人工挖时要将钙积层清除后回土。同时，在沟内施入牛马粪，改良土壤。这种方法也适用于西北绿洲农区的盐碱地。

7. 农田边缘的固定沙地

要实行局部整地，即带状整地，留出草带，以防风蚀。渠堤造林以渠道修成后的当年造林为好，最好是春季修成后春季造林，或秋季修成后当年秋季或来年春季造林，这样成活率高，生长好。如果错过时机，等到杂草丛生，土壤硬化后再造林，则费工费时，成活率降低，生长势较差，这是从西北绿洲到华北平原的共同经验。至于农田旁的流动沙地则可直接造林。

4.3.3.3 农田防护林造林方法

适于农田防护林的造林方法主要有两种，即植苗造林和插干造林。

1. 植苗造林

植苗造林又可分为裸根植苗造林和营养钵植苗造林。采用裸根苗造林营造农田防护林，应选择生长健壮、无机械损伤和病虫害的壮苗。造林要做到随起苗，随运输，随造林，有条件的地方要随浇水。起苗前要把苗圃灌足水，起苗要尽量保持根系完整。起苗后要进行分级，去掉小苗、弱苗、有机械损伤的苗木和病虫害的苗木。外调苗要先检疫，然后搞好苗根包装。苗木运到造林地点后，要把苗木假植在湿土中，刺槐、楸树、杨树、柳树、榆树等要在清水（最好是活水）中浸1天后再栽。栽植时要做到根系舒展、分层填土，扶正踏实。栽植深度一般应超过苗木根际原土痕0.1m，杨、柳大苗应深栽0.6m以上，松、柏小苗应超过苗木原土痕0.01m，泡桐、刺槐要浅栽0.03～0.05m，根基培0.3m的土堆。

沿海地区农田防护林中的造林主要采用容器苗。容器苗营造防护林，不受造林季节的限制，苗木适应性比较强，造林成活率比较高。容器苗要求根系发达，有良好根团，苗木长势好，苗木直，色泽正常，无机械损伤，无病虫害。穿出容器的根系要切断，不能硬拔，严禁用手提苗。休眠期的针叶树苗应具有饱满的顶芽并充分木质化。苗木在搬运过程中，应轻拿轻放，栽植时深度以把容器埋0.01m为宜，栽后有条件的地方要浇水。

2. 插干造林

插干造林是分殖造林的一种，适于取材丰富、萌芽力强的阔叶树的造林，如柳树、杨树等。在地下水位比较高、土壤较湿润的水旁、排灌水渠的坡上可采用插干造林。

插干造林选用较粗的干或枝作为造林材料，一般选粗3～8cm、长2～3m、2年生以上的干材或粗枝。按株行距要求在定植点挖坑，扦插埋入土中的深度至少50cm。

4.3.3.4 农田防护林的抚育管理与更新

为了保证农田防护林带中林木的正常生长和保持林带的防护作用，需要不断对林带进行抚育，在达到调整林带的疏透度和改善林带结构的同时，也可以获得木材及其他用途的林副产品。

1. 幼林抚育

（1）除草松土。农田防护林带树种定植后，在3年内对幼林地除草松土，是造林成败的重要环节。第1年应当保证3次，第2年2次，第3年可视情况做1～2次。

盐碱地及年降水量300～500mm的半干旱地区，抚育年限还应当延长到5～7年。在沙质土地带，如有风蚀表土现象，应对幼树培土，第1～2年内也不要全面除草松土，只沿树行带状除草松土，在行间保留一条草带，待林带两侧灌木成长起来，起到固沙作用后，再全面除草松土。

（2）间作。农田林带实行林粮、林油（料）、林肥（绿肥）、林菜、林药间作，以耕代抚，是一项成功经验，但不宜间种高秆、密茬谷类和藤本作物，农作物应距幼树50cm以上。

（3）灌溉。西北绿洲灌溉农区除了常年过水渠道两侧的窄林带外，必须保证对林带的灌溉。春季定植后，应即灌水1次，半月内再灌水1次，以后每隔15～30天灌水1次；第2～3年要继续灌溉5～6次。当成林后，每年还要灌溉3～4次，在土质黏重地带，应适当增加灌溉次数；在地下水位高的地带，可以减少灌水次数。

（4）补植。要及时作好林带个别缺苗断条的补植。补植处必须搞好局部整地，并选用同高度的大苗精心栽植，精心抚育，必要时浇水，保证成活，促其生长。

（5）平茬。林带两侧的灌木，应在幼树根系生长壮大后，轮换平茬。视树种不同，可1～5年平茬1次，以促使其复壮，丛生更多枝条，提高防护效益，并得到一定收益。

2. 修枝

农田防护林带修枝的主要目的是维持林带的适宜疏透度，改善林带结构，其次才是提高木材质量。而林带的适宜疏透度依靠林带适当的枝叶来保持，修枝不足或修枝过度均会使疏透度过度增大，降低其防护效果。研究表明，无论是通风结构，还是疏透结构，其适宜疏透度最大不能超过0.4。

3. 间伐

间伐是促进农田防护林林木生长和达到最适疏透度的措施之一。间伐应当遵循的原则是：

第一，间伐应有利于促进林木的生长，控制病虫害的发生和蔓延。但是林带间伐只能在增强或不降低其防护作用的情况下进行。间伐后的疏透度不能大于0.4。间伐后的郁闭度不能低于0.7，这是林带郁闭度的最低标准。

第二，间伐保持其合理的林带结构，必须坚持少量多次、砍劣留优、间密留稀、适度间伐的方法。应当伐除的主要是病虫害木、风折木、枯立木以及生长过密处的窄冠木、偏冠木、被压木和少量生长正常的林木。

第三，间伐量的确定，要根据原植密度、保存密度、林带宽度、林木生长年限及状况等因素而定。

4. 更新

树木达到自然成熟年龄时，生长速度开始减慢而出现枯梢、枯干，最后全株自然枯死。随着林带树木的逐渐衰老、死亡，林带的结构也逐渐疏松，防护效益也逐渐降低。要保证林带防护效益的持续性，就必须建立新的林带，代替自然衰老的林带，这便是林带的更新。

农田防护林林带的更新主要有植苗更新、插干更新和萌芽更新3种方法。在一个地区，进行农田防护林林带更新时，为避免一次将所有林带全部砍光，以致对该区的防护作用造成太大影响，需按照一定顺序在时间和空间上做出合理安排。就一条林带或一段林带而言，可以有全带更新、半带更新、带内更新和带外更新4种方式。

全带更新就是将衰老林带一次全部伐除，然后在林带迹地上建立起新一代林带。全带更新形成的新林带林相整齐，效果较好。在风沙危害不大的一般风害区可以采用这种方式。

半带更新是将衰老林带一侧的数行伐除，在林带采伐迹地上建立新一代林带。待新林带郁闭，发挥防护作用后，再去掉保留的部分林带。半带更新因受到林带的影响，植苗造林比较困难，萌芽能力强的树种最好采用萌芽更新。半带更新适于风沙比较重的地区。

带内更新是在林带原有林木行间或伐除部分树木的空隙地上进行带状或块状整地、造林，并依此逐步实现全部林带更新。

带外更新是在林带的一侧（最好是阳侧）按林带的设计宽度整地、造林，待新植林带郁闭后再伐除原林带。

5. *农田防护林的改造*

农田防护林在其生长发育过程中，往往由于设计不合理，自然灾害或人为活动的破坏，发生植株残缺、生长低矮、过早衰老等不正常现象，致使林相残破，结构不良，不能发挥应有的防护效能。因此，为使农田防护林带迅速成型，并发挥较大的防护效益，必须及时对非正常衰老、结构不良、林相残破的林带进行改造。

(1)"小老头"林带的改造。"小老头"林带的主要特征是在林分处于迅速生长期，年生长量却远小于在正常条件下的生长量。大多数林木分枝多，没有明显主干，呈丛枝状态。小老树林带形成的原因，既有自然因素，也有社会因素，主要有如下6个方面的原因：①造林材料的遗传性不良，如在衰老母树或小老树上采种造林，或采用多年生枝条扦插，或埋干造林多代萌生的林带；②树种选择不当；③土壤水分、养分不足；④造林前整地粗放，造林后缺乏及时抚育，以致土壤板结，杂草丛生；⑤人畜伤害，病虫危害；⑥造林密度过大，营养空间竞争激烈等。

对于"小老头"林带，应根据各种不同的原因采取相应的改造措施。例如，凡是由于造林材料遗传性不良造成的小老树，应改用良种壮苗重新造林；凡是由于不适地适树，造树不当造成的，应严格按照适地适树原则，根据造林地立地条件和树种的生物学、生态学特性，选择适宜的造林树种，提高造林质量，严格整地标准。含砾石较多的粗砂地，要挖大穴或开沟挖壕，有条件的地方可以抽沙换土；地下水位过高或盐碱较重的地方，要修筑台条田，抬高地面降低地下水位，并修筑排灌系统，蓄淡压碱，引淡洗盐，降低土壤含盐量，为林木生长创造一个良好的生长环境。

(2) 结构不良林带的改造。结构不良林带主要是指疏透度不合理的林带、疏透度不合理包括疏透度过小和疏透度过大。过于紧密的林带是由于造林密度过大造成的，过于稀疏的林带是由滥砍乱伐、设计不合理、抚育管理不合理所致。

紧密结构的林带视林带的宽窄，可隔行伐除、隔株伐除或适当加大修枝量。稀疏、疏透度过大的林带，可采取轻修枝、加植小乔木或灌木等措施。

(3) 自由林网改造。自由林网是指沿田边、地界和道旁营造起来的农田防护林。多数是带向混乱、结构不良、网眼过小或有带无网。林带设计不合理，主要是林带走向过分偏离与主害风的垂直方向，以致严重地降低其防护效能。多数自由林网分布在丘陵地区。有带无网的，要视情况按 200～400 亩补造新林带，使其成网。与主害风方向的垂线交角不超过 30°的自由林网可保留，等更新时再作调整，凡与主害风垂线方向交角超过 30°的自由林带，如防护作用不大，应立即淘汰，在网带交错成畸角的地方，应取消不必要的网线。

4.4 生物固沙技术

植物治沙是用植物治理流动和半固定沙地，其学科定义如下：植物治沙是根据植物对流沙的不同适应功能，研究在流沙上恢复和建立植被，以取得最佳治理效果的科学。在各项治沙措施中，植物治沙应用最普遍，是治沙工作中最重要、最有价值、最根本的技术措施。植物治沙与其他治沙方法相比具有以下优点：植物治沙成本较低，作用持久而稳定，适于大面积应用；植物可以改善沙地的理化性质，加速土壤形成；植物可以绿化美化沙漠化环境，全面改善沙地生态系统；治沙植物可提供沙区急需的饲料、燃料、木材、肥料及社会需要的多种产品和工业原料。植物治沙具有多种生态效益和经济效益。

4.4.1 沙漠地区的自然特点

我国西部地区的沙漠多属于内陆沙漠，其显著的气候特征是干旱，年降水量低，大部分地区在 200mm 以下；蒸发能力大，一般在 2000mm 以上；沙地具有贫瘠、导热快、昼夜温差大等特性。沙地的土壤水分状况具有透水性强、毛管水上升力弱、地表蒸发量较小、持水力低、产生凝结水等特点。沙地地表温度在每天的早晨和每年的早春回升较快，解冻较早，对及时开展林业生产活动有利。

流沙在风的作用下形成十分复杂的地貌。在内陆沙漠地区，一般在植被刚被破坏，沙地开始流动后，先形成单个的新月形沙丘，此时沙丘的高度也不大。随着沙地风蚀的继续进行，沙丘高度逐渐增加，几个沙丘连在一起，形成新月形沙丘链。当新月形沙丘不仅左右相连，而且前后也相连时，就形成纵横交错的沙丘群，称为格状沙丘。有些地区在单向风或两个近似的定向风的作用下，形成与主风向相平行的垄状沙丘（沙垄）。不同的沙地地貌及沙丘的不同部位具有不同的立地条件，这对固沙造林工作是很重要的。

4.4.2 固沙造林树种选择

1. 固沙造林树种的选择原则

防风固沙林的主要任务是防止沙地风蚀，控制砂砾移动，合理地利用沙地的生产能力。防风固沙林树种选择的基本原则如下：

（1）耐旱性强。干旱缺水是沙漠地区最主要的特征之一，固沙造林树种必须具有很强的抗旱能力。其枝叶要有旱生型的形态结构，如叶退化，小枝绿色兼营光合作用，枝叶披覆针毛，气孔下凹，叶和嫩枝角质层增厚等特征，有明显的深根性或强大的水平根系。

（2）抗风蚀沙埋能力强。枝杆在沙埋后能发出不定根，植株具有根蘖能力或茎繁殖能力，即有克隆特性。一旦遇到适度的沙埋（不超过株高的1/2），生长更旺，自身形成灌丛或繁衍成片。在风蚀不过深的情况下，仍能正常生长。这样的灌木树种一般称为沙生灌木或先锋固沙灌木。

（3）耐瘠薄能力强。有些沙化地区，大风带走地表土以后，土层变薄，肥力大大降低。在这些地区造林，所选树种必须具有较强的抗瘠薄能力。一般行根瘤菌的树种抗瘠薄的能力比较强，如花棒、杨柴、踏郎、沙棘、沙枣等。

2. 我国主要沙化地区的防风固沙造林树种

（1）干旱草原地带的造林树种。乔木树种有小叶杨、白榆、小青杨、先锋杨、加杨、桑树、旱柳、油松、樟子松等。灌木及半灌木树种有差把嘎蒿、油蒿、籽蒿、杨柴、柽柳、紫穗槐、山竹子、沙棘、柠条、沙柳、乌柳、胡枝子等。

（2）半荒漠地带的造林树种。主要乔木树种有沙枣、白榆、旱柳、小叶杨、美杨、新疆杨、二白杨等，但这些树种仅适用地下水位较高，或有灌溉条件的地区。杨、柳、榆还要求沙下有壤质土。灌木树种有油蒿、籽蒿、柠条、花棒、沙拐枣、杨柴、黄柳、沙枣、毛条、柽柳、踏郎、沙柳等。

（3）荒漠地带的造林树种。本地区造林需有灌溉条件，所选树种有新疆杨、青杨、胡杨、白柳、白榆、箭杆杨、旱柳、胡杨、小叶杨、二白杨、沙枣、沙拐枣、柽柳等，无灌溉条件的树种有梭梭、柠条、花棒、白刺等。

4.4.3　防风固沙林造林技术措施

营造防风固沙林应本着“全面规划，综合治理，因地制宜，因害设防”的原则，做到除害与兴利相结合，改造与利用相结合，生物措施与工程措施相结合，种草种树与保护现有植被相结合。

1. 设置沙障

设置沙障是针对流动沙地、沙丘造林前采取的措施，目的是先行固沙，然后再造林，可以保护苗木免受风蚀沙埋，提高成活率和保存率。沙障主要有草方格沙障和直立式沙障两种。草方格可采用当地的麦草编制，以1m×1m或1m×2m的规格效果最好，有效期限一般为3～5年。直立式沙障可采用灌木条、树枝、秸秆、芨芨草等材料制作，埋入沙层的深度约50cm，外露1m以上，从防风固沙效果上看，以小孔隙度（0.25～0.35）的疏透结构最好，与主风方向垂直时阻沙量最大。

2. 整地

在流动和半固定沙地上造林时，一般不整地。但在丘间低地无积沙且黏质土壤时，可以提前犁耕，犁沟方向尽可能与主风方向垂直，以便自然积沙，起到保墒作用，有利于造林成活与生长。在杂草丛生的草滩上造林时，应采取带状整地，以防风蚀。夏季翻耕灭草效果显著，春季风沙大，翻耕既不利于保墒，又不利于灭草。

3. 造林季节的选择

以春季为主，春季解冻后，土壤湿润，地温回升，苗木根系再生能力强，而芽基尚未发叶，蒸腾量小，有利于苗、条的成活。部分地区和部分树种也可根据实际情况选择雨季或秋季造林。

例如，选择雨季来临时的6月初飞播固沙造林，播后一旦遇雨又正值高温期，种子很快萌生幼根，扎入沙层，就能获得较好的飞播效果。容器苗造林，最好也在雨季造林，所用容器苗需在雨季开始的时候能达到造林的标准要求，使幼苗当年在沙丘下能有较长的生长时间。另外，也可在秋季土壤封冻前10天左右开始，定植后随即用沙将全株覆盖好，以防兔鼠害和失水过多。翌年春季冉扒掉覆沙，成活率可在90%以上。此外，杨树、柳树的高杆造林经剪去全部侧枝，秋季造林成活率也能达到80%～90%。

4. 造林密度

以维持沙地水分平衡为准。在无灌溉条件，地下水又无法利用的情况下应营造旱生、超旱生灌木，以稀植为宜。在水分条件尚好的地方可适当密植。基本原则是窄株距、宽行距，并横对主风成行种植。栽植时应把握好深栽、实埋、少露（必要时不露）的技术要点，可保证较高的成活率。

一般植物种的初植密度见表4-2。

表4-2 各种植物初植密度

植物种	密度（株/667m²）	植物种	密度（株/667m²）	植物种	密度（株/667m²）
花棒	110～220	沙拐枣	66～120	紫穗槐	166～445
杨柴	130～250	梭梭	110～220	沙枣	83～222
柠条	170～220	酸刺	166～666	胡杨	83～167
沙柳	110～200	沙蒿	333～666	樟子松	222～334

5. 固沙造林的方法

（1）植苗造林。沙地植苗造林通常多用1年生的壮苗造林，成活率较高，生长也较良好。杨、柳、白榆以及实生的柽柳苗，需要培育2年生苗木造林，而樟子松、油松等针叶树，一般宜用2～4年生苗造林。

沙区大面积植树造林，通常采用裸根栽植，裸根苗的起苗、运输都比较方便，但常因风吹日晒丧失一部分水分，栽植后缓苗期长。特别是苗木根系严重失水后，常导致苗木的大量死亡。因此，从起苗到栽植这段期间内，应特别注意要保护好苗根系。栽植方法在沙荒地区通常有挖坑栽植、窄缝栽植和截干栽植等多种。

1）挖坑栽植。一般要求“大坑、深栽、实踏”。植坑的大小和深度，要根据苗木大小情况而定。一般苗木，栽植坑要以能伸进双脚周转踏土为原则，深度要在50cm以上。对于杨树等经济价值较高的乔木和大苗，植坑应根据情况加深加大。苗木的栽植深度，要使苗木根茎栽植至离地面10cm以下，埋土时根必须摆顺，不能窝根。苗木需置于坑的中心，填土将至坑深的1/2时，把苗木向上稍提动一下，然后用脚踏实，再填土坑，再踏实。

2）窄缝栽植。适于沙层水分条件较好的疏松沙地上进行，根系不过大的苗木造林可用此法造林。植苗时需事先拨去栽植点的表层干沙，再用直锹深插沙层内，推挤成深约50cm，口宽15cm以上的裂缝。然后把苗木顺缝深插，并稍加提抖，使苗木栽至所需深度后，再在离缝隙10cm左右处，插进锹，先拉后推，挤合土壤，再用脚踩实。窄缝栽植要求“插缝要深，拔锹要稳，苗根顺展，先拉后推，挤苗要紧”。在流动沙丘上栽植时，应预先设置沙障，防止风蚀。

3）截干栽植。将苗木截去地上大部分枝杆后栽植。这种方法多应用于因意外情况造成苗木失水，或苗木根伤过重。视苗木情况，截去地上部分的1/3或2/3高度，通常留干长度为距根颈20～25cm，栽植时留干距地面高度以10～15cm为好。由于春夏期间常出现7m/s以上的大风，截干过低的萌发芽容易被风沙打死。据观测，留干离地面10cm，成活率85%；而栽植与地面相平者，成活率仅16%。

（2）扦插造林。在土壤水分条件好，地下水位浅或有灌溉条件的沙区适用，常用于营造杨、柳类防沙固沙林。选条是提高插条造林成活率的关键。插穗长度需根据沙地水分状况确定，在湿润的丘间低地，一般穗长40～50cm；在水分条件较差的沙地，穗长60～70cm，粗度一般为1～2cm。杨柳树、沙枣、柽柳、沙柳、黄柳等在进行扦插造林前，应从生长健壮无病虫害的优良母树上截取皮色光滑的下部枝条，苗条不足时，为了充分利用母条，可分段截取，分别扦插。剪切时、上端要齐平，下端成斜形。造林前浸水5～7昼夜，以提高造林成活率。插条造林通常用坑植法，也有用锥引法、钉条法栽植的。

坑植法多使用“倒坑”栽植、分层踏实的办法造林。春季栽植，插穗多与地面平齐，不露头；秋季可略深入地面以下3～5cm。

锥引法是在栽植点上，用锥引洞，将穗插于洞内，然后用力踏实。锥引栽植功效高，但插穗下端往往较难与土壤密接，容易“悬空”，影响成活。栽后如能配合浇水，则造林成效好。

钉条法是把插穗直接打入土中的插条方法。此法必须在疏松深厚的沙地上或湿润的渠边才能采用；否则，不易插入土中，且易擦伤插穗基部表皮，影响切口愈合。

（3）高杆造林。是陕北及内蒙古伊盟一带常见的针对萌发力强的旱柳和杨树采用的一种造林方法。高杆一般是3～4年生的粗壮枝杆，长2.5～4.0m，小头粗3～4cm，大头粗4～6cm。在清明前10～15天截杆，将大头浸入水中，至清明前后，大气转暖，再将枝杆散开平放在水里全浸，浸水25～35天，使其充分吸水，待树皮出现白色或浅黄色凸起后，取出栽植。流沙区造林通常适用于有适度积沙又不致埋压过度的缓起伏沙地，高度3m以下的流动沙丘，或背风坡脚和丘间低地。地下水位深不到2m的沙地，深栽0.8～1.0m，地下水深大于2m的沙地，深栽1.0～1.2m。随挖坑随栽，用湿土分两层埋，捣实。为防止沙埋后再出现风蚀，每隔10多m再栽两行沙柳灌木带，以提高固沙作用。

（4）容器苗造林。容器苗是在一定的容器内培育苗木，栽植时苗木根系保持完整无缺的自然状态，成活率较高。沙区容器苗造林应在造林地附近育苗，造林前1～2天苗木停止浇水，造林方法与其他林种相同。

6. 沙丘地造林模式

由于沙地风沙大、干旱、瘠薄等特点，造林应采取特殊技术措施。在多年的沙地造林实践中，沙区群众运用风力与林木的相互作用，还创造了固沙、撵沙、拉沙、挡沙等一些独特的因地制宜的沙地造林方法，发挥了治理沙漠的功效，我们把这些特殊的造林措施称为“造林模式”。下面分别给予简要地叙述。

(1) 前挡后拉造林法。这是陕北群众创造的沙地造林方法，即在沙丘间低地湿润沙丘区和两个沙地之间的低地营造乔灌混交林。前挡是在沙丘背风坡的丘间地带栽植乔灌混交林带，阻止沙丘前进。后拉，是在迎风坡脚下栽植乔灌木，造成不饱和气流，引起风蚀，削低沙丘。

(2) 撵沙腾地造林法。撵沙腾地造林法可以概括为“撵沙腾地、腾地造林、引沙入林、以林固沙”。其措施是：第一，在沙丘迎风坡基部犁耕，人工促进风蚀；第二，在丘间低地引水灌沙，封沙育草，引沙入林，使沙子在林内堆积，既能保墒，又防止次生盐渍化。这种方法适用于沙丘不高、水分条件较好的地区。

(3) 固放结合造林法。具体办法是在一排排的流动沙丘中，把前后两排沙丘固定，中间的沙丘采取人为的措施，如清除天然生植被或大风时人工扬沙，使其迅速移动，最后堆积在被固定的沙丘上。中间的沙丘变成宽阔平坦的沙地，然后造林。这种方法适用于湖盆滩地边沿地带的新月形沙丘链，其特点是沙丘较小，移动速度较快。

(4) 背风坡高杆造林法。背风坡高杆造林，是选择 3～4 年生的和粗 4～6cm 的枝条截成 2～5m 长的高插杆，于清明前后在沙丘背风坡造林。栽植的部位应选在不长草的落沙坡和丘间地的交界处，因为该交界处有沙埋条件，保水力强，便于林木成活。高杆造林以旱柳高杆最好，也可采用其他树种，如小叶杨、河北杨等大苗造林，效果也十分明显。

(5) 其他方法。在前挡后拉的基础上，在周围所有丘间低地都造起林来，称“四面围攻”。在沙丘迎风坡下 1/2～2/3 处设置沙障，在沙障保护下，栽植梭梭等灌木，可固定住沙丘基部，削低丘顶，称“固身削顶”。在迎风坡脚开始，每年逐次栽植一行灌木，当年灌木成活后，沙丘迎风坡被吹出一定宽度（约 8m）的浅凹地带，次年再接连栽植，称“逐步推移”等，这是行之有效的造林方法。

4.5 水土保持植草技术

4.5.1 草种选择与配置

草种选择是建植草地的重要环节。我国地域辽阔，气候条件和地貌类型多样，不同区域生境条件差异明显。而不同的植物有其不同的生物学特性，对于生活条件的要求也各有不同。因此，选择草种时，应根据当地的气候、地貌和土壤等生境特点，按照适地适草的原则，因地制宜，选择适生的草种。同时，还要考虑种植和管理成本等经济状况。

选择草种有两种方法：一是对现有草地，特别是人工草地进行调查，获得不同草种生长状况的资料，如生长量、生物量、盖度及适应能力等。通过比较分析，选出不同生境条件下的适生草种。二是种植或引进不同草种进行对比试验，观察其生长发育状况，筛选出适宜的草种。

不同气候条件下各立地类型草种配置见表 4－3。

表4-3 不同气候条件下各立地类型草种配置

立地条件	热带南亚热带	中亚热带北亚热带	暖温带	中温带
荒山、牧坡	葛藤、毛花雀稗、剑麻、百喜草、知风草、山毛豆、象草、坚尼草、芭茅、大结豆、桂花草	龙须草、弯叶画眉草、葛藤、坚尼草、知风草、营草、芭茅、毛花雀稗	营草、芭茅、沙打旺、龙须草、半茎冰草、弯叶画眉草、葛藤、多年生黑麦草、狗牙根	草木犀、沙打旺、苜蓿、野豌豆、羊草、红豆草、披碱草、野牛草、狗牙根、扁穗冰草、伏地肤、多年生黑麦草
退耕地、轮歇地	桂花草、香茅草、无刺含羞草、山毛豆、宽叶雀麦、印尼豇豆、紫花扁豆、百喜草、大翼豆	苇状羊茅、牛尾草、鸡脚草、象草、三叶草、无芒雀麦、印尼豇豆	草木犀、苇状羊茅、沙打旺、红豆草、苜蓿、红三叶草、杂三叶草、葛藤、冬棱草、牛尾草、无芒雀麦	苜蓿、白草、苏丹草、沙打旺、马兰、无芒雀麦、鹅冠草、披碱草
堤防坝坡、梯田坎、路肩	百喜草、香根草、菠萝、桂花草、黄花菜、紫黍、非洲狗尾草、岸杂狗牙根	岸杂狗牙根、串叶松香草、香根草、黄花菜、芒竹、弯叶画眉草、药菊、白三叶草、牛尾草、小冠花、细叶结缕草	小冠花、药菊、黄花菜、冰草、龙须草、结缕草、营草、地毯草、狗牙根、早熟禾、小糠草	野牛草、鹅冠草、紫羊草、马兰、白草、黄花菜、芨芨草、沙生冰草、冷地早熟禾
低湿地、河滩、库区	香根草、双穗雀稗、杂交狗尾草、小米草、稗草、毛花雀稗、非洲狗尾草	小米草、稗草、五节芒、杂交狼尾草、双穗雀稗、香根草、水蚀、芦竹、杂三叶草	芦苇、荻草、田菁、黄花菜、小米草、芭茅、冬牧70黑麦、双穗雀稗	芦苇、芭茅、黄花菜、扁穗冰草、水烛、马兰
幼林间作	鸡脚草、桂花草、大绿豆、山毛豆、木豆、印尼豇豆、无刺含羞草、猪屎豆、竹豆	鸡脚草、三叶草、印尼豇豆、大绿豆、龙须草、弯叶画眉草、黑麦草	沙打旺、龙须草、红豆草、鸡脚草、草木犀、三叶草、冬棱草、小冠花	沙打旺、红豆草、野豌豆、鸡脚豆、毛叶苕子、黄芪、黄花菜
果园间作	印尼豇豆、紫花扁豆、山毛豆、百喜草、猪屎豆、竹豆、大翼豆	猪屎豆、黑麦草、大绿豆、印尼豇豆、中豇豆、鸡脚草、白三叶草	三叶草、毛叶苕子、黄花菜、小冠花、鸡脚草、红豆草、大绿豆	毛叶苕子、鸡脚草、野豌豆、红三叶草、红豆草
平缓的饲料基地	象草、菊苣、岸杂狗牙根、籽粒苋、墨西哥玉米、宽叶雀稗、非洲狗尾草	墨西哥玉米、象草、菊苣、杂交狼尾草、苏丹草、苦荬、瑞蕾苜蓿、籽粒黄、黑麦草、红胡萝卜	籽粒苋、菊苣、三叶草、苏丹草、野豌豆、苜蓿、串叶松香草、冬牧70黑麦、甜高粱	苜蓿、无芒雀麦、冬牧70黑麦、饲料甜菜、野豌豆、甜高粱、多年生黑麦草

续表

立地条件		热带南亚热带	中亚热带北亚热带	暖温带	中温带
沙荒、沙地		香根草、大绿豆、印尼豇豆、中豇豆、大翼豆、仙人掌、蝴蝶豆	香根草、大绿豆、沙引草、印尼豇豆、蔓荆、瑞蕾苜蓿、黄花菜	苜蓿、沙打旺、白草、小冠花、鸡脚草、沙毛叶苕子、草木犀、芨芨草	沙打旺、沙蒿、芨芨草、沙片、沙米、绵蓬、苜蓿、毛叶苕子、无芒雀麦、白草、披碱草
盐碱地含盐量1%	0.1～0.2	盖氏虎尾草、葛藤、俯仰马唐	无芒雀麦、冬牧70黑麦、黄花菜、葛藤、野大豆	野大豆、小冠花、冬牧70黑麦、白草、无芒雀麦、黄花菜	无芒雀麦、偃麦草、鹅冠草、野豌豆、冰草、芨芨草
	0.2～0.4	苏丹草	杂交狼尾草、苇状羊茅草、五节芒、茵陈蒿	苏丹草、苜蓿、草木犀、沙打旺、苇状羊茅	草木犀、苜蓿、苏丹草、羊草、毛叶苕子、弯穗鹅冠草
	0.4～0.8	大米草	芦苇、大米草、盐蒿、小蜡、田菁	芦苇、大米草、盐蒿、小蜡、田菁	田菁、芨芨草、芦苇、盐蒿、碱茅、地肤

4.5.2 种植技术

水土保持草的种植技术，大体可分为直播、栽植、埋植和适应特殊情况的特殊种植技术。

4.5.2.1 直播

保持水土的优良草种，种子萌发力强，适应性广，采取直播比较省工。

1. 播种方式

草的播种方式有如下几种，可根据草种、土壤条件和栽培条件采用。

（1）条（垄）播：这是草地栽培中普遍采用的一种基本方式，尤其是机械播种多属此种方式。它是按一定行距一行或多行同时开沟、播种、覆土一次性完成的方式。播时应掌握好播量和深度。在播种时可以把肥料直接条施在种子下4～6cm处，能使草根系直接扎入肥区，有利于苗期迅速生长，既能提高幼苗成活率，又能防止杂草滋生。常用肥料为磷肥。根据土壤供应其他营养元素的能力，还可施入氮、钾及其他微肥。

（2）撒播：把种子均匀地撒在土壤表面并轻耙覆土的播种方法。该方法无株行距，因而播种能否均匀是关键。为此，撒播前应先将播种地用镇压器压实，撒上种子后轻耙并再镇压。目的是保证种床紧实，以控制播种深度。撒播易于在降水量较充足的地区进行，但播前必须清除杂草。草木犀、苜蓿、毛叶苕子等草种均可采用此种播种方法。

（3）点播：坡地上撒播，覆土、镇压都有困难，散失种子造成浪费，因此多采取点播，各点成品字形布置，充分利用地力。

（4）飞机播种：利用飞机撒播树、草种，利用夏季降水或冬季降雪自然地把飞播种子埋在土壤里。飞播是多快好省地大面积绿化改造荒沙、荒山的新途径。优点是速度快、效率高，可以节省大量劳力。

2. 播期

一般来说，水土保持草可以春播、秋播或随雨季播种，均能获得较高的出苗率。有些草种比较特殊，如油莎草，必须适时下种才能获得较好的收成。春播要适时早播，地温回升至12℃即可开始播种，秋季播种越早越好，随雨季播种又叫抢墒播种，贵在及时。

3. 整地备播

水土保持草场备播工作比较简单。雨季播种的可以先把土地耕翻，等着落雨播种，也可以耕翻后随即播种覆土，等降雨出苗。春季播种的最好在前一年秋季耕翻土地，并耙耱保墒。秋播最好经过夏翻晒垡，播前耙耱。耕翻以前最好施用农家肥结合适量磷肥、钾肥，对于豆科草种作用更为显著。

4. 选种

草种的选种方法有片选、株选、粒选。

(1) 片选：在有种子基地的单位，将种子田单收、单打、单存作为种子，如没有种子田，就需在实生草地上选择生长旺盛、无病虫害的地块，单收作种子。

(2) 株选：在种子田里或实生草地上，选择健壮植株收种子备用。这种方法适用于小面积种植或种子田播种。

(3) 粒选：适于种子颗粒较大的草种，如油莎草。选择颗粒饱满、成熟充分、粒型大小适中、颗粒均匀、无虫害、无病、无损伤、无霉坏的作为种子。

5. 播种深度

播种深度兼有开沟深度和覆土厚度二层含义。覆土厚度对于牧草更具有实际意义。开沟深度视当时土壤墒情而异，原则上在于土层以下。覆土厚度视草种类及萌发能力和顶土能力而异。一般小粒种子（如苜蓿、沙打旺、草木犀、草地早熟禾等）为1～2cm左右；中粒种子（红豆草、毛苕子、无芒雀麦、老芒麦等）不超过3～4cm。总之，牧草以浅播为宜，若过深则会因子叶和幼芽不能突破土壤而被闷死。此外，播种深度与土壤质地也有关系，轻质土壤可深些，黏重土壤可浅些。

6. 播种量

适宜的播种量取决于牧草的生物学特性、栽培条件、土壤条件和气候条件及播种材料的利用价值等方面。牧草的生物学特性主要指对养分吸收利用状况及株高、冠幅和根幅等因素，这些因素决定了牧草在田间的合理密度，由此可推出该牧草的理论播种量，即

理论播种量（kg/hm^2）＝田间合理密度（株/hm^2）×千粒重（g）/10^6

经验播种量（kg/hm^2）＝保苗系数×田间合理密度（株/hm^2）×千粒重（g）/10^6

主要牧草种子经验播种量见表4-4。

表4-4　主要栽培牧草饲料作物经验播种量　单位：kg/hm^2

草种名称	播种量	草种名称	播种量	草种名称	播种量
紫花苜蓿	7.5～15.0	羊草	60.0～75.0	布顿大麦草	11.25～15.0
金花菜	75～90（带荚）	老芒麦	22.5～30.0	草地早熟禾	9.0～15.0
沙打	3.75～7.5	无芒雀麦	22.5～30.0	碱茅	7.5～10.5

续表

草种名称	播种量	草种名称	播种量	草种名称	播种量
紫云英	37.5～60.0	披碱草	22.5～30.0	鸡眼草	7.5～15.0
红三叶	9.0～15.0	苇状羊茅	22.5～30.0	玉米	60.0～105.0
白三叶	3.75～7.5	羊茅	30.0～45.0	高粱	30.0～45.0
红豆草	45～90	冰草	15.0～18.0	谷子	15.0～22.5
草木犀	15.0～18.0	偃麦草	22.5～30.0	燕麦	150～225
羊柴	30.0～45.0	纤毛鹅观草	15.0～30.0	大麦	150～225
柠条	10.5～15.0	鸭茅	7.5～15.0	饲用大豆	60.0～75.0
普通苕子	60.0～75.0	黑麦草	15.0～22.5	豌豆	105～150
毛苕子	45.0～60.0	多花黑麦草	1.05～22.5	蚕豆	225～300
山黧豆	150～180	猫尾草	7.5～11.25	甜菜	22.5～30.0
小冠花	4.5～7.5	看麦娘	22.5～30.0	胡萝卜	7.5～15.0
百脉根	6.0～12.0	草芦	22.5～30.0	苦荬菜	7.5～12.0
柱花草	1.5～3.0	短芒大麦草	7.5～15.0	苏丹草	22.5～37.5

7. 种子处理

为了促使种子早萌发，促成苗全苗壮，播前还需对种子进行一些处理。

（1）浸种：种子经过浸泡充分吸水可以提前萌发，提高发芽率。如毛叶苕子等可以将种子置于用两桶开水兑1桶凉水的温汤中浸泡1昼夜，葛藤种子可以用凉水浸泡数日，均可以提高发芽率。

（2）软化处理：草木犀为硬粒蜡质种子，吸水困难，发芽率低，用碾滚的办法软化处理，发芽率可以提高到80%。苜蓿种子也可以用碾滚的办法软化。葛藤种子则采用掺和细沙擦破种皮。

（3）根瘤菌接种：豆科草种播种前对种子作根瘤菌接种能够促使牧草生长茂盛。对于瘠薄土壤，根瘤菌接种作用更为明显。豆科牧草有许多种类，根瘤细菌也有许多种类，必须用相应的根瘤细菌种族拌种才有效。

此外，为便于播种，有的种子播前还必须脱芒，如披碱草等。

4.5.2.2 栽植

有些草种直播因受气候、土壤、水分等自然因素的影响，或因牧草种子细小，往往不易成功。为了促进草场发展，有些草种还可先育苗，然后进行移栽，如油莎草、沙打旺等。

1. 育苗

育苗和种植技术基本一样，只是育苗下种量适当加大，因而出苗量也大，等苗长到三四寸高即可开始移栽。

2. 移栽

移栽之前必须耕翻耙耱将土地精耕细整，施足基肥，垄作要培土成垄，开沟或挖穴备栽，在肥料不十分充足的情况下，可以集中使用，根据开沟和挖穴进行沟施或穴施。

为了保证成活和生长健壮，移栽时应注意勿伤植株根系，最好带土移栽，将带土苗木均匀放置沟内或穴中，用铲子或手覆土并培实。株距因草种不同而异。栽好后，有条件的地区，还要适当灌溉，以缩短换性时间，促成速生快长。

4.5.2.3 埋植

芦苇、芭茅一类植物，可以采取地上茎或地下茎埋压繁殖。

4.5.3 草地管理与开发

4.5.3.1 草地经营管理

1. 新建草地管护

（1）围栏建设与保护：在有散养畜禽的地方建植人工草地时，应建设防护设施。所用材料依据当地条件和投资情况可选用砌围墙、土筑围栏、铁丝网围栏等。

（2）生长期间：播种当年苗全后，应尽量在有限的栽培条件下促进其成株成长发育，以便使其根部贮藏有足够的营养物质备越冬之用。

（3）越冬前后：为保证牧草播种前后能够安全越冬，冬前每公顷施用草木灰750～1500kg，有助于减轻冻害。此外，冬前每公顷施用7500～15000kg马粪，也有助于牧草安全越冬。结冻前少量灌水，可减缓土温变化幅度，但不应多灌，否则增加冻害。结冻后进行冬灌有助于保温防害。越冬期间，通过设置雪障、筑雪埂、压雪等措施有助于更多地积存降雪。雪被可使土温不致剧烈变化，从而保护牧草不受冻害。

2. 成熟草地管理

（1）利用技术：牧草一般具有良好的再生性，在水肥条件较好时，且在合理利用的前提下，一个生长季可利用多次，利用方式有刈割和放牧两种。

（2）病虫草害防治：牧草在生长发育过程中，由于气候条件和草地状况的变化，如空气湿度过大、气温较高的情况下容易发生病虫害，草地植被稀疏的情况下易发生杂草为害。因而，防治病虫草害，应以预防为主。一旦有病虫草害发生，可以利用其天敌控制其种群数量，也可采用一些物理方法减轻其危害，但最有效的方法是化学防治。

（3）更新复壮技术：人工草地利用多年后，由于牧草根系大量絮结蓄存，使得表土层通气不良，进一步影响到牧草的生长，或者逐年从收获物中掠夺养分使土壤地力下降，从而导致产量下降，草丛密度变稀，出现自我衰退的现象。应及时采取更新复壮技术，变更利用方式，重耙疏伐、补播。

（4）翻耕技术：人工草地的利用年限依利用目的和生产能力而定。轮作草地以改良土壤为主要目的，在大田轮作中2～4年即可起到作用，在饲料轮作中因有饲草料生产而延至4～8年。永久性人工草地尽管利用年限长，但普遍出现退化，且有1/3以上退化严重，应该彻底翻耕，重新播种建植。

4.5.3.2 草地资源开发

1. 发展高效牧业

牧区建立人工草地可提高生产力10倍至几十倍，有利于高效牧业的发展。

2. 促进农、林、果、渔各业的发展

中低产田引种豆科牧草，通过改瘤固氮、培肥土壤，可提高单产30%至1倍。我国不少地区果园生草起到增肥、除莠、调节气温等作用，果产量提高30%～50%，质量上乘。以牧草作饵料，可使鱼产卵和孵化率各提高30%，有利于鱼的繁殖和生产。此外，利用草地资源发展养殖业，可促进奶制品、皮革、毛纺、药用产品加工及商贸等产业的发展，并能取得显著的经济和社会效益。

4.5.4　草田轮作技术

在水土流失地区，科学合理地实行作物与牧草之间的轮作，可以增加地表被覆率、改良土壤、减少水土流失、提高农业产量，对提高农牧业生产和改善土壤的理化性质都有实际意义和深远影响。

在某个地区实行草田轮作时，为了使作物和牧草的生物产量最高和控制土壤侵蚀作用最大，要认真考虑作物与牧草种的选择和配置。即因地制宜确定轮作方式及选定轮作植物，妥善安排轮作次序、年限，同时紧密配合其他各项水土保持措施和农业技术措施。

我国许多地方早已普遍采用了草田轮作制度，比如甘肃省基本上采用的轮作方式是：冬小麦混种草木犀→草木犀→冬小麦→冬小麦；冬小麦混种草木犀→草木犀→玉米、黄豆→马铃薯→扁豆或禾田。延安市采用荞麦混种草木犀→草木犀→冬小麦→扁豆、冬小麦的轮作方式。

据天水水土保持试验站在13°～14°坡耕地采用了三年四熟草田轮作方式，即冬麦撒播→草木犀→冬麦条播→黑豆、谷子这种草田轮作方式三年平均减少地表径流60.8%，减少土壤冲刷量64.9%。

牧草的种类很多，但用在草田轮作方面主要有禾本科与豆科两大类。为了提高土壤肥力和使土壤形成良好的团粒结构，在草田轮作制度中应多种植多年生豆科牧草，因为多年生豆科牧草对改良土壤和控制水土流失的作用很大。当然，多年生禾本科牧草也是草田轮作中的选择，在适宜条件下最好将多年生豆科牧草与禾本科牧草按一定比例来配置，其作用和经济效益则更为显著。

复习思考题

1. 试述水土保持林草措施在水土保持中的作用。
2. 试述水土保持林体系的组成。
3. 试述水土保持林的配置目的与技术模式。
4. 试述水土保持林营造的关键技术措施。
5. 试述农田防护林规划设计的要点。
6. 试述农田保持林树种选择的原则和营造的关键技术措施。
7. 试述固沙造林的主要技术措施。
8. 水土保持植草直播技术中要注意采取哪些措施？
9. 为什么要进行草田轮作？草田轮作应注意什么问题？

参 考 文 献

[1] 唐麓君．治沙造林工程学．北京：中国林业出版社，2005.

[2] 吴发启．土保持学概论．北京：中国农业出版社，2003.

[3] 王礼先．水土保持学．2版．北京：中国林业出版社，2005.

[4] 张建国，等．人工造林技术概论．北京：科学出版社，2007.

[5] 孙保平．荒漠化防治工程学．北京：中国林业出版社，2000.

[6] 张忠、杨吉安．现代林业育苗技术．杨凌：西北农林科技大学出版社，2003.

[7] 王礼先，等．林业生态工程学．2版．北京：中国林业出版社，2000.

[8] 朱俊凤，朱震达，等．中国沙漠化防治．北京：中国林业出版社，1999.

[9] 赵宗哲．农业防护林学．北京：中国林业出版社，1993.

[10] 王治国，等．林业生态工程学．北京：中国林业出版社，2000.

[11] 高志义，王斌瑞．水土保持林学．北京：中国林业出版社，1996.

[12] 洪绂曾，等．中国多年生草种栽培技术．北京：中国林业出版社，1990.

[13] 张奎壁．治沙原理与技术．北京：中国林业出版社，1990.

[14] 陕西省水土保持局，西北水土保持生物土壤研究所，水土保持林草措施，北京：农业出版社，1979.

第5章 水土保持农业措施

【本章提要】 水土保持农业措施是农地广泛应用的水土保持方法，农业措施通过加强土壤抗蚀条件，增强水分入渗量，起到蓄水保土功效。水土保持农业措施主要包括水土保持耕作措施、水土保持栽培技术措施、土壤培肥技术、旱作农业技术等内容。

5.1 水土保持耕作措施

我国的山区、丘陵区、塬区，占国土面积的2/3，这些地方山多坡陡、土层薄、暴雨多，自然条件差，其中耕地约占全国总耕地面积的一半。在坡耕地上，地表径流是土壤遭受侵蚀最重要的原因。为了抑制径流的产生，在坡度大于15°或10°的坡耕地上兴修梯田是很有效的水保工程措施，但在坡度较缓的坡耕地上如能及时正确地采用水土保持耕作措施，同样可以增加降水入渗，减少径流产生，削减土壤冲蚀，收到保水、保土、稳产增产的效益，而且要比兴修梯田、梯地简单易行。因此，应因地制宜地予以应用，不应因其简单易行而有所忽视。

5.1.1 水土保持耕作措施的概念

水土保持耕作措施是指以保土、保水、保肥为主要目的的提高农业生产的耕作措施，广义上讲，整个农业技术改良措施特别是旱地农业技术措施均属此类。从狭义上讲，水土保持耕作措施是专门用来防治水土流失的独特的耕作措施，就是习惯上的水土保持耕作法。狭义范畴仅指水土流失地区，而广义范畴则包括了整个农业区特别是旱作农业区。

5.1.2 水土保持耕作措施的任务

水土保持耕作措施的任务，除满足耕作的一般任务，如给种子发芽创造适宜条件、翻埋肥料、清除杂草、清洁田面、减少病虫害等之外，更重要的是在旱作农业地区它必须充分发挥“土壤水库”的作用，尽最大可能地把天然降水蓄存于土壤之中，以满足作物生长发育对水分的需要，以调节天然降水与作物需水不相吻合的矛盾。为此土壤耕作的任务除一般的任务之外，其主要的任务为：

（1）根据天然降雨的季节分布，及时采取适宜的措施，最大限度地把天然降水纳蓄于土壤之中，尽量减少农地内各种形式径流的产生。

（2）根据水分在土壤中运动的规律，及时采取恰当措施，减少已纳蓄于土壤中水分的各种非生产性消耗，如土表蒸发、渗漏等，使土壤内所储蓄的水分，最大可能地为农作物生长发育所利用，调节天然降水与作物需水存在的季节不协调的矛盾。

（3）根据生态学的原理，采取措施，促进肥效，防止倒伏，消灭杂草及防治病虫害，以提高水分生产率。

总之，在现有的生产条件下，天然降水是否能较充分地被土壤所蓄纳，并有效地用于农业生产是影响农业生产成功与失败的重要因素。水土保持耕作措施的中心任务即为蓄水保墒，提高天然降水生产效率，为农作物生产创造良好的土壤环境条件。

5.1.3 水土保持耕作措施的种类

根据所起的作用和形式可分为三大类。

（1）以改变小地形为主的水土保持农业耕作措施，主要有：沟垄种植，特点是等高开沟起垄，包括水平沟种植（即套犁沟播）、垄作区田、平播起垄、中耕换垄等；坑田种植（也称掏钵种植）、大窝种植，种植坑上下交错，等高成行；新式圳田，通过耕翻培埂，形成0.7～1.0m宽的窄小梯田，类似蓄水聚肥耕作及抽槽聚肥耕作；水平防冲沟，主要在夏季休闲地或牧坡地上用犁横向开沟。

（2）以增加植物被覆为主的水土保持农业技术，用麦类、豆类、玉米、高粱等疏密不同、生长季节不同的作物与牧草实行等高间作套种，可以增加植物被覆或被覆时间，如果采用不同作物与牧草、灌木等高带状间作轮种，也有改变小地形，减缓地面坡度的作用。在经济作物区也有采用地膜（即塑料薄膜）覆盖，减少土壤蒸发。

（3）以增加地面覆盖，增强土壤抗蚀力为主的水土保持农业技术。主要有保留作物残茬或秸秆覆盖，以及少耕、免耕等方法，可以保护地面，增加土壤有机质，改变土壤理化性质，增强土壤抗蚀能力，防治水蚀、风蚀，提高粮食产量。

各种水土保持耕作措施的分类见表5-1。

表5-1 水土保持耕作措施

类别		耕作法名称	适应条件	适应地区
以改变微地形为主		等高耕作	（1）25°以下； （2）坡愈陡作用愈小	全国
	沟垄种植	垄作区田	（1）20°以下； （2）年降水量300mm以上	全国
		水平沟种植法	（1）25°以下； （2）坡愈陡作用愈大	西北
		平播起垄	（1）15°以下； （2）川地、坝地、梯田均可	西北
		圳田	（1）20°以下； （2）坡愈缓作用愈大	西北

续表

类别		耕作法名称	适应条件	适应地区
以改变微地形为主	沟垄种植	水平防冲沟	(1) 20°以下； (2) 坡度愈大间隔愈小； (3) 夏季休闲地和牧坡	西北
		蓄水聚肥耕作	(1) 15°以下水平； (2) 旱塬、梯田均可； (3) 需劳力多	西北
		抽槽聚肥耕作	(1) 平地，15°以下； (2) 造林、经济果园； (3) 需劳力多	湖北
	坑田耕作法		(1) 20°以下； (2) 品字排列； (3) 平地也可； (4) 需劳力多	全国
	半旱式耕作		(1) 在冬水田少耕；免耕条件； (2) 掏沟垒埂、治理隐匿侵蚀	四川
以增加地面覆盖为主	覆盖耕作	青草覆盖	(1) 茶园； (2) 种植绿肥也可	湖北、安徽
		地膜覆盖	(1) 缓坡、梯田、平地； (2) 经济作物、林果	全国
		砂田覆盖	(1) 干旱区 10°以下； (2) 有砂卵石来源； (3) 需劳力较多	甘肃
		留茬覆盖	(1) 缓坡地、平地； (2) 不翻耕	黑龙江
		秸秆覆盖	(1) 缓坡地、平地； (2) 不翻耕	山东、云南
以改变土壤物理性质为主	少耕	少耕深松	(1) 缓平地； (2) 深松	黑龙江、宁夏
		少耕覆盖	(1) 缓平地	云南
		搅垄耙茬	缓坡地、平地、风沙区	东北
		硬茬播种	缓坡地、平地、风沙区	华北
		垄作深耕耙茬耕作	缓坡地、平地、风沙区	全国
		轮耕	风沙旱地	全国
		免耕	(1) 平地； (2) 用除草剂	湖北、东北
		马尔采夫耕作法	平地、缓坡地	东北

5.1.3.1 以改变微地形为主的水土保持耕作措施

1. 等高耕作

(1) 等高耕作的定义。等高耕作是指在坡面上沿等高方向所实施的耕犁、作畦及栽培等作业。其特点是，沿等高线垂直于坡度走向进行横向耕作。它是坡耕地实施其他水土保持耕作措施的基础，一切水土保持耕作措施都要在此基础上进行。这种横坡耕作可以拦蓄大量地表径流，控制水土流失的发生和增加土壤的蓄水量。

(2) 等高耕作的目的和功效。等高耕作的目的：一是增进水分入渗与保蓄；二是抑制径流及减少土壤冲蚀。

等高耕作的功效：在坡耕地上沿等高线进行横坡耕作，在犁沟平行等高线方向会形成许多“蓄水沟”，能有效地拦蓄地表径流，增加土壤水分入渗率，减少水土流失，有利于作物生长发育，从而达到增产。大量观测资料表明，在坡耕地上如果不是横坡耕作而是顺坡耕作时，遇到暴雨后所形成的地表径流即沿着犁沟底顺坡冲刷流失大量肥沃表土，造成土壤肥力下降和土壤含水率减少，使农作物的生长和发育受到损害，最后导致产量降低。

因此，凡是容易发生水土流失的坡式梯田和坡耕地，甚至坡度在2°～3°以上的耕地，无论种植什么作物或牧草，都应当采取横坡耕作方法，以最大限度地控制水土流失和改善土壤水分物理状况，为农作物的生育和稳产高产打下良好基础。

2. 沟垄耕作

沟垄耕作是在等高耕作的基础上进行的一种耕作措施，即在坡面上沿等高线开犁，形成沟和垄，在沟内和垄亡种植作物或牧草（图5-1）。

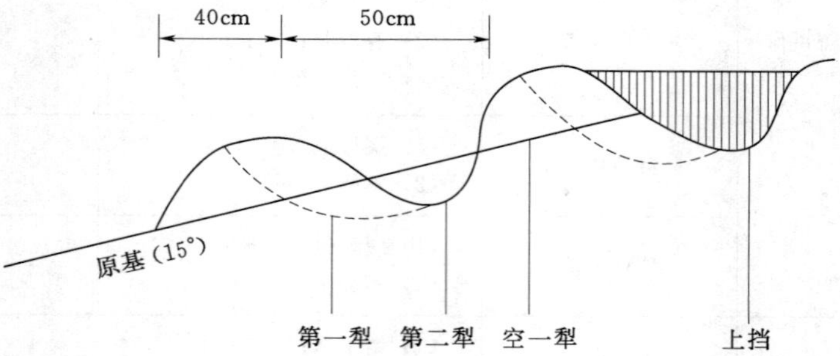

图5-1 沟垄耕作示意图

沟垄耕作改变了坡地小地形，将地面耕成有沟有垄，使地面受雨面积增大，减少了单位面积上的受雨量。利用沟垄的拦蓄作用，有效地减少径流量和冲刷量，增加了土壤含水率，减少了土壤养分的流失，有较好的保水、保土保肥和增产的效果。沟垄耕种法，不只是在拦蓄径流上起很好的作用，并且是保证耕作质量，减轻畜力负担和逐步使坡地变成梯田的一项主要措施。

在等高耕作的基础上实行沟垄种植，各地做法多样，属于沟垄种植这一范畴的耕作方法，归结起来，主要有以下几种：垄作区田、山地水平沟种植法、平播起垄、圳田、水平防冲沟种植技术、蓄水聚肥耕作、抽槽聚肥耕作。

3. 坑田耕作法

坑田耕作法适用于15°～30°的土层较厚的陡坡上，它有较大的水土保持作用。一般每1hm^2 地上可修建10000个种植钵，每个钵的有效容量平均为0.05m^3，每1hm^{2}可拦蓄地表径流50m^3。

区田的作法是：在坡耕地上沿着等高线划分成1m^2 的小耕作区，每区中掏出1～2个钵，合计每1hm^2 地区为10000个种植钵。在掏钵的时候，用锹或镢挖掘长、宽、深各50cm的钵，应由下向上进行，并要纵横成行，先将表土刮到下面．然后开始掏钵，将底土放在钵的下方或左右侧，并扳成土埂。再将钵的上方表土层刮到钵内，以此类推。这样自下而上地进行，上下行的坑成“品”字形错开，使整个坡面形成许多凹形种植坑。坑内作物可高度密植。区田在第一次掏钵后每隔3～4年再掏一次，第二次掏钵就较省工。在区田操作过程个，可根据坡度大小、劳力多少和种植作物种类等采取不同的钵数。这种方法，推广到大田种植作物，均比一般耕地产量有显著提高。

5.1.3.2 覆盖耕作法

覆盖耕作法是将草类、作物残株或其他材料覆盖在作物株行间或裸露的地表上，以达到减少径流及土壤流失，增进土壤水分含量，抑制杂草，减少中耕除草，调节地温，增加土壤有机质，减少土壤水分蒸发的目的。

覆盖耕作法种类多样，根据覆盖材料的种类分为残株覆盖（残株覆盖又分留茬覆盖和秸秆覆盖）、青草覆盖、地膜覆盖等。

1. 残株覆盖

合理地利用作物残株，是非常经济有效的水土保持方法，且增产明显。可作覆盖材料的作物残株种类多样，像稻草、杂草、蔗叶、蔗渣、玉米秆、谷壳等，其他如木屑、碎草，枯叶、松枝、肥料、草袋等也都可利用。秸秆覆盖材料主要是麦秸、玉米秸等。

农地覆盖秸秆后，一方面可以使土壤免受风吹日晒和雨淋的直接冲击，保护表层土壤结构，提高降水的入渗率；另一方面可以隔断蒸发表面与下层土壤的毛管联系，减弱土壤空气与大气之间的交换强度，有效地抑制土壤蒸发。因此，以秸秆为材料进行地面覆盖，干旱季节可以保墒，多雨季节可以蓄水，是农田蓄水保墒的好办法。

研究表明：在一定时期内，覆盖农田的土壤含水量有明显增加，但与对照农田相比，总耗水量却十分接近，主要因覆盖减少的蒸发耗水可及时地被作物所利用，因而产量和水分利用效率都有明显的提高。利用残株覆盖还有下列作用：

（1）抑制杂草生长，减少中耕除草。

（2）保护土壤温度，不致急剧升降，使作物免受霜害。

（3）增进土壤有效养分含量，改良土壤物理性和可耕性。

（4）减少土面蒸发，增加土壤水分含量。

（5）促进土壤微生物活动。

（6）促进水分渗透，减少径流率，增加土壤水分供给量。

2. 青草覆盖

在中低山区，林草丰茂，山场面积大，在夏秋季节，割青草覆盖地面厚10～15cm，覆盖后雨滴打在青草上，避免雨滴直接打在土壤上；同时因青草覆盖，地面没有野草滋生和保持了土壤墒情，减少中耕环节，起到了保持水土作用。

3. 地膜覆盖

地膜覆盖是旱作农业节水保土提温的一项重要措施，是行之有效的好方法。我国许多地区，采用地膜覆盖栽培玉米、花生、烤烟等作物，均获得明显的增产效果。

根据覆膜栽培能保土、保水的这一特点，把它应用到坡耕地耕作当中。一般采用的是先覆膜后种的方法。播种后根据地形，在垄沟里堆上不等距的土挡，避免水向低处流而造成水土流失和大风掀膜的现象。

5.1.3.3 以改变土塌物理性状为主的少耕、免耕法

1. 少耕法

少耕法，指在一定的生产周期内，尽量减少耕翻次数，如将每年深翻一次改为隔年深翻，或三年深翻一次。少耕法包括：耕播同时进行的耕播法，以拖拉机胶轮镇压播种行的轮迹耕播法（轮迹填压沟可以减轻风蚀）等。采用少耕法应注意如下事项：

（1）少耕与传统的（多耕）耕法相对而言，它是力求尽可能地减少田间作业次数，避免破坏土壤结构，保持土壤水分，防止水土流失，降低生产成本，提高产量的有效耕法。在今后的耕作改制中，应按照各地土壤、气候条件的不同，建立起与之相适应的少耕耕作制度，以加快坡耕地的治理，做到用养地相结合，不断提高坡地生产力，从而获得较多的生物产量和经济产量。

（2）少耕法尚需与其他农业技术措施（如横坡耕作）和农田基本建设（如营造防护林）紧密配合，才能充分发挥它的抗蚀保土及其增产作用。

各地结合本地的自然特点及旱地种植业存在的问题，我国不少地区对少耕法和免耕法开展了研究，取得了一定的经验，采用面积正逐年扩大，推出了多种少耕法的模式，如东北和宁夏回族自治区的深松少耕法、云南红土地区的少耕覆盖耕作法，还有半湿润偏旱的华北及关中地区的硬茬播种少耕法及适于低温冷冻区的麦茬搅垄少耕法等。

2. 免耕法

免耕法，是指不耕不耙，也不中耕，它是依靠生物的作用进行土壤耕作，用化学除草代替机械除草的一种保土耕作法。

（1）免耕法的原理。一是用生物措施，以秸秆覆盖代替土壤耕作。以秸秆保持土壤自然构造，增加贮水量，使有益微生物的群落繁殖起来利增加土壤的有机质、水稳性团粒。以秸秆所能起到上面的综合作用防止风蚀和水蚀。二是以化学的措施，以除草剂、杀虫剂、杀菌剂，代替土壤耕作的除草作业和翻埋害虫及病菌孢子。土壤耕作的一个重要作用，就是使土壤具有适当的三相比，以便能够同时满足作物对水、肥、气、热的要求。传统耕法是靠物理和机械的方法来达到的，而免耕法是靠生物，包括作物的根系、土壤微生物等活动来实现的。

（2）免耕法的运用。秋季收获玉米，同时将玉米秸秆打碎，留在地面上做覆盖，近冬或早春将硝酸铵、磷、钾肥撒在冻土上。播种时，用免耕播种机开播种沟（6～

7cm 宽、2～4cm 深）播种玉米。土壤杀虫剂与肥料混施。除草剂在播种后喷洒。

（3）免耕法的作用及存在的问题。许多免耕法的研究报告指出，农田土壤结构的破坏是由于进行了多次耕作的结果，而土壤结构的破坏才形成了板结层和紧实土层，它们的形成就越发需要用土壤耕作来调整。免去了耕作，也就减少或免去了土壤结构的破坏，就不会产生大垡块、坷垃、板结，也就不需要多次的表土耕作。作物的根系穿插和分割土壤，在其死亡和被分解后就形成了细管状的孔道和大小不同的孔隙，在不进行土壤耕翻的情况下，这些孔洞不被破坏，如果连续种植作物，则在每次种植后都将有新的根系进行进一步的穿插。同时在土体内有与作物相适应的多种微生物群系，有的根际微生物帮助吸收养分，有的微生物能固定空气中的氮，有的将作物残体进行分解，为作物提供矿物养分。在不翻动土层的情况下，留在土壤中大量的残根，在土壤微生物的作用下，又可以重新合成新的、更为复杂的，而且比较稳定的有机化合物，即腐殖质，它可使土粒胶结在一起，形成很好的团粒，从而改善了土壤的结构。

由于地面秸秆覆盖，对土壤也产生一些不利影响：①免耕与秸秆覆盖妨碍了土壤与太阳辐射的直接接触和土壤空气与大气的交换，土壤昼夜温差减少；②秸秆、残茬是各种病原菌繁殖的良好场所，如玉米的大斑病，小麦根腐病等；③一些有害的地下害虫常常藏匿在残茬或土壤中，引起以后各年的虫害发生。

由于耕作制度是控制和管理农业生态系统的技术措施的整体，免耕法的出现，形成了这样一个特殊的土壤环境，既需要从种植制度和施肥制度方面作与之相适应的改变，也需要研究它在农业生态系统中，对能量和物质循环的影响。许多免耕法研究者认为，不能因免耕法存在缺点而否定其运用，应从基本方面去解决这些问题。

5.2 水土保持栽培措施

5.2.1 水土保持栽培措施的重要性

水土保持栽培技术措施具有因地制宜，能充分有效地利用当地自然条件的特点。在不同的环境条件下，实行不同的栽培技术如轮作、间作、套作、混播等，可以综合发挥多种作物的优势，扬长避短，相互促进，减少水土流失，培肥地力，取得稳产高产。同时也是省工省本、取得较高效益的一条重要途径。

5.2.2 水土保持栽培技术的种类

水土保持栽培技术的种类主要有轮作技术措施，间作、套种和混播技术措施，等高带状间作，等高带状间轮作。

5.2.2.1 轮作的意义和类型

轮作是指同一块地上有计划地按顺序轮种不同类型的作物和不同类型的复种形式。

我国各地自然条件差异很大，轮作的具体方式多种多样。大部分旱区气温较冷凉，无霜期较短，多采用一年一熟的轮作。部分水热条件较好的地区采用二年三熟或一年二熟或间、套、混等多熟制的轮作。

依据生产任务和种植对象，通常将轮作分为大田轮作和草田轮作两大类。大田轮作以生产粮食或工业原料为主，它包括为了满足专门的生产要求而建立的专业轮作，为了能多方面满足国家对农产品的需要而建立的水旱轮作，以及为后茬作物提供较好的水肥条件的休闲轮作。草田轮作以生产粮食作物和牧草并重，它包括利用空闲季节和作物行间隙地种植绿肥，用地养地相结合的粮肥轮作和绿肥轮作，以及以生产饲料为主，同时也种植粮食作物或蔬菜作物的饲料轮作。

在水土流失地区，合理而科学地实行农作物之间或牧草与农作物之间的轮作制度，对提高农牧业生产和改善土壤水分—物理化学性质均具有深远和现实的意义。因为农作物生长在土地上，土壤会直接制约和影响农作物的生长和发育；农作物又是土地形成的主导因素，农作物种植在土壤里，直接影响着土壤理化性质的变化。

不同农作物产量的不同，产品主要矿物质养分含量相差也很大，所以种过一茬，从土壤里吸取的养分就不同。就一般年成而言，小麦从土壤里吸取的氮素较多，荞麦从土壤里吸取的磷钾较多。不同农作物利用土壤中难溶性养分的能力不同。麦类利用磷矿粉的能力甚微，几乎等于零；油菜、荞麦对于磷矿粉和过磷酸钙的利用效果相差不多。不同作物根系有深有浅，从土壤中吸取养分的深度不同。豆科作物能固定空气中的氮素，油菜不但能够利用难于溶解性的磷，而且还可以将一部分吸收的磷，以可溶的形态分泌到土壤中。这就改善了氮、磷的营养状况。因此，年复一年地种植同种农作物必然扩大各种矿物养分间的差异。有的土壤共种元素过多，有的则越来越少，导致土壤理化性质恶化，限制作物产量的提高。所以，在水土流失的地区，为了防止水土流失和改善土壤的理化性质，合理地而科学地选择适宜的倒茬和轮作制具有重要的意义。

5.2.2.2 合理轮作方式选择

考虑采用一种轮作方式时，要使农作物产量最高，牧草生物产量也最高，这是比较理想而合理的轮作方式，除此之外，还必须考虑轮作方式对保持水土的良好作用。只考虑一方面的问题是不行的，要两者兼顾才行，这就增加了轮作方式选择的难度。改良后的轮作制注意两者兼顾，比一般的轮作制具有较明显的水土保持作用和作物增产效益。

栽培农作物，按照它们的水土保持作用可分为3类。

1. 中耕农作物

如玉米、棉花和土豆等是水土保持作用较小的，而且是容易引起土壤侵蚀的农作物。这些中耕农作物采取连年栽植，常常促使土壤结构的恶化，进而导致土壤透水能力的降低，并造成土壤侵蚀的发生与发展。

另外，这些中耕农作物的行距和株距都比较大，对地面覆盖度小，这也容易引起降雨时的土壤溅蚀和表层土壤的侵蚀。

2. 密播农作物

例如小麦、大麦、谷物等禾本科和豆类，水土保持作用明显。而且，这些农作物又是水土流失地区的主要农作物。

3. 一年生和多年生牧草

如紫花苜蓿、沙打旺、红豆草、木棉草等，这些牧草的水土保持和改良土壤的作用都很大。目前，我国水土流失地区实行草田轮作主要是采用以上几种牧草品种和有关的农作物实行轮作，效果比较明显。当然，由于各种牧草与农作物的生物学特性和各地区条件的不同，实行草田轮作时要特别注意它们之间的种间与种内关系。

选择牧草，首先是要选择好适宜当地牲畜生长的优良草种，在多年生牧草当中，不论是豆科和还是禾本科的，种类繁多，生性各异，必须依据当地气候、土壤等条件，选择好品种，并且还要考虑它们之间的生物学特性和种内种间关系，而最基本的是要看牧草种间的关系是互惠还是互相有害。这就是说，选择混合牧草最适宜配合的条件是寻找出它们种间地上部分和地下部分的互利，避免种间互相制约，或者说互相斗争的现象，否则牧草之间，或牧草与农作物之间的不利现象会造成不良后果。这样，不但牧草的产量没有增加，而且会对于土壤的改良产生不良影响。品种选择得当，轮作的成功就有了初步的保证。

4. 合理轮作的作用

轮作把生理生态特性不同的作物轮换种植，可以改善土壤的物理、化学特性，调节土壤微生物状况，有利于氮素积累，防止土壤有机物的过度消耗，从而有利于维持和提高土壤肥力；轮作可以有利于防除杂草和防除土壤传染的病虫害；合理轮作可以为适期耕作、增施有机肥等提高土壤肥力的主要耕作措施创造条件，从而有利于作物生产等。因此，合理的轮作制可以协调农业生产中存在着的多种关系，例如，粮食生产与多种经营，土地用养，多种与高产，当年增产与持续增产，充分利用自然资源与建立农业生态系统平衡等，同时也是合理利用土地以及制定农业技术措施，如土壤适期耕作和施肥制的基础。

5. 轮作中的休闲

休闲是增加土壤水分和调节地力的重要措施，体闲茬地的作物产量较未休闲的高。对稳产、增产起重要作用。国内外水土流失区广泛采用这一措施。

休闲期间使降水贮蓄在土壤中，增加土壤对植物的供水量，这种作用不仅直接受到休闲期间降水量的影响，同时环境条件、土壤持水量以及休闲期间受土壤耕作等影响的土壤水分蒸发情况等也对其起决定作用。休闲能蓄积雨水和熟化土壤，增加土壤中有效养分（主要是硝酸态氨），起到显著的防除杂草和病虫害的作用。因此，土地休闲期间（夏闲和全年休闲）进行适当的土壤耕作是十分重要的。但是，单靠休闲轮歇恢复土壤肥力，不注重施肥和种植绿肥牧草，对上壤不进行适当的培肥措施，长期进行掠夺式耕作，只种不养，则会使土地日益贫瘠。因为，休闲对土壤肥力的提高，是以消耗土壤潜在肥力为基础的。因此，在采用休闲方式恢复地力的同时，应考虑补充土壤有机质和营养元素。

我国不同地区采用不同的休闲方式，水热条件较好的地区种植冬麦，实行夏闲，即在夏熟作物收获后，即行夏季休闲，将夏秋降水贮蓄在土壤中，即“伏雨春用”。湿度条件较差的地区可采用全年休闲方式。雨量较少的地区还实行隔年休闲甚或连续休闲两年种植一年的三年二闲方式。风蚀地区也常采用带状休闲，即在一块土地上隔带种植作物，隔带休闲或种植牧草绿肥等保护栽培等方式。

5.2.3 间作、套种和混播

间作、套种与混播，是增加土壤表层覆盖面积，提高单位面积作物的产量和保持水土、改良土壤的一项有效的农业技术措施，它是我国农民在长期生产实践中，逐步认识并掌握各种农作物的特性和相互之间的关系，积极利用作物互利的条件，克服不利条件而发展起来的。

间作：两种作物同时在一块地上间隔种植的一种栽培方法，如大豆、玉米间作马铃薯等。

套种：在同一块地上，不同时间播种两种以上的不同作物，当前作物未成熟收获时，就把后作物播种在前作物的行间。

混播：指两种作物均匀地撒播，或混播在同一播种行内，或在同一播种行内进行间隔种。

作物实行套种、间作和混种能够减少水土流失，主要在于作物对土壤层增加了覆盖面积和覆盖度。

间作、套种和混种也使土壤中的根系增加，它对固持土壤和改良土壤有很大的作用。尤其是套种，可使地面长期有作物覆盖和保护土壤不被溅蚀。如冬小麦套种早玉米，玉米地套种耐荫的豆类均具有良好的水土保持作用。

选择间作套种与混作的形式和作物品种组合时，首先考虑的是，使田地上农作物的覆盖度增加，减少水土流失，其次要考虑农作物的生物学特性。它们之间的关系，以及延长地面的覆盖时间。所以，我们应该选择高秆与矮秆，疏松与密生，浅根与深根，早熟与晚熟。禾本科与豆科等农作物相配合的组成。这样，既能充分利用阳光与地力，又能增加地面覆盖和防止水土流失。

5.2.4 等高带状间作

所谓等高带状间作，就是沿着等高线将坡地划分成若干条地带，在各条带上交互或轮流地种植密生作物与疏松作物，或牧草与农作物的一种坡地保持水土的种植方法。它利用密生作物带覆盖地面，减缓径流，拦截泥沙来保持疏生作物生长，从而起到比一般间作更大的防蚀和增产作用；同时，等高带状间作也有利于改良土壤结构，提高土壤肥力和蓄水保土，便于确立合理的轮作制，促进坡地变梯田。

在实行带状间作中，疏生作物在生长期间需要中耕，使土疏松，而且部分土壤外露，直接受到雨水的溅蚀和冲刷；而种植密生农作物带或种植牧草带则覆盖着地表，可以防止雨水的溅蚀与冲刷，减缓径流泥沙，阻拦疏生作物带中冲刷下来的水土，保护疏生农作物的顺利生长。因此，在坡耕地上采用等高带状间作就比一般间作具有更大的水土保持和增加作物产量的作用。此外，作物带状间作，也有利于土壤的改良，可改善土壤的结构，为轮作等创造良好条件。

但在实施农作物带状间作时，一定要使条带符合等高线，尽量不要使条带扭曲；倘若土壤的结构性良好，透水性能大，则在短距离内（一般不超过 10m），即使稍微不符合等高线，也不会导致特别严重的水土流失。田地里沟壑比较多，而且坡度较大，带状种植最好能与坡式梯田相结合，可在梯田内的短行部分种植密生作物或牧草，每年收获后的休闲地，在无覆盖时，可依靠梯田地埂来得到保护。在坡度大于5°时，在修筑坡式梯田的同时，再采用带状间作法，可使土壤侵蚀减少到最轻程度。

农作物布设的原则，应该考虑全年，尤其是暴雨季节能够最大限度地防治水土流失，也就是要从上到下分带配置密生与疏生农作物相互交替种植、早熟与晚熟交替种植，一年生或多年生牧草与农作物交替种植。这样才能起到防治水土流失的目的。

1. 农作物带状间作

农作物带状间作，就是利用疏生作物（如玉米、高粱、棉花、土豆等）和密生作物（如小麦、谷子、糜子等）成带状相间种植。

在采用带状间作时，条带的宽度，应依据当地的降雨量大小、坡度大小和所种植的农作物品种而定。一般地说，在坡度大、降雨量大且强度大、土壤透水性小的地区，作物条带应窄一些，相反条带可宽一些。例如，坡度为12°～15°时，可以设置10～20m宽的条带；坡度为15°～20°时，条带宽可设置为5～10m。但是疏生作物的条带可比密生作物、早熟作物和牧草带宽一些，因为中耕作物的株行距大，如果条带太窄，种植的行数就太少。

条带的宽度，在我国西北地区，尤其是在黄土地区，一般带宽为5～6m，各地可以依据当地土壤侵蚀程度适当延宽或缩小。这种方法最适宜在坡耕地上，在梯田上也可采用，但带宽可以适当缩小。在沟壑密度过大，坡度太陡的条件下，应与修地埂、挖截流沟和修坡式梯田结合起来。

2. 草田带状间作

草田带状间作，就是利用牧草与农作物成带状相间种植，这种方法防止水土流失，增加农作物的产量和改良土壤的效果都很好。这一方法一般在坡地上广泛采用，在不是十分破碎的坡地上，或在沿着侵沟岸边的坡地上，亦能采用。

草田带状间作，因为草的密度大，增加了地面植被覆盖率，减低了降雨时雨滴冲击地面的能力，同时牧草生长时间较长，从而延长了植被覆盖时间。牧草带不仅能防止本带水土流失，同时能拦住作物带流失的水土。下年牧草带和作物带倒茬种植后，作物因有良好的营养条件，生长茂盛，故能达到增产的目的。

草田带状间作的设计和布置要根据当地的具体情况，因地制宜来确定。在选用牧草品种上和在确定草和作物种植宽度时，要根据不同的土壤、不同的坡度、坡形和当地的雨量大小而定。若坡度陡，雨量多且强度大，又是黏重的土壤，草和作物种植宽度均要缩小，而且草的种植宽度一定要大于或等于作物的种植宽度。若雨量小且强度小，土质疏松，渗水性好的土壤种植宽度可相应地增大些，作物的种植宽度要大于牧草的种植宽度。一般降雨在400～500mm，坡度在15°以下，草田比以3∶7或3∶8为宜，在设计草田带时一定要在坡地上沿等高线进行。

草田间作的方法，就是沿着坡地等高线划分成若干条带，在农作物播种时，隔带套种牧草，当农作物收获后，就形成了牧草带和作物休闲地带相间的坡耕地。农作物带中经过几年的耕作过程，就逐渐使坡度变缓。在第二次轮作时，把作物带改为种植牧草，而将牧草带开垦种植农作物。经过几年之后，就可以将整个坡地变成坡式梯田或梯田。在比较陡的坡地上，为了更有效地防止土壤侵蚀，可以在带与带之间栽种2～3行耐干旱的灌木带。另外，在牧草带上，可采用水平防冲沟的措施，以便拦蓄地表径流，提高土壤含水率和牧草的产量。牧草在早春播种最为适宜。至于农作物带中的作物栽培，应该严格地按照水土保持农业技术措施的有关规定去栽培。

5.2.5 等高带状间轮作

等高带状间轮作要求首先将坡地沿等高线划分为若干条带，再根据粮草轮作的要求，分带种植作物和草，一面坡地至少要有2年生或4年生草带3条以上，沿峁边线可种植紫穗槐或柠条带。

采用此法的优点是：①可促进坡地农田退耕种草，即一半面积种草，一半面积种粮；②把草纳入正式的轮作之中，巩固了种草面积；③保证粮食作物始终种在草茬上，可减少优质厩肥上山负担，节省大批劳畜力；④既改良了土壤结构，又提高了土壤蓄水保土能力；⑤既确立了合理的轮作制，又可促使坡地逐渐变成缓坡梯田。

5.3 土壤培肥技术

土壤的自然肥力在数量和质量上往往不能满足作物生长的需要，而且土壤经作物年复一年地种植以后，肥力也会不断消耗，为了获得作物的高产稳产，必须使作物生长在高肥力的土壤上，这就需要通过人类的生产活动对土壤进行人工培肥，创造人为肥力，以弥补自然肥力的不足和不协调。

5.3.1 作物对土壤的要求

作物对土壤的主要要求是一致的，主要包括以下几个方面。

(1) 作物根系能很好地被固定并能得到充分伸展。既要求土壤有一定的层次厚度，又要求有合适的结构和松紧度，土层浅薄、土壤过松、过紧对根系的固定和伸展都不利。

(2) 全面地、适时、适量地提供作物丰产所需的养分。要求土壤既有较多养分，又具有良好的保肥、供肥性能，使作物表现为少施肥料能生长良好，多施肥料也不会疯长。

(3) 能满足作物对水、气、热条件的要求。土壤中的水分、空气和热量同为重要的肥力因素，它们都是作物生长发育所必需的，三者之间又相互影响、相互联系和相互制约，它们的组合应该是协调的，都应能满足作物生长发育的需要。

(4) 具有较强的自调能力。良好的土壤应具有对外来酸碱物质的缓冲能力，对污染物质的自净能力以及对不良环境条件的抗逆能力。例如，当遇到旱涝等不良条件时，能表现出既经干又爽水。

(5) 良好的耕作性能。耕作性能是指土壤在耕作时所表现的一系列性质，特别是耕后要求松散，容易耙碎，不成坷垃，土壤松紧度及孔隙状况适中，对作物的种子发芽、幼苗出土及以后作物的生长有利。

5.3.2 肥沃土壤的标志

作物对土壤的要求是判断土壤是否肥沃的基本依据，欲使土壤能满足作物的上述要求而获得高产稳产，应表现出以下几点明显标志。

1. 深厚的耕作层

耕作层又称熟化层或活土层，是作物赖以生存的最基本的土层，它有利于根系的伸展，是作物根系分布和活动最多的层次，耕作层中含根量约占总根量的80%以上。深厚的耕作层，既扩大了根系吸收养分的范围，也增强了抗旱抗涝的能力。肥力较高的高产稳产田，其耕作层的厚度多达30cm，富含腐殖质，颜色深暗，结构性好，孔隙度较大，容重较小，通气透水性强，耕性好、微生物活动强烈，有机质分解合成活跃，有效养分含量较高，各肥力因素协调。

2. 良好的土体构造

土体构造即各土层的特性和相互配合协调的程度，也是肥沃土壤的基本特征。高产土壤能高产原因之一是具有良好的土体构造，一般肥沃的土壤除有深厚肥沃的耕作层外，其下有助于保水、保肥而又不妨碍作物根系发育的犁底层，心土层仍然保持多孔，既利于根系伸展也利于保水、保肥，底土层较心土层稍紧实，仍具有托水托肥和供水供肥的作用。这样，上下土层相互配合，使整个土体成为一个上虚下实的层次构造状态。这样的土体构造，渗水又保水，通气又抗旱，能供肥又能保肥，水、肥、气、热在上下土层处于协调状态从而能满足作物生长的需要，这就是稳产高产的土壤基础。

3. 保肥、供肥性能好

影响土壤保肥强弱的因素主要有土壤质地、胶体类型和含量、土壤 pH 值等。凡是质地黏重、富含有机质、酸碱适中的土壤常具有较强的保肥能力。

土壤供肥性能表现在供肥的时间和强度上，主要影响因素有土壤有机质的数量、养分含量、土壤透气性、土壤温度和土壤酸碱度等。一般土壤有机质含量高、有效养分多、透气适中、温度适宜、酸碱适中、不含有害物质和过多可惰性盐分的土壤，保肥供肥都较好。

4. 协调的水、气、热状况

土壤中水分、空气和热量存在的形式、数量和相互关系是除养分以外影响作物生长发育最为关键的条件。土壤中水分和空气是相互消长的，温度则随着水分的运动、空气与水分比例以及空气的流动而变化，因此它们的关系是相互影响，相互制约的。它们在数量上构成了极为复杂的组合，组合的是否合适直接影响作物的生长发育。

5. 耕作性能好

耕性包括耕作过程中对机械阻力的大小、耕作质量好坏和适耕期长短。常用来判断耕性好坏的指标有土壤质地、容重、结构、有机质含量、大小孔隙比、土壤的含水状况等。

5.3.3 土壤培肥基本途径

土壤肥力的形成和发展取决于土壤的内在属性和外界环境的统一，因此，要培肥土壤、提高土壤的肥力也应从改造土壤环境条件和土壤属性这两方面入手。

5.3.3.1 开展农田基本建设

就我国农业生产现状而论，农田基本建设要以治水改土为中心。但各地的气候、地形、土壤不同，即土壤培肥的限制因素不同。故要求农田基本建设的主攻方向和具体措施也不尽相同。例如，山丘地区应把春旱秋涝造成的干旱和水土流失作为治水改土主攻方向。而黄泛低洼盐碱地区，内涝和盐碱已成为培肥土壤的限制因素，故排水、排盐则应成为这类地区农田基本建设的主要目标。

5.3.3.2 利用生物改土

生物改土主要指通过自然植被与栽培作物及其相应的微生物区系培肥土壤，提高土壤肥力的措施。

1. 植被造林

森林在改土方面的作用，主要表现在它能保持水土，涵养水源，调节雨量，减少水旱灾害。森林的树冠可以截留大量雨水，使雨滴不能直接打击地面，而减缓降雨打击地面的强度。枯枝落叶层保护地面免受雨水冲击，拦蓄雨水，增加渗透。树木根系发达，可以固结土壤，增加抗御水蚀和风蚀的能力。森林能减缓风力，从而起降低地表蒸发、防风固沙的作用；同时森林能阻留更多积雪，有利土壤蓄水保墒。森林的蒸腾作用可增高林区的湿度，增加雨量，调节农田小气候。森林还可增加土壤腐殖质，调节土壤酸碱反应，改良结构，进一步增加土壤透水蓄水能力，起到调节土壤水、肥、气、热，提高土壤肥力的作用。

2. 种植绿肥

种植绿肥是改土养地、改良土壤理化性状的合效措施。翻压绿肥可稳定有机质在一定水平上，并显著增加土中有效氮、磷、钾、钙等养分。绿肥作物的强大根系，穿插挤压土壤的力量较大，在土壤腐殖质的胶结作用下，有利于促进土壤结构的改善。结构的改善，土壤容重减少，有利于透水、蓄水和保水，增加土壤含水量，改善通气条件，使土壤有效性养分增加。种植绿肥增加地表覆盖，减少水土流失。豆科绿肥的根瘤菌具有较强固定游离氮素的作用，从而增加土壤含氮量。

5.3.3.3 建立合理的轮作制度

建立与土壤、气候条件相适应的轮作制是用地养地结合的重要方法，也是培肥土壤的有效途径。由于作物的生物学特性不同，因而要求的耕作管理措施及对土壤营养条件和环境条件的要求也不相同。深根作物与浅根作物轮换种植，可以充分利用上下土层的养分和水分，增加上下土层的腐殖质；豆科作物与其他作物轮作可以发挥豆科作物增磷补氮作用，结后茬作物提供较多的氮素和有效性磷；在生产实践中，应利用作物与土壤肥力之间的相互关系，充分用地，积极养地，用养结合，因地制宜地采用各种轮作、套作、间作，合理搭配各种作物，在提高复种指数的同时，不断提高土壤肥力。

5.3.3.4 增肥改土

增施肥料是人工培肥熟化土壤的又一途径。肥料的种类应以有机肥料为主结合化肥和其他多种肥料的施肥体系，实行农家肥、绿肥和化肥搭配，是培肥土壤提高农业生产的有效措施。

有机肥料不仅养分全面、肥效长，还可以改善土壤的结构和孔隙性，从而带动着土壤质地、物理机械性、养分有效性、酸碱缓冲性、氧化还原反应、土壤保肥、供肥以及水、气、热等一系列土性的改善；化肥养分含量高，供肥强度大，见效快，能及时满足作物需要。

5.3.3.5 耕作改土

深耕并结合适当的耙磨、镇压等耕作措施，是加速土壤熟化、定向培肥土壤的重要措施。

深耕可以改变土壤的垒结状况和孔性，加厚熟土层，促使有机无机胶体结合，创造良好的土体构型。通过深耕破除了紧实的犁底层，有利于根系伸展和水、气运行，还可通过深耕进行翻淤压砂或翻砂压淤，改善土壤质地。凡进行深耕的土壤，孔隙度都能增加，容重减小。深耕一次，后效约可延续3年。

5.3.3.6 客土换土

对于过砂过熟或土体构造中含有严重障碍层次的土壤，单纯用耕作、增施有机肥等措施改土培肥，往往在短期内难以奏效，这时就须因地制宜地采用客土换土的措施。客土时一般拿捏三泥七砂或四泥六砂的土质比例和上粗下细的质地构造为好。换土则是排除土体中影响作物生长的障碍层次，换以好土，从而获得良好的土体构造。

5.4 旱作农业节水技术

干旱和水蚀、风蚀是水土流失地区农业生产大敌。干旱的发生往往导致水土流失加重，因此，对于干旱地区进行抗旱品种选育、发展农业节水技术是抵御干旱的重要措施，本节主要介绍旱作农业节水措施。

5.4.1 抗旱节水播种及保苗技术

“见苗三分收”这句农谚充分说出了抗旱播种及保苗的重要性。如果说农业生产要实现节水灌溉，那么第一个关键时期就是播种出苗期。如果播种出苗失败，以后各项技术也就无从发挥其作用。所以说如何克服播种时期的干旱，保证适时获得足量的幼苗，是农业生产中第一件最关键措施。

如果在作物播种时土壤量度透出苗最低土壤含水率都达不到，则必须采用抗旱播种和保苗措施。

我国旱作农业地区的广大劳动人民在长期与干旱作斗争的过程中，创造了很多的抗旱播种和保苗的技术措施，这除了土壤耕作中提到的抢墒播种、趁墒早种、镇压提墒、豁干横湿、深种揭土、借湿播种等等之外，还包括节水造墒的抗旱播种及保苗技术。

1. 坐水添墒播种

春耕时，如气候干旱，土壤严重缺墒。有不少地区利用一切可能的水源做水穴播或沟播，浇水数量以渗下后能与底墒相接为度，待灌水渗入后再施肥、下籽，先覆湿土，再盖干土。这样水肥集中，可保全苗。浇水时如施加入适量的农家粪水，或施用湿润的有机肥料，则效果更好。

2. 秸秆造墒播种

秸秆造墒具体方法是将玉米秆或高粱秆碾压，并铡成10～13cm长短节，扎成小把加水浸泡。浸泡10～20天，待秸秆发糟时即可使用。因其成把，所以又称为“把肥”造墒播种。播种时每穴放入一个“把肥”，盖一层薄湿土，然后再点上浸过种的湿种子，随即覆土。此法适用于大株作物，如玉米、棉花、瓜类等。因“把肥”中含水量有限，只能起到润墒、补墒作用。如土壤过干，土壤含水率在6%～7%时，此法的效果就不如坐水点种。

3. 打垄渍墒、保墒播种

河北省唐山等地常用此法。在早春土壤刚解冻能耕地时就进行。先用耠子耠沟施肥，然而用犁从两边向沟内培土并培成一个10～15cm高的土垄。至播种时出去垄台上的干土，露出湿土。然后开沟或挖穴播入浸种催芽后的种子，以缩短出土时间。

如春旱严重，垄下墒情不好，难以保证全苗时，亦可在播前进行润灌蓄墒。即用2～3cm粗的尖头棍按穴距洞深20～30cm.然后由洞口灌水。然后封土保墒。

4. 沟浇渗墒播种

有一定水源，但因保墒工作不好或播种天干旱无雨，不能下种时，可采用此法。其方法是根据作物栽培的要求，先划好宽窄行，然后在窄行中间开沟浇水，待水渗入后，在沟的两边播种，或先按一定的宽窄行播种，然后在窄行中间开沟渗灌亦可。

5. 水耧播种

在距离水源较近，土壤又特别干燥的地区，可采用水耧播种，即在耧上安装水斗，通过皮管或塑料管使水由水斗经耧腿流到耧沟的土壤中，水量以湿润干土并以接上湿土为度。在播种时把种子和水先后分别流入沟内。此法能减少土壤表面蒸发，节约用水，出苗较好。

6. 洞灌抗旱保苗法

作物出苗以后，在苗期如遇较长时期的干旱，有枯萎的危险或干旱严重将导致减产时，有灌溉条件的应及时进行沟灌、喷灌、滴灌或渗灌以抗旱保苗。但无这些灌溉条件时，应充分发挥当地水源潜力，进行人工洞灌抗旱保苗。具体做法是在幼苗根部附近用2～3cm的尖头木棒，由地面斜向根部插一个20～30cm的洞穴，然后在洞内灌水1～2kg。待水渗入后，用干土封闭洞口，减少蒸发。

5.4.2 临界期灌溉

根据作物的生育及需水规律，抓住关键时期进行适时适量灌溉，避免用水浪费，以提高水灌效益，节约用水。

所有的农作物没有水就不能生长。水少了生长发育不良，产量降低。水再少，就会没有收成，这是事实。但在不同作物的不同的生育时期里，缺水对降低少量的影响并不是完全相同的。也就是说在各种作物的全部生育时期内，有些生育时期缺水对产量降低起着关键的作用或重大的影响。而在另一些生育时期内缺水，对产量降低的影响却并不明显，或当时虽有所影响，但在水分恢复正常供应时却又能逐渐恢复。只要掌握这些规律，即可决定何时是最重要的灌溉时期。

根据国内外的研究结果，禾谷类作物，自穗分化开始至抽穗这一段时期中的缺水对产量的影响最大，其次为开花至灌溉浆阶段。苗期及成熟期的适当干旱，反而有利于控制茎秆的徒长与促进早熟。如美国内布拉斯加州的试验表明，玉米在整个生长期内灌水6次，共灌水544mm，每亩产量为635kg。而在玉米抽雄、吐丝及时灌水3次的，共灌水396mm，每亩产量也达626.3kg，产量相差不多，而灌水量却省了27.2%，这与我国栽培玉米的“出花受旱，减产一半”，要防止“卡脖旱”的经验是完全相符的。谷子亦有类似情况。其他各类作物亦各有其灌溉的关键时期，在关键时期适时适量的灌溉，即可实现产量相差无几，而用水量却显著减少的目的。

5.4.3 喷灌和滴灌

喷灌是利用一种专门设备把有压水流喷射到空中并散成水滴洒落到地面上，如同降雨那样湿润土壤的灌水方法。喷灌可以灵活掌握喷洒水量，采用较小的灌水定额，准确地调节土壤的水、肥、气、热状况，改善田间小气候，少破坏土壤的团粒结构，并能冲掉作物茎、叶上的尘土，有利于植株的呼吸及光合作用。因此，喷灌有省水、增产的效果。与沟、畦灌相比，一股可省水 20%～20%，增产 10%～20%。此外，喷灌还能节省劳力，提高灌水工作效率，为灌水工作自动化创造条件，还能适应起伏不平的地形。但投资较高，需要消耗能源，喷灌质量受风力影响较大。但在山区有条件的地区，通过高水低用，实现自压喷灌即可大量节约投资。

滴灌是利用低压管道系统把水或溶有化肥的水溶液一滴一滴地、均匀而又缓慢地滴入作物根部土壤，使作物主要根系分布区的土壤含水量经常保持在最优状态的一种先进灌水技术。

滴灌系统是在低压条件下进行灌溉，用人工或自动调节灌水量。灌溉水在水压力作用下通过管道和滴头，定时定量地以点滴的方式向作物根部的土壤供应水分与养料，以满足作物生长的需要，而林、行间的地面则仍保持相对干燥。所以它是一种省水、省工、省地、省肥而又增产的一种灌溉方式。目前多应用于果树、蔬菜等作物。

复习思考题

1. 试述水土保持农业措施的概念。
2. 水土保持耕作措施的主要任务是什么？
3. 简述水土保持栽培措施的种类及意义。
4. 土壤培肥的主要途径有哪些？
5. 常见的节水造墒抗旱播种及保苗技术有哪些？

参考文献

[1] 刘震．中国水土保持建设模式．北京：科学出版社，2003.
[2] 辛树帜，蒋德麟．中国水土保持学概论．北京：中国农业出版社，2003.
[3] 王礼先．水土保持学．2 版．北京：中国林业出版社，2005.

第6章 水土保持规划

【本章提要】 本章主要阐述水土保持规划的概念、水土保持综合调查及水土保持综合防治措施规划等内容。

6.1 水土保持规划概述

6.1.1 水土保持规划的概念

《中华人民共和国水土保持法》规定，国务院和县级以上人民政府的水行政主管部门，应当在调查评价水土资源的基础上，会同有关部门编制水土保持规划，并须经同级人民政府批准；《中华人民共和国水土保持法》规定，县级以上人民政府应当将水土保持规划确定的任务，纳入国民经济和社会发展计划，安排专项资金，组织实施。水土保持规划的修改，须经原批准机关批准，从法律上确立了水土保持规划的地位。

水土保持规划（soil and water censerration planning）是为了防治水土流失，做好国土整治，合理开发利用并保护水土及生物资源，改善生态环境，促进农、林、牧生产和经济发展，根据土壤侵蚀状况、自然和社会经济条件，应用水土保持原理、生态学原理及经济规律，制定的水土保持综合治理开发的总体部署和实施安排。

根据规划的区域范围大小，可分为大面积总体规划和小面积实施规划两类。

大面积总体规划是指大、中流域或省、地、县级的规划，面积几千、几万到几十万平方公里。其主要任务是在水土流失综合调查基础上，按照水土保持区划原则划分出若干不同的水土流失类型区，根据国民经济发展的要求和各类型区的自然、社会及经济情况和优势，分别拟定出水土保持综合治理开发方向及模式，确定治理目标和主要水土保持措施及治理进度，作出生态效益、经济效益和社会效益的科学预测。

小面积实施规划是指小流域或乡、村级的规划，面积几个到几十平方公里。其主要任务是：根据大面积总体规划提出的方向和要求，以及当地农村经济发展实际，合理调整土地利用结构和农村产业结构，具体地确定农林牧生产用地的比例和位置，针对水土流失特点，因地制宜地配置各项水土保持防治措施，提出各项措施的技术要求，分析各项措施所需的劳工、物资和经费，在规划期内安排好治理进度，预测规划实施后的效益，提出保证规划实施的措施。

6.1.2 水土保持规划的作用

水土保持规划是合理开发利用水土资源的主要依据，也是农业生产区划和国土整治规划的重要组成部分。其作用是为了指导水土保持实践，使控制水土流失和水土保持工作按照自然规律和社会经济规律进行，避免盲目性，达到多快好省的目的，主要体现在以下几个方面。

1. 调整土地利用结构，合理利用水土资源

我国一些山地丘陵区，广种薄收，单一农业经营十分普遍，这种不合理的土地利用是造成水土流失和人民生活贫困的主要原因之一。因此，通过合理的规划，可以明确生产发展方向，对原来不合理的土地利用进行有计划的调整，改变单一的农业生产结构，恰当地安排农林牧业生产用地比例，变广种薄收、单一经营为少种高产多收的农林牧副综合发展，从而达到合理利用水土资源的目的。在许多地广人稀的水土流失严重地区，通过调整农业产业结构和科学的水土保持规划，坚决实施退耕还林还草工程，最终实现经济效益和生态效益和谐统一的目标。

2. 确定合理的治理措施，有效开展水土保持工作

水土保持工作的一条基本经验就是全面规划，综合治理。水土保持综合治理规划是开展水土保持治理的一项重要基础工作和前期工作。由于水土保持综合治理涉及面较广、工作量较大、开展时间较长，需要采取综合措施，而且各项措施、多种因素相互关系复杂，要经过一定的分析、计算、预测、评价。因此，要做好水土保持的防治工作，就必须制定科学的规划。没有规划，凭主观意愿去指挥，造成盲目性、随意性，结果会事与愿违或事倍功半，挫伤群众的积极性。通过规划，可确定需采取的各项水土保持治理措施，包括工程措施、林草措施、农业耕作措施，如梯田、坝库、林草、沟垄种植等的科学布局、建设规模和发展速度等，做到心中有数，有条不紊。特别要处理好治坡与治沟的关系，上游和下游的关系，工程、林草、农业耕作三大措施之间的关系，以及工程措施与林草措施的配套、治理和管护。多年来不少地方由于处理不当，投入大量的人力、物力、财力，而治理效果却不显著。因此，必须研究制定科学的规划，协调处理好这些关系，使水土保持工作得以顺利地向前发展。

3. 制定改变农业生产结构的实施办法和有效途径

水土保持是一项涉及自然科学和社会科学的系统工程。因此，必须通过规划，根据客观的自然规律和社会经济规律，采取建设高产稳产的基本农田等有效措施，解决群众温饱问题的基础上，再逐步加以改变。

4. 合理安排各项治理措施，保证水土保持工作的顺利进行

对于规划中的任务，一方面，要充分挖掘劳动潜力和机械设备，把一切能用上的力量全部都使出来；另一方面，要注意协调各项措施的关系，包括施工季节和年进度安排，使各项措施相互促进。

5. 分析和估算水土保持效益，调动群众积极性

治理水土流失、开展水土保持工作，其根本目的就是要改变山丘区贫穷落后面

貌，增加群众收入，同时改善生态环境，提高生态环境质量。如在经济效益方面，实施各项水土保持措施后，在提高粮食产量，增加现金收入，改变群众贫困面貌等方面能达到什么程度。用这些能达到的美好前景教育群众，调动群众治理水土流失的积极性。水土保持防洪、减沙效益的估算，可为大中河流的开发治理和各项水利工程建设的规划设计，提供科学依据。

6.1.3 水土保持规划的意义

水土保持规划的基本任务是根据国民经济的建设方针、国家规定的水土保持发展目标、各方面对水土保持的需求，以及规划范围内的条件和特点，按照自然规律和社会经济规律，提出一定时期内预防、监督、治理、开发的方向和任务，以及需要采取的主要防治措施和分期实施步骤，据此来安排水土保持计划，指导水土保持工作的开展。做好规划是水土保持工作实行决策科学化、民主化的重要环节，只有搞好规划，才能科学地指导水土保持治理工作，使治理有计划、有步骤地进行，用较小的代价，取得尽可能大的经济效益、社会效益和生态效益，达到防治水土流失、合理开发利用水土资源、发展农村经济的目的。在资源利用方面，合理开发利用流域的水土资源，并进行综合配置，以保持系统具有持续、稳定的生产力；在社会经济方面，实现良好的经济效益和社会效益，满足人民日益增长的物质和文化的需要；在生态环境的保护方面，改善、提高生产和生活环境，保护生物多样性；从整体上保持流域内的社会经济、资源和环境之间的动态平衡关系，充分发挥流域系统的功能，使流域系统持续、稳定、高效的发展。因此需要努力认真地做好水土保持规划，使其具有可操作性，真正成为水土保持工作中展望未来的蓝图。

6.1.4 水土保持规划的指导思想

（1）水土保持规划的编制，应当遵循国家社会发展和经济建设的基本方针和政策，贯彻“预防为主、全面规划、综合防治、因地制宜、加强管理、注重效益”的水土保持方针，并执行水土保持有关法规。

（2）水土保持规划应与国家和地区的经济社会发展规划、土地利用规划、生态建设规划、环境保护规划等相适应，与有关部门发展规划相协调，做到工程措施、生物措施和农业技术措施相结合，治理、生态修复、预防保护与开发利用相结合，经济效益、社会效益和生态效益相结合。

（3）水土保持规划的编制应采用新理论、新技术和新方法，重视和加强调查研究，不断提高规划的质量与水平。

6.1.5 水土保持规划的原则

（1）全面规划，综合防治。对规划区内的水土保持进行全面规划，规划内容包括预防保护、监督管理、综合治理、监测监控、科技示范等，不能成为单一的治理规划。

（2）因地制宜，科学配置。要尊重自然的地带性规律，治理措施要因地制宜，林草品种要适地适树（草），生物措施、工程措施与蓄水保土耕作措施要科学配置。

（3）近期效益与远期效益相结合。规划中既要考虑眼前、近期的效益，同时又要考虑中长期效益，保持效益的持久性。

(4) 创新机制，多元化创新。在投资筹措上要公益机制、市场机制相结合，国家、地方、群众相结合，分步组织实施步骤。

6.1.6 水土保持规划的内容与程序

1. 内容

根据《水土保持规划编制规程》(SL 335—2006) 规定，水土保持规划的内容一般包括：①开展综合调查和资料的整理分析；②研究规划区水土流失状况、成因和规律；③划分水土流失类型区；④拟定水土流失防治目标、指导思想、原则；⑤因地制宜地提出防治措施；⑥拟定规划实施进度，明确近期安排；⑦估算规划实施所需投资；⑧预测规划实施后的综合效益并进行经济评价；⑨提出规划实施的组织管理措施。

2. 水土保持规划的工作步骤

水土保持规划的主要工作主要包括以下步骤。

第一阶段：准备工作。该阶段主要包括：组织规划小组、制定工作计划、制定规划提纲、培训技术人员。除此之外，资料准备是水土保持规划的重要的前期工作内容，主要是根据规划范围大小收集相应比例尺的地形图、航空照片、土地利用现状图、植被图、土壤图、土壤侵蚀图、坡度图等相关图件；收集水文、气象、地质、地貌、土壤、植被、主要河流特征及线状的报告和数据；收集有关社会经济、水土流失及治理的资料。对收集的资料进行分析整理，不足的进行补充调查。

第二阶段：水土保持综合调查阶段。调查分析范围内的基本情况，包括自然条件、自然资源、社会经济情况、水土流失特点等四个方面内容；以及调查总结水土保持工作成就与经验，包括开展水土保持的过程、治理现状（各项治理措施的数量、质量、效益）、水土保持的技术措施和组织领导经验、存在的问题和改进意见等。

调查的内容包括：自然条件调查，着重调查地形、降雨、土壤（地面组成物质）、植被四项主要因素以及温度、风、霜等其他农业气象。自然资源调查，着重调查土地资源、水资源、生物资源、光热资源、矿藏资源等。社会经济调查着重调查人口、劳力、土地利用、农村各业生产、粮食与经济收入（总量和人均量）、燃料、饲料、肥料情况、群众生活、人畜饮水情况等。水土流失情况调查着重调查各类水土流失形态的分布、数量（面积）、程度（侵蚀量）、危害（对当地和下游）、原因（自然因素与人为因素）。水土保持现状调查，着重调查各项治理措施的数量、质量、效益、开展水土保持的发展过程和经验、教训。

第三阶段：水土保持区划。在大面积总体规划中，必须有此项内容和程序。根据规划范围内不同地区的自然条件、社会经济情况和水土流失特点，划分若干不同的类型区，各分区分别提出不同的土地利用规划和防治措施布局。

第四阶段：编制土地利用规划。根据规划范围内土地利用现状与土地利用资源评价，考虑人口发展情况与农业生产水平、发展商品经济与提高人民生活的需要，研究确定农村各业用地和其他用地的数量和位置，作为部署各项水土保持措施的基础。

第五阶段：防治措施规划。要根据不同利用土地上不同水土流失的特点，分别采取不同的防治措施。

对林地、草地等流失轻微但有潜在危险（坡度在15°以上）的，采取预防为主的保护措施；在大面积规划中对大片林区、草原和在大规模开矿、修路等开发建设项目地区，应分别列为重点防护区与重点监督区，加强预防保护工作，防止产生新的水土流失。

对有轻度以上土壤侵蚀的坡耕地、荒地、沟壑和风沙区，分别采取相应的治理措施，控制水土流失，并利用水土资源发展农村经济。

小面积规划中各项防治措施，以小流域为单元进行部署，各类土地利用和相应的防治措施，都应落实到地块上，以利于实施。

第六阶段：分析技术经济指标。包括投入指标、进度指标、效益指标三个方面。三项指标相互关联。根据投入确定进度，根据进度确定效益。

第七阶段：规划成果整理。规划成果包括规划报告、附表、附图、附件等四项。大面积总体规划与小面积实施规划的成果大部分有共同要求，但也有所差异。

规划报告一般包括：①基本情况：自然条件、自然资源、社会经济、水土流失、水土保持概况等；②规划布局：指导思想与防治原则、水土保持分区、土地利用规划、治理措施规划；③技术经济指标；④保证规划实施的措施。

附表包括：①基本情况表；②水土流失与水土保持现状表；③农、林、牧等土地利用现状与规划表；④水土保持主要治理措施现状与规划表；⑤水土保持土石方工程量表；⑥水土保持规划经济技术指标表；⑦水土保持效益与预测表。

6.2 水土保持综合调查

水土保持综合调查是水土保持规划的重要工作内容，需围绕编制水土保持规划的需要，预先安排综合调查项目和内容，同时，应对参与调查的人员进行先期培训，明确调查目的、要求、内容和方法。

6.2.1 自然地理环境条件调查

主要调查地貌、土壤与地面物质、植被、降雨和其他农业气象与水土流失和水土保持相关的项目和内容。

6.2.1.1 地质地貌调查

地质调查主要调查地质构造、地层、岩石种类、分布面积、范围、风化程度、风化层厚度以及突发性和灾害性地质现象等内容。

地貌调查包括宏观地貌和微观地貌调查，宏观地貌调查首先从现有资料上了解地貌分区，再在调查范围内选几条主要路线进行调查，对分区的界线和各区的范围进行验证。普查中携带海拔表，对各区主要的高程点进行验证。主要了解山地（高山、中山、低山）、高原、丘陵、平原、阶地、沙漠等地形以及大面积的森林、草原等天然植被，作为大面积水土保持规划中划分类型区的主要依据之一。

微观地貌调查以小流域为单元进行地形测量，或利用现有的地形图进行有关项目的量算，并在上、中、下游各选有代表性的沟面和沟道，逐坡逐沟地进行现场调查，主要了解以下两个方面：

（1）沟道情况调查：干沟长度、主要支沟长度；全流域平均（或分上、中、下游）沟壑长度；沟壑面积占流域总面积的比例；上、中、下游干沟和有代表性主要支沟的比降；沟底宽度和沟谷宽度。

（2）坡面情况调查：着重调查坡面长度、地面坡度组成等内容。

6.2.1.2 土壤调查

土壤调查也分为宏观调查和微观调查，宏观调查作为划分大面积的规划的分区依据之一，根据现有地理、土壤等科研部门的研究成果进行初步划分，然后到现场调查验证，了解其分布范围、面积和变化情况，主要包含以下三方面内容：

（1）根据山区地面组成物质中土与石占地面面积的比例，划分石质山区、土质山区或土石山区。划分的标准是：以岩石构成山体、基岩裸露面积大于70%者为石质山区；以各类土质构成山体、岩石裸露面积小于30%者为土质山区；介于两者之间为土石山区。着重了解裸岩面积的变化情况。

（2）根据丘陵或高原地面组成物中大的土类进行划分，如东北黑土区、西北黄土区、南方红壤区等，着重了解土层厚度的变化情况。

（3）根据地面覆盖明沙的程度，确定沙漠或沙地的范围。着重了解沙丘移动情况和规律、沙埋面积、厚度及沙化土地扩大情况。

在小面积规划中，除进行宏观调查外，还需具体调查坡、沟不同位置的土壤和土质情况，作为土地利用规划与治理措施布局的依据。

（1）调查坡沟不同部位的土层厚度、土壤质地、容重、孔隙率，取样分析氮、磷、钾及有机质含量，了解农、林、牧业的适应性，作为土地资源评价的依据。

（2）对于需修建梯田（地）的坡耕地，重点调查土层厚度是否能适应修建水平梯田（地）。对于需造经济林或建果园的荒山坡地，也应调查土层厚度，以便规划中采取相应的树种和整地工程。

（3）对需要取土、取石作为修筑坝库建筑材料的地方，应详细调查天然建筑材料（土料、砂料、石料）的分布、数量和质量。

6.2.1.3 植被调查

植被调查的宏观调查内容是划分不同类型区的主要依据之一。根据自然地理、植物、林业、畜牧等部门的科研成果作初步划分，然后到现场调查验证，着重了解如下内容：

（1）调查天然林区与草原的分布范围、面积、主要树种、林分、草地、群落组成。

（2）调查树木与草类的生长情况。

（3）林草植被覆盖度。

（4）调查森林和草原的历史演变情况。

（5）通过调查，应对需列为重点防护区需采取封育措施的林地和草地提出建议，并明确其位置、范围和面积。

6.2.2 自然资源调查

土地资源调查主要包括土地类型和土地利用现状调查。大面积宏观调查与小面积微观调查的项目和内容基本一致，但要求精度不同。

土地类型是按土地在自然环境中形成、发育规律而进行分类的，是具有相同土地自然要素——气候、植被、土壤、水文、地貌等特性的自然综合体，反映了土地的自然特点的差异性。在水土保持调查中，土地类型一般指按土地所在位置及其地貌特征分类。宏观调查中，一般分山地、坡地、沟地、平地等几个大类；微观调查，在山地中又分山顶地、山腰地、山脚地，坡地中又分缓坡（小于5°）、中坡（5°～15°）、陡坡（15°～25°）、急陡坡（大于25°），在沟地中又分沟坡地、沟台地、沟底地等。

土地利用现状调查按照《土地利用现状分类》国家标准确定的土地利用现状分类，确定不同土地类型的土地利用方式、面积、土地的质量等。《土地利用现状分类》国家标准采用一级、二级两个层次的分类体系，共分12个一级类、57个二级类。其中一级类包括：耕地、园地、林地、草地、商服用地、工矿仓储用地、住宅用地、公共管理与公共服务用地、特殊用地、交通运输用地、水域及水利设施用地、其他土地。

6.2.3 水资源调查

水资源调查以地表水为主，同时调查地下水。包括：年径流量、暴雨量、洪峰流量、洪水过程线、年际及年内分布、可利用的水量等；地下水资源类型、储量、分布、可开发利用量等；地表水和地下水资源的水质，是否符合生活饮用水质标准或农田灌溉用水水质标准。

6.2.3.1 宏观调查

大面积规划中，收集水利部门的水利区划成果和水文站的观测资料，结合局部现场调查验证，着重了解以下内容：

（1）年均径流深的地区分布。根据河川径流量地表径流等值线图，按不同年均径流深将规划范围划分为不同的径流带。

（2）提出各带分布范围与面积、人均水量和单位面积耕地平均水量。着重调查人畜饮水困难地区的分布范围、面积，涉及的县、乡、村与人口、牲畜数量、困难具体程度和解决的途径。

（3）不同类型地区地表径流的年际分布（最大、最小、一般）与年内季节分布（汛期洪水占年总径流的比重）。

（4）河川径流含沙量最大、最小、一般，河川径流利用现状、存在问题与发展前景。

6.2.3.2 微观调查

以小流域为单元，在上、中、下游干沟和主要支沟进行具体调查。调查非汛期的常水流量和汛期中的洪水流量、含沙量。

6.2.4 生物资源调查

着重调查有开发利用价值的植物资源和动物资源，以植物资源为主。在植物资源中着重调查可供用材、果品、纤维、编织（含工艺品）、药用、油脂、淀粉、染料、山货、观赏等方面开发利用的树种和草类。在动物资源中着重调查易于饲养、繁殖、肉皮毛绒等产品在市场上有竞争力的畜、禽、鱼、虫和珍奇动物。

大面积规划中，从植物、动物、农业、林业、畜牧、水产、综合经营等部门收集有关资料，结合局部现场调查，进行验证。小面积规划中，除查阅有关资料外，着重现场调查和向有经验的农民进行访问。

6.2.5 气候资源

在大面积规划中，可根据气象站、水文站的观测资料，结合农业气象，就光热资源的以下三项主要指标进行调查，作为不同类型区的分区依据之一。包括：年均不小于10℃的积温、年均日照时数、年均辐射总量。小面积规划中，调查内容与方法和大面积规划相同，但要注意引用资料的观测站必须与规划小流域属于同一类型区，而且两者之间没有高山阻隔的影响。

6.2.6 矿产资源

矿产资源调查内容包括矿产资源的类别、储量、品种、质量、分布、开发利用条件等。着重了解煤、铁、铝、铜、石油、天然气等各类矿藏分布范围、蕴藏量、开发情况、矿业开发对当地群众生产生活和水土流失、水土保持的影响、发展前景等。对因开矿造成水土流失的，应选有代表性的位置，具体测算其废土、弃石剥离量与年均新增土壤流失量。

6.2.7 社会经济条件调查

6.2.7.1 人口、劳力调查

人口调查内容包括：人口总量、人口密度、城镇人口、农村人口、农村人口中从事农业和非农业生产的人口；各类人口的自然增长率；规划期内可能出现的变化；人口素质、文化水平。劳力调查主要调查现有劳力总数，其中城镇劳力与农村劳力、农村劳力中男、女、半劳力，从事农业与非农业生产的劳力；从事农业生产劳力中一年实际用于农业生产的时间，可能用于水土保持的时间，在水土保持中使用半劳动力和辅助劳力的情况；各类劳力的自然增长率，规划期内可能出现的变化。

大面积规划时，主要从相关统计部门收集资料，按不同类型区分别进行统计计算。对各类型区劳力使用情况，应选有代表性的小流域进行典型调查。

小面积规划，主要从乡镇及行政村收集有关资料，按规划范围进行统计计算。如小流域内上、中、下游人口密度和劳力分布等情况不一样，应按上、中、下游分别统计。对其劳力使用情况，需向群众进行访问，结合在某些施工现场进行调查加以验证。

6.2.7.2 农村各业生产调查

大面积规划侧重农村产业结构，根据规划范围内各地农村不同的产业结构，提出不同类型区的生产发展方向。小面积规划侧重根据农村产业结构和各业生产中存在的具体问题，研究规划中采取的相应对策。

1. 产业结构

调查农、林、牧、副、渔等各工商业的产值结构、产品结构、使用劳力数量、土地利用结构等。同时调查近年来拍卖“四荒”地（荒山、荒沟、荒滩、荒丘）使用权情况及其对农村各业生产与水土保持的影响。

2. 生产水平和技术

主要调查粮经作物种植比例、种植种类、耕作水平、各类作物的投入和产出状

况、不同年景的单产和总产水平。耕地中基本农田所占比重、主要经验和问题。

3. 林果业

调查林种、树种、产值、产品及投入产出状况、管理技术、作业工具、方式等。

4. 畜牧业

调查畜群结构、畜产品及产值、投入产出状况、饲养规模、水平等。

5. 副业

调查主要副业类型、投入产出状况等。

6. 渔业

调查人工养殖和天然捕捞的产品种类、利用或捕捞水面的面积、产品产值、投入产出状况和技术水平等。

7. 其他产业

包括工业、建筑业、交通运输业、服务行业的产品、产值、发展前景等。

大面积规划主要从相关部门收集资料，辅之以调查验证。小面积规划除资料收集外，还应在小流域的上、中、下游，各选择有代表性的乡、村、农户和农地、林地、鱼塘和各类副业操作现场进行深入的典型调查或抽样调查。

6.2.7.3 群众生活水平调查

调查内容主要包括人均粮食和现金收入，同时还包括了解燃料、饲料、肥料和人畜饮水供需情况。除在规划范围内进行一般调查外，还应选择“好、中、差”三种不同经济情况的典型农户进行针对性调查。规划实施后还应跟踪调查、了解其变化情况。

1. 人均粮食及收入调查

人均粮食及现金收入应按照调查时农村总人口计算，其中，人均粮食需调查不同年景（丰年、平年、歉年）的情况，人均收入应了解收入来源组成。大面积规划应对不同类型地区分别统计，小流域规划中，如果上、中、下游收入有较大差异亦应分别统计，并说明其原因。

2. 燃料、饲料、肥料情况调查

小面积规划中逐村进行具体调查，大面积规划中对不同类型地区分别选有代表性的小流域进行调查。调查内容包括燃料、饲料、肥料各自缺乏程度、有此问题的范围、面积、涉及的农户和人口数量。

3. 人畜饮水情况调查

小面积规划中逐村进行具体调查，大面积规划中对不同类型地区分别选有代表性的小流域进行调查。调查内容包括了解人畜饮水缺乏的程度、范围、面积、涉及的农户、人口和牲畜数量。划分人畜饮水困难的标准为：取水地点距农民住处垂直高差200m以上，水平距离500m以上。

6.2.8 水土流失调查

6.2.8.1 水土流失现状调查

水土流失现状调查重点调查侵蚀类型（水力侵蚀、重力侵蚀、风力侵蚀）及其侵蚀强度（微度、轻度、中度、强度、极强度、剧烈）的分布面积、位置与相应的侵蚀模数，并以此推算调查区的年均侵蚀总量。

水力侵蚀调查包括面蚀和沟蚀，面蚀调查中要特别注意细沟侵蚀地调查，沟蚀调查包括沟头前进、沟底下切与沟岸扩张三方面。调查中应分别了解其年均侵蚀数量。

重力侵蚀主要在沟壑内，调查应包括崩塌、滑塌、泻溜等主要形态及其与水力侵蚀相伴产生形成的泥石流。调查中应分别了解崩滑数量及其在沟中被冲走数量和影响的土地面积。在有大型滑坡和大量泥石流的地方，应另作专项调查。

风力侵蚀调查包括风力将原来的土壤（或沙粒）扬起刮走和外地的土壤（或沙粒）吹来埋压土地两方面。调查中应了解土壤（沙粒）刮走和运来的数量。在风沙区应调查沙丘移动情况。

各类土壤侵蚀形态，分别调查其侵蚀模数，并根据水利部颁发的《土壤侵蚀分级标准》分别划定其侵蚀强度。

大面积规划中的调查应注意到：收集有关部门对土壤侵蚀分区的研究成果，进行规划范围的水土流失分区。在不同类型区内选有代表性的小流域进行水土流失情况的具体调查，加以验证。

小面积规划的调查应结合自然条件中地貌的调查和土地资源中土地类型和土地资源评价等调查，逐坡逐沟地具体调查面蚀、沟蚀、重力侵蚀、风力侵蚀等各种侵蚀类型的分布位置、面积及其侵蚀模数；根据各类侵蚀分布情况绘制土壤侵蚀分布图，用求积仪量算各类侵蚀的面积。侵蚀强度的调查，对某一具体位置可根据地中或地边的树木、墓碑等根部地面多年下降的情况加以量算；或根据地面的坡度、坡长、土质、植被等情况，引用同一类型区水土保持站的观测资料。对各类土地的综合侵蚀强度，可根据沟中库坝拦泥量进行推算。

6.2.8.2 水土流失危害调查

水土流失危害的调查，应对当地的危害和对下游的危害两方面进行调查。

1. 对当地的危害

重点调查降低土壤肥力和破坏地面完整。在水土流失严重的坡耕地和耕种多年的水平梯田田面，分别取土样进行物理、化学性质分析，并将其结果进行对比，了解由于水土流失使土壤含水量和氮、磷、钾、有机质等含量变低、孔隙度变小、密度增大等情况。同时，相应地调查由于土壤肥力下降增加了干旱威胁、使农作物产量低而不稳等问题。对侵蚀活跃的沟头，现场调查其近几十年来的年均前进速度，年均吞蚀土地的面积。用若干年前的航片、卫片，与近年的航片、卫片对照，调查由于沟壑发展使沟壑密度和沟壑面积增加，相应地位可利用的土地减少情况。崩岗破坏地面的调查与此要求相同。

调查由于上述危害造成当地人民生活贫困、社会经济落后，给工农业、商业、交通、教育等各业带来的不利影响。

2. 对下游的危害

加剧洪涝灾害。调查几次较大暴雨中，没有进行水土保持规划措施的小流域及流域出口处附近平川地遭受洪水危害情况，包括冲毁的房屋、田地、伤亡的人畜等各类损失。

泥沙淤塞水库、塘坝、农田。调查在规划范围内被淤水库、塘坝、农田的数量和面积、损失的库容、被淤农田（或造成“落河田”）、每年损失的粮食产量。

泥沙淤塞河道、湖泊、港口。调查影响航运里程。调查其在若干年前的航运里程，与目前航运里程对比（注意指出可能还有其他因素）。调查影响湖泊容量、面积及其对国民经济的影响；调查影响港口深度、停泊船只数量、吨位等。

6.2.8.3 水土流失成因调查

1. 自然因素调查

结合规划范围内自然条件的调查，了解地形（地面组成物质）、植被等主要自然因素对水土流失的影响。

对于大面积规划，应根据不同自然条件划分各个类型区，由于地形、降雨、土壤、植被的差异，影响水土流失数量差异很大，可通过各类型区的水文站的径流泥沙观测资料进行对比分析，了解四项主要自然因素及其不同组合情况对水土流失的影响。

对于小面积规划，结合不同土地类型与不同土地利用情况下不同的土壤侵蚀强度，现场调查地形（坡度、坡长）、土壤（地面物质组成）、植被对各水土流失的影响。根据不同类型区内水土保持站的观测资料进行验证，并将不同年降雨量和不同暴雨情况下的水土流失量进行对比，了解降雨对水土流失的影响。

2. 人为因素调查

以完整的中、小流域为单元，全面系统地调查规划范围内由于开矿、修路、陡坡开荒、滥牧、滥伐等人类活动破坏地貌和植被、新增的水土流失量；结合水文观测资料，分析各流域在大量人为活动破坏以前和以后洪水泥沙变化情况，加以验证。同时调查可能引起水土流失的政策、土地利用经营方式和能源紧缺情况。

6.2.9 水土保持现状调查

水土保持现状调查主要包括对调查范围内水土保持工作发展过程、积累的经验及存在的问题进行调查。

水土保持发展过程调查要重点了解规划范围内开始搞水土保持的时间，其中经历的主要发展阶段，各阶段工作的主要特点，整个过程中实际开展治理的时间。

水土保持成绩调查主要调查各项治理措施的开展面积和保存面积、质量。骨干工程的分布与作用。大面积调查中应了解重点治理小流域的分布与作用。各项治理措施和小流域综合治理的基础效益（保水、保土）、社会效益、生态效益。

水土保持经验调查包括措施经验和组织实施经验。水土保持措施经验：着重了解水土保持各项治理措施如何结合开发、利用水土资源建立商品生产基地，为发展农村市场经济、促进群众脱贫致富奔小康服务的具体做法。其中包括各项治理措施的规划、设计、施工、管理、经营等全程配套的技术经验。

组织实施经验：着重了解如何发动群众、组织群众，如何动员各有关部门和全社会参加水土保持，如何用政策调动干部和群众积极性的具体经验。

水土保持中存在问题的调查着重了解工作过程中的失误和教训，包括治理方向、治理措施、经营管理等方面工作中存在的问题；同时了解客观上的困难和问题，包括经费困难、物资短缺、人员不足、坝库淤满需要加高、改建等问题；今后开展水土保持的意见。根据规划区的客观条件，针对水土保持现状与存在问题，提出开展水土保持的原则意见，供规划工作中参考。

6.3 资源、环境、经济等要素评价

6.3.1 水土流失评价

水土流失是一个非常复杂的过程，目前，对于影响水土流失的各个因素的作用机理研究还不够透彻。地形、土壤和地表物质、降雨、植被和人为活动等这些因素都随着时间和空间的不同而不断变化，这些因素不同的组合，所引起的水土流失也有很大差别。如何正确的确定这5个因子，是水土流失趋势预测、正确进行水土保持规划成败的关键影响因素之一。这5个影响因子中，有的能够进行预测，有的难以预测，但对5个因子进行综合分析可知，5个因子可以分为静态因子和动态因子2类。所谓静态因子是指在一个相当长的时段内不发生变化或变化很小的因子，如地形和地貌因子、土壤和地表物质；而动态因子是指在不太长的时间内就可能发生变化的那些因子，如降雨、植被和人为活动。

1. 地形和地貌因子

地形和地貌因素是影响侵蚀产沙的重要因素，例如，黄河中游各种地形形态是内外营力长期作用的结果，这一结果又反作用于侵蚀，影响侵蚀发展。有关这两个地形因子的定量表述，分别是沟谷密度和切割深度或地面割裂度。这两个地形因子的强度是多种侵蚀因素长期作用与反作用的结果。但它的发展速度极其缓慢，在几年、几十年内其变化量还不足以影响到侵蚀量发生变化。因此，这两个因子可视为静态因子。

2. 土壤和地表物质组成

土壤和地表组成物质的物理化学特性是周围环境长期作用的结果。尽管它们自始至终都在变化，但是这种变化极其缓慢，在一定时段内不会产生明显大的变化。因而土壤和地表组成物也可看作为静态因子，其预测时段值也相同于现状值。

3. 降雨因子

降雨因子对水土流失往往起着主导作用，但是降雨因子中的降雨量和降雨强度无论是在区域分布、年内分布还是年际分布均有较大的差异，特别是降雨强度，随时间的变化程度非常明显，而且难以预测，因此，降雨因子应为动态因子。

4. 植被和人为活动

植被是影响侵蚀的重要因素。在自然状态下，植被因素的属性取决于生物气候带，或当地的局部气候条件。但人类活动作用过的地区，植被遭受到很大破坏，给人类生存环境带来很大影响，人们正在竭尽全力恢复植被的同时仍然存在着破坏。人类对自然植被的破坏是影响土壤侵蚀最主要的人为因素，而人类对水土流失治理在时间和空间上均表现为动态变化，因此，人类活动也为动态因子。

6.3.2 土地资源评价

1. 概念

土地资源评价又可称土地评价：是在土地资源调查、土地类型划分完成以后，在

对土地各构成因素及综合体特征认识的基础上，以土地合理利用为目标，根据特定的目的或针对一定的土地用途来对土地的属性进行质量鉴定和数量统计，从而阐明土地的适宜性程度、生产潜力、经济效益和对环境有利或不利的后果，确定土地价值的过程。

土地资源评价基本特征是比较土地利用的要求和土地质量的水平。实质为农业用地对土地生产力高低的鉴定、城镇用地对土地使用价值大小的鉴定。因此，土地评价是对土地自然属性和社会经济要素的综合鉴定，将土地按质量差异划分为若干相对等级，以表明在一定的技术经济条件下，待评土地对于某种特定用途的生产能力和价值的大小。

2. 土地评价原理

多样性原理：不同的地区具有各自独特的自然和社会条件，土地质量和土地用途都会存在很大的差别；随时间的发展、社会的变化，同一地区的土地质量和土地用途也会发生变化。

综合性原理：构成土地质量的土地性状有很多种，如气候、土壤、植被等，而这些性状也是由许多因素构成的，如气候又包括光照、气温、降水等；土壤又包括土壤有机质含量、土壤质地、土壤酸碱度、土壤水分、土壤养分、碳酸钙含量等。同时，土地的不同性状或不同因素间又是相互作用相互影响的。因此土地质量是一个多样因素影响的统一体。所以，在分析土地质量和土地用途的要求时，一定要全面地考虑各种因素之间的关系，采用综合、全面分析的方法。

系统分析原理：一个系统是由各种要素及其相互关系的集合，具有一定的边界和结构，这就决定了系统的功能，即决定了投入与产出的关系。土地评价的主要对象是土地利用系统，包括两个要素：土地和土地利用。在土地评价时，应尽量地应用系统分析的原理，分析如何改善土地利用系统的结构，获得最理想的产出与投入之比。

相对性原理：由于不同地区的自然条件和社会经济条件不同，土地质量上存在很大差异。为了不同评价地区的实际需要，往往在评价时将本地区内质量最好的土地定为一等地，最差的土地定为末等地，这样处理使不同地区的土地质量等级之间的差异不尽一致，同一等级的土地的实际质量也可能不一样，因此土地评价的结论是相对于一定地区而言的。

可比性原理：土地评价的结果是所评价的地区土地质量好坏程度的反映，因此必须具有可比性。要做到这一点，就必须建立统一的评价标准或指标体系。

限制性原理：不同的土地用途在某种土地质量上的适宜程度不同，实质上就是土地用途的限制不同。所谓限制性，是指土地质量不能满足土地用途要求的程度，如某种作物在某个生育期需要速效磷达到30ppm，而实际土壤中10ppm，那么由于速效磷含量太少吸收不到充足的磷。

3. 土地评价的类型

根据土地评价目的，土地评价可分为土地自然适宜性评价、土地生产潜力评价、土地经济评价。

土地适宜性是指某作物或土地利用方式对一定地区土地的自然条件（如气候、土壤、地貌、水文等）的适宜程度。土地适宜性评价是指某块土地针对特定利用方式是否适宜、适宜程度如何进行等级评定。土地按照其适宜用途分为多宜性（适宜多种用途，农、林、牧等）、双宜性（仅适宜于两种用途）、单宜性和不宜性。土地适宜性评价包括当前适宜性评价（现状）和潜在适宜性评价（土地改良后，土地对特定用途的适宜性评价）。

土地潜力，有人称作“土地利用能力”，是指土地在用于农林牧业生产或其他利用方面的潜在能力。土地潜力评价，或称土地潜力分类，主要依据土地的自然性质（土壤、气候和地形等）及其对于土地的某种持久利用的限制程度，就土地在该种利用方面的潜在能力对其作出等级划分。例如就土地的农业利用而言，潜力评价的任务是依据土壤、气候、地形等要素对土地的持久农业利用的限制程度，及由这种限制程度所决定的作物的潜在生产率和耕作方式的可选择性，对土地作出等级划分。

土地经济评价，是指土地在一定的土地利用方式下对其经济效益的综合鉴定。评价土地的质量，有两种途径。一是偏重于自然条件即组成要素的评价，称为土地的自然评价。其基本思想是，通过对组成土地的自然要素的分析，反映在一定的科学技术水平和经营管理条件下，各种土地在生产或其他利用方面的潜力或适宜性。就土地的农业生产利用而言，这类评价主要考虑农作物或林木、牧草对土地自然属性的需求，以及人类目前对土地限制条件的改造能力，而不具体地考虑人类劳动和物质投入的耗费情况。因此在这类评价中常把土地的自然生产力作为土地质量评价的综合指标。

4. 土地资源评价方法

土地资源评价方法分为直接法和间接法，直接法是指通过试验了解土地质量对某种用途的影响大小从而确定其适宜性及适宜程度。间接法是对影响土地生产力的各种性质（这些性质对土地用途起着明显的作用）作出诊断，由此推论土地的质量。间接法又可分为归类法和数值法。间接法以针对一定利用方式的土地质量优劣为依据，判断其生产力大小（或适宜性与适宜程度，潜力高低等），也即根据各类土地在生产实践上的相似性与差别，对土地类型再次进行组合、分类和排队，并作出相应的解释或结论。数值法首先选出决定土地生产力的诸要素，根据各要素性质的特点定出评价标准，按照一定的数学公式计算数量指标，把计算结果作为土地评价单元的定级标准。评价方法包括指数法、聚类分析法、模糊综合评价法等。

6.3.3 经济要素评价

1. 人口结构分析与评价

人口结构分析包括数量结构分析和质量结构分析。人口数量结构分析主要分析包括人口的年龄结构、性别结构和劳动力与非劳动力的组成结构。人口年龄结构状况，是决定未来人口发展的基础，合理的人口年龄结构为老中少比例恰当、社会负担系数小、人口老化程度低。人口质量结构分析主要分析文化素质构成和人口健康水平。文化素质结构分析主要考虑人口文化构成，统计计算各文化程度占总人口比例。健康水平包括残疾和非残疾人口，非残疾劳动力可按体力状况来进行分析。

2. 产业结构分析

产业结构分析主要含如下内容：

（1）产出结构。以价值指标体现产出结构，即以货币量作为产出的度量标准。

(2) 投入结构。投入结构主要分析劳动就业结构、土地利用结构以及资金分配结构。

同时，对上述指标进行分析的过程中，需分析结构变化值和结构效应值。结构变化值反映经济结构变化过程的指标，结构效应值反映变革结构的实际支出。

3. 消费结构分析

消费是人们用社会产品来满足自己需要从而使用和消耗产品的过程。消费结构分析的基础是消费分类，主要消费形式可分为吃、穿、住、用、烧等。按消费的内容可分为有物品消费和劳务消费或者是物质消费和文化消费；按物质划分可分为自给性消费和商品性消费，常利用恩格尔指数进行消费结构分析，它是指食品消费支出在生活消费支出中所占的份额。

6.4 水土保持分区及治理措施总体布局

6.4.1 水土保持分区与水土流失类型区的划分

6.4.1.1 水土保持分区

在综合调查的基础上，根据水土流失的类型、强度和主要治理方向，进行水土流失重点防治分区，确定规划范围内的水土保持重点预防保护区、重点监督区和重点治理区，提出分区的防治对策和主要措施，并论述各区的位置、范围、面积、水土流失现状等。在实际规划中，对于已进行“三区”划分，并进行了政府公告的地区，应利用已有的水土保持分区成果，可不重新划分，但应根据规划要求与新的变化，进行比较详细的调查与补充有关资料。

1. 重点预防保护区

对大面积的森林、草原和连片已治理的成果，列为重点预防保护区，制定、实施防止破坏林草植被的规划和管护措施。

重点防护区分为国家、省、县三级。跨省（自治区）且天然林区和草原面积超过 1000km^2 的列为国家级；跨县（市）且天然林区和草原面积大于 100km^2 的列为省级；县域境内万亩以上或集中治理 10km^2 以上的为县级，规划应根据涉及的范围划分相应的重点防护区。各级重点防护区设置相应职能机构，与各部门加强联系，搞好协调，发动群众，制定规划，开展预防保护工作。

重点保护区应对防护的内容、面积进行详细调查，对主要树种、森林覆盖率、林草覆盖率等指标进行普查并填表登记。

2. 重点监督区

对资源开发和基本建设规模较大，破坏地貌植被造成严重水土流失的地区，列为重点监督区，要求有关单位编制《水土保持方案》，并与主体工程实行“三同时”制度，依法对《水土保持方案》的实施进行监督检查。

重点监督区分为国家、省、县三级。在具有潜在水土流失的跨省（直辖市）区域，城市建设、采矿、修路、建厂、勘探等生产建设活动开发密度大，集中连片面积在 1 万 km^2 以上，破坏地表与植被面积占区内总面积的 10%以上，列为国家级重点监督区；集中连片面积在 1000km^2 以上，破坏地表与植被面积占区内总面积的 10%

以上的跨县（市）区域列为省级重点监督区；县域境内划分重点监督区的条件是：开发建设集中连片面积在 $100km^2$ 以上，破坏地表与植被面积占区内总面积的10%以上。对单个资源开发点，每年废弃物堆放量大于10万t的，应列入重点监督点。

重点监督区应对资源开发、基本建设处数和规模、可能增加水土流失量进行详细普查，填表登记。

3. 重点治理区

对水土流失严重、对国民经济与河流生态环境、水资源利用有较大影响的地区列为重点治理区。

对规划区既定的预防保护区、监督区和治理区（三区）的基本情况分别加以叙述并突出各自的特点。预防保护区重点叙述预防保护的内容是综合治理的成果、大面积的森林、草原植被，森林、草原植被着重叙述植被的分布、组成、覆盖等状况，综合治理的成果应叙述各项治理措施的面积、质量、竣工年限以及投入状况等；重点监督区应叙述区内预防监督的内容，资源开发、基本建设处数和规模以及可能增加水土流失量等，对超过一定规模的开发建设项目应单独调查。重点治理区应叙述重点治理的范围、区内的水土流失类型、强度和分布等。

6.4.1.2　水土流失类型区的划分

水土保持规划应根据项目区内的水土流失特点，进行水土流失类型区的划分。在水土保持综合调查的基础上，根据规划范围内各地不同的自然条件、自然资源、社会经济和水土流失特点，将水土流失类型、强度相同或相近的划分为同一水土流失类型区，以便指导规划与实施。全国性或大江大河规划水土流失类型区的一级区应与目前的分区保持基本一致，亚区应保持县级行政区的完整性；县级规划水土流失类型区一级区应保持乡（镇）界线的完整性，亚区应保持村级界线的完整性。

1. 分区原则

（1）同一类型区内，各地的自然条件、自然资源、社会经济、水土流失特点应有明显的相似性，其人口密度、人均耕地、土地利用现状、农业生产发展方向应基本一致。

（2）同一类型区内各地的生产发展方向和防治措施布局应基本一致。

（3）同一区域内水土流失类型、分布、流失强度和可能的发展趋势基本一致。

（4）同一类型区必须集中连片，应适当照顾行政区划的完整性。

2. 分区方法

水土流失类型区划分可采取常规区划法和数值区划法进行。这里主要介绍常规区划法。

（1）收集资料。收集与分析有关资料，包括水土流失、自然资料（气候水文、地质地貌、土壤植被等）、社会经济和水土保持区划成果资料。

（2）分区方法。认真分析区划资料，找出影响分区的主要因子，采取主导因素法划分水土流失类型区。

（3）地貌类型作为划分水土流失类型区的主导因子，同一水土流失类型区地貌类型应基本相同。

（4）同一水土流失类型区的水土流失类型与强度要基本一致。

（5）同一水土流失类型区的社会经济条件应基本相似，并适当照顾各级区划界限，行政界线和流域界限。

3. 进行分区

(1) 根据主导因子分区方法，首先划分全县的水土流失类型区，各类型区内如需要继续划分亚区，可根据分区方法再进一步划分。要求提出各类型区的界限、范围、面积、行政区划，以及各类型区的自然条件、自然资源、社会经济情况、水土流失特点等。

(2) 分区的命名采取三段式命名法，即水土流失类型区的所处位置＋地貌类型＋水土流失强度。

(3) 水土流失类型分区结果，可以指导水土保持重点预防保护区、重点监督区和重点治理区的划分。

6.4.2 水土保持治理措施总体布局

6.4.2.1 水土保持治理措施总体布局概述

水土保持治理措施应根据规划单元范围内的生产发展方向和土地利用规划，具体确定治理措施的种类和数量、平面布局、建设规模和进度，以大流域、支流、省、地、县为单元进行的区域性水土保持规划，除进行面上宏观的调查研究外，还必须在每个类型区选取若干条有代表性的小流域进行典型规划，点面结合，最后编制各种类型区及整个规划单元的规划。以小流域为单元进行的规划，则应以乡、村等为单元提出治理措施的种类、数量、平面布置、建设规模和治理进度。

综合治理措施配置即在土地利用规划基础上（土地利用规划时也要兼顾各种措施实施的可能性和数量及布局），根据各地类的自然条件、水土流失状况、土地利用现状，配置相应的水土保持措施，并应根据各地类的土壤侵蚀危害大小，治理的难易及工作量大小，受益快慢，治理措施间相互关系，及上一节提到的人力物力财力投入，初步安排水土保持的林草措施、工程措施、蓄水保土耕作措施，并综合平衡考虑其实施顺序、进度等。

6.4.2.2 水土保持治理措施总体布局原则和方法

(1) 根据规划范围内划定的不同水土流失类型区土地利用结构调整确定的各业用地比例，参照土地利用结构调整时考虑的原则与需要采取的水土保持措施，分别落实各项治理措施，并突出每个类型区的治理特点。

(2) 治理措施落实的基本原则是在不同的土地类型上分别配置相应的治理措施：在宜农的坡耕地上配置梯田与保土耕作措施；在宜林宜牧的荒山荒坡上配置林草措施；根据需要在上述治理措施中配置小型水利水保工程，以利最大限度的控制水土流失与主体措施的稳固；在各类沟道配置各项治沟措施，做到治坡与治沟、工程与林草紧密结合，综合治理。

(3) 综合治理规划应以大江大河为骨干，以县为单位，划分水土流失类型区，并落实各项水土保持措施。

6.5 水土保持综合防治规划

依据类型区水土流失的特点及开发利用效益确定其实施顺序，特别是对国民经济和生态环境有重大影响的大江大河中上游地区及老少边贫地区，水土流失的重点治理区可优先进行水土保持综合防治。

6.5.1 治理措施规划

要求分别叙述规划中各项措施的治理特点、质量标准与实施要求。水土流失治理措施主要包括工程、植物与保土耕作三大措施，具体有坡改梯、水保林、经济果木、种草、封禁治理、坡面水系及沟道治理工程等八大措施。下面分三大措施概述如下。

6.5.1.1 工程措施

1. 坡改梯工程

坡改梯包括土坎梯田、石坎梯田和土石混合坎梯田。改造坡耕地，建设基本农田是拦蓄径流，控制水土流失，保证农业增产的最有效措施，同时也是实现土地合理利用，促进农、林、牧各业协调发展的重要基础条件

2. 坡面小型水保工程

在坡面上进行坡改梯、造林、种草的同时，需配套小型水利水保设施，采取截水沟、排洪沟、蓄水池、引水渠、沉沙池等，构成从坡顶到坡脚的蓄、引、排系统，不仅可改善灌排条件，提高粮食果品产量和林草的产出率，更是保护坡面主体措施、防治水土流失的需要。

3. 沟道工程

包括沟头防护、谷坊、拦沙坝等，以拦蓄泥沙，控制沟底下切、沟头前进和沟岸扩张等。有条件的地方修建蓄水塘、坝，用以灌溉农田。沟道工程应根据“坡沟兼治”的原则在搞好集水区水土保持规划的基础上，落实从沟头到沟口，从支沟到干沟的治理工程；分别提出沟头防护、谷坊、淤地坝、治沟骨干工程、小水库（塘坝）工程和崩岗治理等沟道工程规划。

坡面小型水保工程与沟道工程在实施中要根据沟道地质地貌与水资源条件，按照工程目的进行设计，规划阶段只根据类型区典型小流域设计的定额合理确定各类工程的数量。

6.5.1.2 植物措施

造林种草是开展水土流失综合治理的关键措施之一，也是控制水土流失，改善生态环境，解决“三料”不足，促进农、林、牧、渔各业协调发展，提高土地生产力，体现因地制宜原则的重要途径。在荒山荒坡和退耕坡地上，根据需要和可能，营造用材林、经济林、防护林与种草，实行乔、灌、草相结合，形成多层次、高密度的防护体系。在原有植被较稀疏的地方，充分利用各地区水热资源条件，实行封育管护，迅速恢复植被。在风沙地区，采取防风固沙林、草方格、沙障等植物措施与其他工程措施配套，可以有效地防治风沙侵蚀。

经济果林：在有条件的地方，大力发展适销对路、各具地域特色的经济林与果木林，充分发挥山区的区位优势，既可以增加群众经济收入，又可以控制水土流失，实现开发性治理。

水土保持林：营造水土保持林，既可以改善生态环境，又可以满足群众对木材、燃料的需求。在林种配置上，采取乔灌草混交等形式。造林前工程整地，工程整地形

式有水平阶、撩壕、竹节沟、鱼鳞坑等。

种草：发展人工种草，可以增加地面覆盖，减缓地表径流，增加入渗，防止冲刷，减少水土流失；同时提供大量优质造纸原料、优质牧草和有机肥料，提高畜牧业的商品率和经济效益。

封禁治理：对现有疏幼林草进行封禁治理是恢复与保护植被、控制水土流失的一项费省效宏的措施。

6.5.1.3 保土耕作措施

在坡度不大的坡耕地中，采取一套耕犁整地、培肥改土、栽种等高植物、轮作间种和自然免耕等保土耕作措施，既能通过耕作逐渐减缓坡度，又可充分利用光、热和作物种植时间、空间，达到拦沙、蓄水、保土、保肥、增加农作物产量的目的。保土耕作措施是在坡耕地尚未全部控制水土流失之前，通过实施多种农业耕作措施达到治理水土流失的目的。

6.5.2 预防监督与监测规划

6.5.2.1 预防保护规划

1. 预防保护的原则

按照前面叙述的预防保护的条件，根据预防保护的对象、重要性及潜在水土流失的强度确定预防保护规划的原则，再划定预防保护规划的范围。通过对预防保护区的调查，进行规划，说明通过预防保护措施应达到防止水土流失发生与发展的目标与措施。

2. 规划内容

(1) 预防保护区的位置、范围、数量。

(2) 预防保护区期初的人口、植被组成、森林覆盖率、林草覆盖率、水土保持现状，以及期末应控制或达到的目标。

(3) 为实现预防保护的目标应落实的技术性与政策性措施，包括制定相关的规章制度、明确管理机构、水土保持“三区”公告发布以及采取的封禁管护、抚育更新、监督、监测等具体措施。

6.5.2.2 监督管理规划

1. 监督管理规划原则

按照前面叙述的重点监督区的划分条件，通过对规划区进行调查，确定重点监督区，并进行规划，说明对开发建设项目和其他人为不合理活动实行监督管理，防止人为造成水土流失的目标。

2. 规划主要内容

(1) 规划区内重点监督区域及项目的名称、位置、范围。

(2) 重点监督区期初的人口、水土流失与水土保持现状、土壤侵蚀量、开发建设项目和其他人为不合理活动的数量、人为水土流失造成的危害等，同时说明期末应控制或达到的目标。

(3) 为实现重点监督目标应落实的技术性与政策性措施，包括针对监督区制定的相关规章制度、明确管理机构、水土保持“三区”公告发布以及说明水土保持方案的编制、报批制度与“三同时”制度、监督、监测、管理等措施的具体规划。

6.5.2.3　水土保持监测网络规划

水土流失监测是水土流失预防、监督和治理工作的基础，为国家和地方各级政府决策提供可靠的科学依据，因此，根据《中华人民共和国水土保持法》和实施条例的要求，设立各级水土保持监测机构。在目前各地监测网络建设还不太完善的情况下，应对水土保持监测网络进行专门规划。规划内容应包括以下几个方面：

（1）监测站网名称、布设、数量及分期建设进度。

（2）说明监测网络的运行、维护与管理机制与责任者，一般要求县级每年发布一次本县的水土流失监测信息公告，省级三年发布全省（自治区、直辖市）的水土流失监测信息公告，国家每5年发布一次全国的水土流失监测信息公告，以实现对水土流失信息的动态监测。

（3）说明水土流失因子观测，水土流失量的测定，水土流失灾害及水土保持效益监测的内容与观测要点等。

6.5.3　土地利用结构调整

土地利用规划的主要任务是根据社会经济发展计划和水土保持规划的要求，结合区域内的自然生态和社会经济具体条件，寻求符合区域特点和土地资源利用效益最大化要求的土地利用优化体系。

土地利用结构是土地利用系统的核心内容，结构决定功能。土地利用结构调整应根据国民经济发展的需要和区域的社会、经济与生态条件，在区域发展战略指导下，因地制宜地加以合理组织并作为土地利用空间布局的基础和依据。土地利用结构的实质是国民经济各部门用地面积的数量比例关系。土地利用规划的核心内容就是资源约束条件下寻求最优的土地利用结构。

6.5.3.1　调整原则

（1）充分运用当地已有的土地利用规划，按水土保持防治的要求对其不足部分加以补充纳入水土保持规划。

（2）对规划区内土地资源进行评价，作为确定农村各业用地的依据。

（3）在当地社会经济发展规划的指导下，以市场经济为导向，研究确定农村经济与生产发展方向。

（4）针对不同的水土流失类型应分别进行土地利用结构的调整。

6.5.3.2　各业用地规划

各业用地规划确定农、林、牧、副各业用地和其他用地的面积、比例，对原来利用不合理的土地有计划地进行调整，使之既符合发展生产的需要，又符合保水保土的要求。根据划分的水土流失类型区，分区确定农村各业用地的比例。

1. 农业用地

对现有农业用地，作为水土保持规划，原则上要将25°以下的坡耕地改造为梯坪地，以提高粮食产量，促进陡坡耕地退耕还林、还草，同时，现有梯地中的一部分可改造为梯田，大幅度提高粮食产量；部分地区耕地资源丰富、人均耕地面积较大的可以考虑只将25°以下的部分坡耕地改造为梯坪地，以提高林草植被的覆盖率。对现有25°以上（部分地区坡度要低些）的陡坡耕地退耕还林还草；少数立地条件极差、人口密度大、25°以上陡坡耕地一时退耕有困难的地区，可采取异地搬迁或粮食补贴等措施促进退耕。农地需要的数量，按以下步骤进行：

确定为满足粮食与其他农作物基本需求而必须的基本农田。

（1）研究确定单位面积粮食与其他农作物产量。应考虑在规划实施期内由于基本农田（梯田、水田等）数量的增加、保土耕作措施和其他农业增产技术的采用，到规划期末粮食与其他农作物单产的提高。

（2）确定农村人口的增减数量，包括农村人口的自然增长和人口迁出、迁入的数量。人口预测按照以下公式，即

$$B = A(1+X)^n + G - D \tag{6-1}$$

式中：B 为规划期末人口，人；A 为基期人口，人；X 为人口自然增长率，‰；n 为规划期限，年；G 为规划期迁入人口，人；D 为规划期迁出人口，人。

（3）确定规划期末粮食与其他农作物需求总量 V_1、V_2。

（4）确定规划期末需要的基本农田面积（F），计算方法为

$$F = f_1 + f_2 = V_1/q_1 + V_2/q_2 \tag{6-2}$$

式中：F 为规划期末需要的基本农田面积，hm^2；f_1 为满足粮食生产的面积，hm^2；f_2 为满足其他农作物生产的面积，hm^2；V_1 为需要粮食总量；V_2 为需要的其他农作物产量，kg；q_1 为单位面积粮食产量，kg/hm^2；q_2 为单位面积其他农作物产量，kg/hm^2。

根据规划期末为满足粮食与其他农作物的基本需求确定的基本农田面积，计算基本农田占总面积的比例。

（5）计算规划期末基本农田的比例。参考各类型区已有的农业部门土地利用规划确定的基本农田比例，或小流域典型设计确定的基本农田比例，根据粮食及农作物需求分析确定的比例，综合分析，确定水土流失类型区基本农田的规划比例与面积。

2. 林业用地面积的确定

水土保持林业用地，包括人工种植水土保持林、经果林、薪炭林，以及进行封禁治理的天然林，规划中各有不同的要求。水土保持林业用地，主要布设在水土流失比较严重的荒山荒坡、沟坡或沟底等在土地资源评价中等级较低的土地。各水土流失类型区流失程度均不相同，土地利用现状也相差悬殊，规划应因地制宜的安排各林业用地面积。经果林是十分重要的水土保持开发措施之一。经果林的规划主要应根据市场的需求量，选择适合当地条件的优良品种，在立地条件较好的坡耕地与荒山荒坡上发展。经果林用地的比例应根据现状与市场的发展作出合理的安排，可参照农业部门的经果林规划或小流域典型设计确定的比例。

除经果林用地之外，适宜营造水土保持林、薪炭林或采取封禁治理措施的水土流失地均可规划为林业用地。封禁治理是对现有疏幼林草通过有效的管护、抚育与补植迅速恢复与保护植被的一项措施，并不改变原有植被类型。水土保持林与薪炭林的用地比例，除考虑需求现状外，应根据小流域典型设计作出合理安排。

3. 牧业用地规划

牧业用地应包括人工草地、天然草地和天然牧场，规划中各有不同要求。人工草地主要布设在土壤比较瘠薄、水土流失比较严重的退耕地或荒坡，在水土资源评价中

也属较低等级。为了满足畜牧业的需要，人工种草应该有足够的面积，特别在天然草场不能满足发展畜牧业的情况下，一般要求以草定畜，规划时要求每一个羊单位有至少0.07hm^2的人工草地。如经规划仍不能满足畜牧业对饲草的需求，应对畜牧业发展与草地的保护作出说明。

4. 其他用地

其他用地包括村庄、房屋、道路等。随着市场经济和第三产业的发展，规划实施期内村庄、房屋、道路等用地面积将不断增加，规划中应合理安排。

5. 改造土地和保护土地

(1) 规划范围内原有低等级土地不能利用或不能作高等级土地利用的，经过水土保持治理措施加工改造，提高利用等级，规划中应明确其面积、措施和利用等级变化前后的安排。在进行此项工作时，对其技术上的可能性和经济上的合理性应作科学的论证。

(2) 规划范围内原有坡耕地由于水土流失严重，出现“石化”、“砂砾化”，有被迫弃耕危险的，规划中应提出“抢救”措施，要求加快治理，避免“石化”、“砂砾化”的产生。

(3) 规划范围内原土地由于沟头前进、风沙推进、崩岗发展等有破坏土地资源危险的，规划中应提出专项防治措施，防止土地遭受破坏。

(4) 对因开矿、修路、基建工程的废土、弃石、矿渣等占用土地，应作水土保持方案，进行土地复垦规划，以提高土地利用率，防止新的水土流失发生。

6.5.3.3　土地利用结构调整

根据农村各业用地分析中确定的各业用地的需求与比例要求，对土地利用结构进行调整，凡现有土地级别不能满足需求的，需通过水土保持措施进行改造。土地利用结构调整时，其调整配置顺序如下：

(1) 首先确定居民点、城镇、工矿、交通、基本建设发展可能占用的土地面积和类型。根据目前水土流失速度可能增加的难利用地面积与类型。

(2) 满足上级指定完成的产品对土地利用的需求。

(3) 保证自给的项目优先安排。

(4) 强度以上水土流失的土地如何利用要以水土保持规划部门的方案为主，并按照一定的措施要求，对土地加以改造与保护，以不加剧水土流失为目的。

(5) 经济效益高的优先配置。

(6) 同一利用方式中，适宜性的配置顺序依次为：最适宜、比较适宜与经水土保持治理后适宜，直到土地利用现状各类用地调整到合理为止。

按照上述配置顺序，以区域整体经济效益、水土保持效益和生态效益最优为条件，制定土地利用结构调整规划。

复 习 思 考 题

1. 简述水土保持规划的作用和意义。
2. 试述水土保持调查的主要内容。

3. 简述土地资源评价的内容和指标。

4. 如何进行水土流失类型区的划分？

参考文献

[1] 李怀甫. 小流域治理理论与方法. 北京：水利电力出版社，1987.

[2] 王礼先. 水土保持学. 2版. 北京：中国林业出版社，2005.

[3] 水土保持综合治理规划通则（GB/T 15772—1995），北京：中国标准出版社，1996.

[4] 水土保持规划编制规程（SL 335—2006），中华人民共和国水利部，2006.

第7章 开发建设项目水土保持方案

【本章提要】 本章主要阐述开发建设项目水土保持方案编制的目的及意义，以及开发建设项目水土保持方案包含的主要内容。

《中华人民共和国水土保持法》第十九条规定："在山区、丘陵区、风沙区修建铁路、公路、水利工程，开办矿山企业、电力企业和其他大中型工业企业，在建设项目环境影响报告书中，必须有水行政主管部门同意的水土保持方案。在山区、丘陵区、风沙区依照矿产资源法的规定开办乡镇集体矿山企业和个体申请采矿，必须持有县级以上地方人民政府水行政主管部门同意的水土保持方案，方可申请办理采矿批准手续。建设项目中的水土保持设施，必须与主体工程同时设计、同时施工、同时投产使用。建设工程竣工验收时，应当同时验收水土保持设施，并由水行政主管部门参加。"《中华人民共和国水土保持法实施条例》第十四条规定："水土保持设施验收不合格的，建设工程不得投产使用。"

为落实《中华人民共和国水土保持法》、《中华人民共和国水土保持法实施条例》，1994年11月，水利部、国家计委、国家环保局以水保〔1994〕513号文联合发布了《开发建设项目水土保持方案管理办法》。1995年5月，水利部第5号令发布了《开发建设项目水土保持方案编报审批管理规定》，规定要求凡从事有可能造成水土流失的开发建设单位和个人，必须在项目可行性研究阶段编报水土保持方案。

7.1 开发建设项目水土流失的特点及编制水土保持方案的目的和意义

7.1.1 开发建设项目水土流失特点

开发建设项目产生的水土流失既不同于自然条件下的水土流失，也不同于农业生产造成的水土流失。开发建设项目水土流失是人为水土流失的一种，既有自然水土流失的普遍特性，也有其自身的特点。

1. 与人类的不合理活动有关

开发建设项目水土流失是人为水土流失的一种，必然与人类的活动有关。但这并不等于说，凡是有人类活动的地方就有人为水土流失，凡人类活动必然造成水土流失。只有人类的不合理活动才有可能造成水土流失。开发建设项目水土流失是由于人们在施工生产中不注意保护和合理利用水土资源引起的，与人类的不合理活动，特别是对自然资源的掠夺式开发有着密切的关系。开发建设项目水土流失的强度、范围与人类活动的强度、范围密切相关。它的分布范围与开发建设项目的分布范围相一致，它总是在开发建设活动的密集地带发生，并且随着扰动程度的加强而加剧，随着扰动程度的减弱而减轻。

2. 具有地域不完整性

开发建设项目生产建设需要占用的区域一般都不是完整的一条小流域或一面坡，水土流失常以“点”、“线”、“面”单一或综合的形式出现。以“点”为主的开发建设项目，造成的水土流失的特点是影响区域范围相对较小，但破坏强度大，水土流失防治和植被恢复难度大；以“线”为主的开发建设项目造成的水土流失的特点是类型多，流失严重；规模大、综合性强的项目，以“面”的形式表现出来，所造成的水土流失在结构上以“点”、“线”、“面”组合或交织而成。

3. 新增水土流失具有不均衡性和突发性，往往在短期内造成水土流失的剧增

开发建设项目水土流失不像自然水土流失那样总是保持时间上的渐变性和空间上的均衡性，而是集中在某一时段（如施工期）和某一特定区域爆发，在短期内造成局部地区水土流失总量和强度的剧增。具体说就是建设类项目造成的水土流失主要集中在施工期，建设生产类项目则集中在施工期和生产运行期。

4. 影响水土流失的因素复杂

影响开发建设项目水土流失的因素十分复杂，既有自然因素的影响，也有人为因素的影响，常常是多种因素复合在一起，加剧了水土流失。因此建设项目水土流失的类型复杂多变，流失的物质不单纯是土壤。水土流失形式和发生发展规律不同于自然水土流失，其防治的技术和措施也有别于自然水土流失。特别是大量人工构造物和新材料的使用，改变了水土流失的条件。

5. 造成水土流失的形式各不相同，且具有潜在性

地面生产项目通过对地形地貌、地表植被的破坏，加剧原生水土流失；地下生产项目除扰动地面外，更严重的是地层挖掘、地下水疏干等活动间接地使地表河流干枯、地下水位下降、地面植被退化、地面塌陷，形成重力侵蚀，从而加剧了水土流失。

6. 造成的新增水土流失的类型、强度、流失量不同

不同的地质土壤条件、地形地貌、气候特征区，造成的新增水土流失的类型、强度、流失量是不同的。从统计结果来看，“十五”期间我国开发建设项目占地面积最大的地貌类型是丘陵区，有 $5.32\times10^{6}\,hm^{2}$；其次是山区，有 $4.92\times10^{6}\,hm^{2}$。

7. 水土流失与环境污染相伴而生

在矿产资源开发和生产建设过程中排放的废气固体物不是一般意义上的土体，其成分相当复杂，包括岩石、土壤、矸石、尾矿、尾渣、垃圾等，这些物质常常含有有毒有害成分，一旦流失会造成下游水体的污染，危及人民健康和生命财产安全。

8. 水土流失危害大

人类对土地的利用，特别是对水土资源不合理的开发和经营，使土壤的覆盖物遭到破坏，裸露的土壤受水力冲蚀，流失量大于母质层发育成土壤的量。水土流失造成土壤肥力降低，水、旱灾害频繁发生，河道淤塞，河流资源难以开发利用，地下水位下降，农田、道路和建筑物被破坏，并引起环境质量变劣，生态平衡遭破坏。

9. 水土流失的程度同特定的文化相联系

从事开发建设活动的单位和个人的文化差异、价值取向、生态意识、管理水平等影响人们对水土资源的利用方式，进而对水土流失产生影响。因此对开发建设项目水土流失的控制，不能单纯从技术人手，要采取多种手段，特别是要着力提高从业人员的生态观念，这样才能从根本上解决问题。

7.1.2 开发建设项目水土保持方案编制的特点及与常规水土保持治理的区别

1. 防治目标专一

常规治理：以经济、社会、生态三大效益为目标。

建设项目：以控制水土流失、保障工程与生产安全为主要目的，兼顾美化环境、净化空气、维护生态平衡等效能。

2. 防治工程标准高

常规治理：防治水土流失，拦蓄 10 年一遇或 20 年一遇暴雨标准。

建设项目：防止因项目建设产生的水土流失和洪水泥沙对项目区及其周边地区的危害，防治标准根据所保护的对象来确定。

3. 治理投资按规范计算确定

常规治理：当地农民受益，投资属补助性，无硬性标准。

建设项目：法定治理义务，按国家基本建设标准计算投资。

4. 限期实施

常规治理：实施的早与晚一般不会产生很大的危害或影响。

建设项目：防治方案的实施具有严格的期限，不能逾期。如铁路、通讯等一次性建设项目，必须在工程开工前完成水土保持方案编制，才能预防和治理施工过程中的水土流失。

5. 与主体工程相互协调

常规治理：独立编制规划和组织实施。

建设项目：防治工程布设、实施等要与主体工程相协调，结合项目施工过程和工艺特点，确定防治措施和实施时序。

6. 具有强制实施性

常规治理：多为政府行为。

建设项目：法律强制行为，水土保持方案经水行政主管部门批准之后从法律上就具有了强制实施性，未经批准不得擅自停止或更改方案。

7.1.3 开发建设项目水土保持方案编制的目的和意义

1. 落实法律规定的水土流失防治义务

依据“谁开发，谁保护，谁造成水土流失，谁负责治理”的原则，对在生产建设过程中造成的水土流失，必须采取措施进行治理。编制水土保持方案就是落实有关法律法规，使法定义务落到实处。水土保持方案较准确地确定了建设方应承担的水土流失防治范围与责任，也为水土保持监督管理部门实施监督、收费、处罚等提供了科学依据。

2. 将水土保持纳入开发建设项目总体规划中

有关法律规定在建设项目审批立项之前，应先编报水土保持方案，这样从立项开始即对项目建设的水土保持情况进行把关，并将水土流失防治方案纳入主体工程中，与主体工程同时设计、同时施工、同时验收，使水土流失得以及时有效控制。水土保持方案批准后具有强制实施的法律效应，需列入建设项目总体安排和年度计划中，按方案有计划、有组织地实施水土流失防治措施，防治经费有法定来源。

3. 开发建设项目水土保持规划设计得以落实，技术得到保证

按建设项目大小确定的甲、乙、丙级资格证书编制制度，保证了不同开发建设项日方案的质量。同时，方案的实施措施中对组织机构、技术人员等均有具体要求，各项措施的实施有了技术保证。

4. 有利于水土保持执法部门实施监督

有了相应设计深度的方案，使水土保持工程设计便于检查、监督。

7.2　开发建设项目水土保持方案的编制

7.2.1　方案编制工作范畴

1. 地域

凡在生产建设过程中可能引起水土流失的开发建设项目都应编制水土保持方案，不仅仅指山区、丘陵区和风沙区。

2. 开发建设项目类型

主要有以下7类建设项目须编报水土保持方案：

（1）矿业开采。涉及有色及黑色金属、稀土、煤炭、石油、天然气等。

（2）工业企业。涉及冶金、电力、建材、化工、森林采伐、电信等。

（3）交通运输。涉及铁路、公路、机场、港口、码头等。

（4）水利工程。包括水利水电的枢纽工程，输（引、供）水及灌溉、排水、排涝工程，河道整治及堤防工程等。

（5）城镇建设。包括新建农村小城镇（含移民区）、大中城市扩建改建、经济开发区与旅游开发区建设等。

（6）开垦荒坡地。开垦禁垦坡度25°以下，5°以上荒坡地的，必须经过水行政主管部门批准。

（7）坡地造林和经营经济林木。在5°以上坡地上整地造林，抚育幼林经营经济林木。

3. 时限

根据水土保持法律法规的规定，建设项目在编制环境影响评价的同时，应编制水土保持方案。水利部1995年第5号令中进一步明确为在项目可行性研究阶段编报水

土保持方案，对水土保持法实施前已建、在建和技术改造项目，必须在县级以上人民政府水行政主管部门规定的期限内编报水土保持方案。

7.2.2　方案编制资格与管理制度

1. 资格

实行专门资格证书制度。编制单位必须持有水行政主管部门颁发的《编制水土保持方案资格证书》。

2. 分级编制和管理制度

（1）甲级证书：各部委和省（自治区、直辖市）级政府批准的独立法人单位，可承接大中型开发建设项目的方案编制任务，由水利部颁发资格证书。

（2）乙级证书：地区级以上政府批准的独立法人单位，可承接中小型开发建设项目的水土保持方案编制，由省级水行政主管部门颁发资格证书。

（3）丙级证书：县级以上政府批准的独立法人单位，可承接小型以下开发建设项目的方案编制任务，由省级水行政主管部门颁发资格证书。

3. 考核

水利部 1997 年《水土保持方案编制资格证单位考核办法》，主要有考核组织、方式、内容、程序、处罚等。定期考核每两年进行一次。第三条规定："凡参加水土保持方案编制的人员，须经发放资格证书单位的专业技术培训，培训合格者方可持证上岗。"

7.2.3　方案编制技术规定

1. 阶段划分

（1）水土保持方案编制分为可行性研究、初步设计、技术设计和施工图设计 3 个阶段。

（2）新建、扩建项目的水土保持方案，其内容和深度应与主体工程所处的阶段相适应。

（3）已建、在建项目可直接编制达到初步设计或技术设计和施工图设计阶段深度的方案。

（4）方案审批，主要审定可行性研究和初步设计阶段的水土保持方案和设计。

与主体工程设计阶段和环境影响评价时段的对应关系：

1）主体工程：项目建议书—可行性研究—初步设计。

2）环境评价：工作大纲—环评报告书（表）—环保设计篇章。

3）水保方案：方案大纲—方案报告书—水保设计。

4）相互调整关系：水保方案要根据主体工程的设计编制，同时对工程设计提出符合水土保持要求的修改补充意见，对原设计中不合理的地方进行修正。

（5）水土保持投资估算（纳入主体工程总投资）可行性研究阶段应对采挖面、徘弃场、施工区、临时道路，以及生产建设区的选位、布局，生产和施工技术等提出符合水土保持的要求，供建设项目初步设计时考虑。

2. 各设计阶段设计要求

（1）可行性研究阶段。

1）建设项目及其周边环境概况（必要的现场考察和调查）。

2）项目区水土流失及水土保持现状。

3）生产建设中排放废弃固体物的数量和可能造成的水土流失及其危害预测。

4）初步估算建设项目的责任范围，并制定水土流失防治初选方案（含重点分析和论证）。

5）水土保持投资估算（纳入主体工程总投资）。可行性研究阶段应对采挖面、排弃场、施工区、临时道路，以及生产建设区的选位、布局，生产和施工技术等提出符合水土保持的要求，供建设项目初步设计时考虑。

（2）初步设计阶段。根据批准的方案进行初步设计，主要包括以下内容：

1）水土保持方案初步设计依据（复核、勘察和试验）。

2）建设项目水土流失防治范围及面积（准确界定）。

3）开发建设造成的水土流失面积、数量预测。

4）水土流失防治工程的初步设计（不同工程的典型设计进度安排）。

5）水土保持投资概算及年度安排。

6）方案实施的保证措施（机构、人员经费和技术保证等）。

（3）技术设计和施工图设计阶段。在初步设计基础上，进行技术设计和施工图设计，确保方案的实施。

7.2.4 水土保持方案报告书主要内容与编制要点

大型开发建设项目，须先编制《水土保持方案大纲》，报经相应级水行政主管部门审查通过后，根据审查意见方可编制方案。

7.2.4.1 水土保持方案报告书包括的内容

（1）前言。

（2）编制总则。

（3）项目及项目区概况。

（4）项目建设产生的水土流失预测。

（5）水土流失防治方案。

（6）水土保持监测。

（7）水土保持投资估（概）算及效益分析。

（8）方案实施的保证措施。

（9）结论与建议。

（10）附图、附件。

7.2.4.2 水土保持方案报告书编制要点

1. 前言

（1）属增加章节，简要说明工程概况，建设的必要性和意义，前期工作进展，方案编制和报审过程。

（2）阐述本项目区的地形地貌（如山区、丘陵区、风沙区、平原区等）、所属省级人民政府划分的水土保持三区（水土流失重点监督区、重点预防保护区、重点治理区）、水土流失防治标准执行等级（按有关标准分为Ⅰ级、Ⅱ级、Ⅲ级）。

2. 方案编制总则

(1) 编制依据。编制依据按照法律法规、部委规章、规范性文件、技术规范与标准、主要技术文件与资料的层次列出。

1) 法律法规。

《中华人民共和国水土保持法》(1991年6月29日)。

《中华人民共和国水法》(2002年8月29日)。

《中华人民共和国环境保护法》(1989年12月26日)。

《中华人民共和国土地管理法》(1998年8月29日)。

《中华人民共和国防洪法》(1997年8月29日)。

《中华人民共和国公路法》(1984年7月3日)。

《中华人民共和国森林法》(1984年9月20日)。

《中华人民共和国防沙治沙法》(2001年8月)。

《中华人民共和国草原法》(1995年6月修订)。

《中华人民共和国河道管理条例》(1988年6月10日)。

《中华人民共和国水土保持法实施条例》(1993年8月1日)。

《中华人民共和国基本农田保护条例》(1999年)。

《建设项目环境保护管理条例》(1988年11月29日)。

《中华人民共和国环境影响评价法》(2002年10月28日)。

《各省(区)实施(中华人民共和国水土保持法)办法》。

2) 部委规章。

《开发建设项目水土保持方案管理办法》(国家计委、水利部、国家环保局〔1994〕513号文)。

《开发建设项目水土保持方案编报审批管理规定》(水利部第5号令,1995年5月30日)。

《关于西部大开发中加强建设项目环境保护管理的若干意见》(环发〔2001〕4号)。

《开发建设项目水土保持设施验收管理办法》(水利部第16号令,2002年10月22日)。

《水土保持监测资格证书管理暂行办法》(水利部、水保、〔2003〕第202号)。

3) 规范性文件。

《全国生态环境保护纲要》(国务院发〔2000〕38号)。

《关于加强土地管理搞好水土保持的通知》(国家土地管理局、水利部、国土局〔1989〕88号文)。

《国务院关于加强水土保持工作的通知》(国务院〔1993〕5号、水利部、国土局〔1989〕88号文)。

《公路建设项目水土保持工作规定的通知》(水利部、交通部、水保〔2001〕12号)。

《关于印发(规范水土保持方案编报程序、编写格式和内容的补充规定)的通知》(水利部保监〔2001〕15号)。

《水土保持生态建设工程监理管理暂行办法的通知》(水建管〔2003〕79号)。

《水利部(关于加强大中型开发建设项目水土保持监理工作的通知)》(水保〔2003〕89)。

《水利部办公厅(关于加强水土保持方案审批后续工作的通知)》(办函〔2002〕154)。

《##省(区)人民政府关于水土流失三区划分公告》。

《##省(区)水土保持设施补偿费、水土流失防治费征收使用管理办法的通知》。

4)技术规范与标准。

《开发建设项目水土保持技术规范》(GB 50433—2008)。

《开发建设项目水土保持方案技术规范》(SL 204—98)。

《土壤侵蚀分类分级标准》(SL 190—96)。

《水土保持综合治理技术规范》(GB/T 16453—1995)。

《水土保持综合治理效益计算方法》(GB/T 15774—1995)。

《水利水电:工程制图标准水土保持图》(SL 73.6—2001)。

《水土保持监测技术规程》(SL 77—2009)。

相关行业的技术标准、投资概算等。

5)主要文件与资料。

技术文件:项目建议书或可研批复,方案编制委托书,水土保持方案大纲及审查意见等。

技术资料:可行性研究报告,初步设计等。

(2)方案编制深度。

1)总体深度要求。方案深度与主体工程设计深度保持一致,法律法规规定,在主体工程可行性研究阶段须编制水土保持方案,故应编制可行性研究阶段的水土保持方案。除此之外因行业差异,工作深度也可不同。

2)补报方案深度。工程项目已开工建设,主体工程设计已达到初步设计深度的,方案可达到初设深度。

3)同一项目的不同部分设计深度不同。项目涉及移民安置(迁建)区和专项设施(公路等)改(迁)建的,可行性研究阶段迁(改)建方案如果尚未具体落实,水土保持方案中应提出水土保持要求,明确由地方政府在移民等相应规划中另行编制水土保持方案,做好检查、验收工作;如果在可行性研究阶段已落实,则该部分的水土保持内容就应一并纳入本水土保持方案进行编制,设计深度应加深。

(3)设计水平年。

1)建设类项目。工程交付验收后第1年为设计水平年。

2)生产类项目。土建区以验收交付使用年为设计水平年;生产区以一定的生产期为设计水平年。

3. 项目及项目区顺况

(1)建设项目概况。

1)内容。项目地理位置,项目规模及主要技术指标,工程布局与主要工程特性,工程征占地,土石方平衡,施工工艺,材料来源,主体工程中具有水土保持功能的工程的分布与数量、主体工程比选方案的水土保持比较，工程投资与资金来源等。

2）要求。应附地理位置图及能反映地形地貌的工程布局图。

土石方平衡不能简单地用“挖方—填方＝弃方或借方”的理论计算方法平衡，须考虑挖填方的施工时段、材料质量、标段划分、运距等因素，综合分析之后提出平衡方案。

施工工艺以可能引发水土流失的施工工艺为主加以描述，如施工场地布置，施工时序，土石方及沙石料开挖场地及开挖工艺、运输、堆存方式等。

用扰动面积、土石方量、损坏植被面积、水土流失量及危害、工程投资等指标评价各比选方案，从水土保持角度提出工程推荐方案。

（2）项目区概况。

1）内容。地形地貌、地质概况、土壤、地面物质主要物理性质、植被状况、气象水文、河流及泥沙状况；项目区土地利用现状与发展规划，项目区及周边地区人口、资源、社会经济状况；项目区水土流失现状与水土流失治理状况。

2）要求。

a. 项目占地中各种地貌类型面积（如山区、丘陵区、平原区等），线路工程应分里程表述，不良地质区段应予说明。

b. 气象水文特点应突出年降水量、最大日降水量、反映降雨强度的一定频率的6h或12h最大降雨，年均风速、大风日数、年均气温、极端气温、最高和最低月均气温、入霜期、不小于10℃的积温。临河及低洼场地建设项目应说明场地高程、与洪水位关系。

c. 植被应突出植被类型、主要群落结构、植被覆盖率；说明生态用水的来源和保证率。

d. 社会经济状况为项目区或沿线地区的社会经济情况，不能用过大范围的资料。

e. 在水土流失现状和水土流失治理状况中，通过现场调查，参考区域最新公告的水土流失动态监测成果，用表格说明项目区各级侵蚀强度的面积、所占比例；结合当地水土流失实测结果、已有科研成果或水文水保资料等，在综合分析的基础上，给出土壤侵蚀模数背景值，做过侵蚀因子研究的地区，也可用通用土壤流失方程式测算；说明本项目区所属的土壤侵蚀类型区及水土流失允许值。

4. 项目建设产生的水土流失预测

（1）预测基础。指不采取任何防护措施下可能产生的水土流失量和危害。

（2）预测时段、项目区划分。

1）必须分时段进行预测，建设类项目一般预测建设期，运行期可进行一定时段的分析；生产类项目分别对土建期、生产运行期进行预测。

2）必须分项目区进行预测，如主体施工区、土石料场区、堆弃渣场区、施工营地区、生活区等。

3）各项目区不能都用总工期一个时段计算，应根据本项目区的具体施工时间确定各自的预测时段。

（3）水土流失预测。

1）扰动原地貌、损坏土地和植被的面积。

2）弃土、弃石、弃渣量。

3）损坏水土保持设施面积和数量。

4）可能造成的水土流失面积和流失量。

5）水土流失危害的预测。分析水土流失可能造成的危害（量和灾害），并据此确定相应的措施布局。

6）缺水地区应进行水流失的预测。

（4）预测结论及指导性意见。

1）在预测水土流失总量的基础上，明确产生水土流失（量或危害）的重点区域或地段，亦即重点防治的区段。

2）在水土流失强度预测的基础上，提出应采取的防治工程类型（如工程措施类、植物措施类）。

3）根据水土流失量的变化过程，提出防治工程（特别是临时防护措施）的实施进度要求。

4）根据水土流失强度和总量，明确监测的重点时段、重点区。

5. 水土流失防治方案

（1）方案编制的指导思想、原则和目标

1）明确6项量化目标：扰动土地治理率、水土流失治理程度、水土流失控制量、拦渣率、植被恢复系数、林草覆盖率。

2）要求：既要达到规定指标，又能够实现；既是方案编制目标，又是竣工验收的控制指标。

（2）防治责任范围的确定。

1）基本要求。用文字、表格、图件说明责任区范围、面积，以 hm^2 为单位。

2）项目建设区。指建设项目永久占地和服务于工程建设的临时占地。对直接造成损坏和扰动的区域，要求用表格说明行政分区、各防治分区的占地面积、占地类型、永久还是临时占地，且在图件上示意出界线（不能只列一个数字）。施工期水库正常蓄水位以下的淹没范围应属防治责任范围。

3）直接影响区。是指项目建设区以外未征占地，但由于开发建设活动可能产生水土流失及其直接影响的范围。例如，未征用的施工临时道路、临时堆渣等占地区；移民安置区（另行编制方案的需加以说明）；交通道路等专项设施迁建区（另行编制方案的需加以说明）；渣场、道路修建对下游和周边影响区，应分平原区、丘陵区、山区路段分别提出上边坡、下边坡的影响范围，通过实地调查确定；煤矿、金属矿、隧道、地下管线等地下开采项目对地面的影响区；项目建设可能引起滑坡、泥石流、崩塌的区域。经调查论证，无直接影响区的应加以阐述。

4）征地与责任范围的关系。防治措施主要应在征地区内布设；经论证，征地区外确有较大影响的，一是建议增加征地，二是由业主与地方协商具体的治理方式；绿色通道在征地范围以外的，由业主出资实施，可纳入方案中。

5）原有水土流失对工程的影响不同水保法界定的责任范围，不列入方案。

（3）主体工程中具有水土保持功能工程的分析与评价。

1）项目划分。应纳入水土保持方案中的工程有项目区绿化措施，开挖边坡防护工程，地表排水，施工道路两侧防护，料场、渣场、灰场防护。

以主体工程为主，具有水土保持功能工程，只叙述，不纳入方案投资中的工程有路基边坡工程防护、施工区硬化、地面和路面硬化。

2）评价。具有水土保持功能的工程均应根据水土保持要求，对其进行评价，并对评价结论负责。对主体工程布局的水土保持评价，应包括工程选线、选址、总体布局及施工工艺是否合理，取土场、取料场、弃土（渣）场的选位、数量、占地类型及面积是否合理，主体工程防护措施（范围、长度、高度等）在控制水土流失方面是否全面到位，施工时序是否符合水土保持要求（如先挡后弃原则等）。

（4）防治措施体系框图。防治措施体系框图应包括主体工程中具有水土保持功能的工程和水土保持方案新增工程（不能简单地以工程措施和植物措施区分，应细化），并加以注明。分区的防治措施框图应体现各区的地貌和水土流失特点，不能雷同。

（5）防治分区及措施。

1）线状工程应首先按地形地貌划分防治区，再以施工区划分二级分区。

2）点式工程以不同的施工区进行划分。

3）工程措施要明确工程等级、稳定要求、防洪标准，并经计算核实是否满足要求。

4）植物措施应在对立地条件进行分析的基础上，推荐多树种、多草种，供设计时进一步优化。

5）防治水蚀、风蚀的植物措施应有针对性，水蚀风蚀复合区措施应兼顾两种侵蚀类型的防治。

（6）防治工程典型设计。

1）各类防治工程均应有典型设计图（部分行业为设计图，重要的单项工程应有单项设计图）、工程量计算表，供计算投资用。

2）提出下阶段水土保持工程的设计要求，以指导工程设计。

（7）施工过程的临时防护措施。

1）开挖：表层剥离物的及时清运、集中堆放、周边排水，施工作业面上边坡的排水，施工场地排水及沉沙。

2）堆弃：临时堆渣覆盖、拦挡，倒渣过程的坡脚拦挡，弃渣及时平整、碾压、排水、削坡。

3）施工期：尽可能避开大风日或雨天施工，线路工程应分段施工。

4）施工便道：要提出水土保持要求，并进行设计。

（8）防治工程量及实施进度安排。

1）各类工程措施、植物措施的数量、施工位置或里程桩号。

2）落实预防保护优先、先挡后弃的施工进度原则。

3）水保工程实施进度用双线横道图表示（即主体工程进度与水保工程进度对照标示，落实“三同时”的要求）。

4）避免因进度安排不当，导致方案批复后产生水土流失的“合法化”。

6. 水土保持监测

(1) 重点监测较大的开挖面、渣料场、环境敏感区。

(2) 监测时段主要是建设期，生产类项目增加生产运行期。

(3) 明确布点（断面）及监测项目。

(4) 监测技术、方法等遵照水利部《水土保持监测技术规范》。

注：本节应有总体要求，承担单位应有水土保持监测资质，由其依据规程规范编制监测细则并实施监测，应将监测成果报送建设单位和当地水行政主管部门，并作为监督检查和验收达标的依据之一。

7. 水土保持投资估（概）算及效益分析

(1) 编制依据。

1) 价格、费率计取及设计水平年与主体工程投资估算依据一致。

2) 不足部分用水保、其他行业、地方标准和当地现行价。

3) 水土保持投资编制规定执行《水土保持工程概（估）编制规定》（水利部水总〔2003〕67号）

(2) 投资总表。

1) 分4部分汇总水保投资（包括已列入主体中投资和方案新增投资，并不重不漏），即工程措施、植物措施、临时工程和独立费用。

2) 独立费用包括建设管理费、工程建设监理费、科研勘测设计费、水土流失监测费、工程质量监督费。

3) 单列水土保持设施补偿费。

(3) 新增措施分年度投资表。分行政区（原则上到县级）、分项目列出各项工程的投资、工程量、实施时间。

(4) 投资计算附表及附件。

1) 主要工程措施、植物措施单价汇总表。

2) 主要材料单价计算表。

3) 机械台时使用费。

4) 工程措施、植物措施单价计算表。

(5) 效益分析

1) 计算并分析采取治理措施后预期能达到的目标值及其防治效果，要有分析计算过程、不能只列数据。

2) 生态效益分析。

3) 社会效益分析。

4) 经济效益分析。

8. 方案实施的保证措施

(1) 落实设计。

1) 方案批复后由具有相应工程设计资质的单位完成水土保持工程初步设计及施工图设计，并报省级水行政主管部门备案。

2) 水保方案和工程设计的变更按规定报批。

(2) 明确施工责任。

1）发包标书中应有水土保持要求，列入招标合同。

2）明确承包商防治水土流失的责任。

3）外购土石料应明确水土流失防治责任。

（3）水土保持工程监理。监理机构应具有水土保持工程监理资质或聘请注册水土保持生态建设监理工程师从事水保监理工作。

（4）监测。

1）监测单位应具有水土保持监测资质。

2）按方案中的监测要求由监测单位编制监测计划并实施。

3）监测成果定期向水行政主管部门报告。

4）水土保持设施竣工验收时提交监测专项报告。

（5）监督管理。接受水行政主管部门的监督检查。

（6）方案组织实施方式。为保证方案的实施，水土保持法及其实施条例明确规定了组织实施方式，即两种方式：一是由项目法人或业主自己组织实施，其条件是必须承诺和落实具体的实施保证措施，并经方案批准机关审查同意；二是对不具备自行治理条件的，由水行政主管部门组织治理，治理费用由项目法人或业主负担。报告书中应根据实际情况提出具体实施方式，以便在方案批复时予以确认。

（7）竣工验收。

1）主体工程投入运行前必须首先验收水土保持设施。

2）验收内容、程序等按《开发建设项目水土保持设施验收规范》（GB/T 15773—1995）进行。

9. 结论与建议

（1）结论。

1）本工程的水土保持特点。

2）方案编制的结论性意见（包括工程量、对生态的影响、结论等）。

3）对主体工程的总体评价及修正性意见。

（2）建议。提出对下阶段工作的指导性意见。

10. 有关图件

（1）基本要求。

1）均应为CAD图件（矢量图），图面必须清晰、图签齐备。

2）规范规定的4类图必须齐全（地理位置图、工程总体布置图、水土保持责任范围及总体布局图、水土保持工程设计图）。

（2）其他要求。

1）线状工程应附平纵断面缩图。

2）不能按实际比例尺标注时，可用示意图加文字说明。

11. 有关附件

包括水土保持方案特性表，项目建议书或可研报告批复，方案编制委托书，水土保持方案大纲评审意见以及业主、地方水行政主管部门、方案编制单位一致认可的防治责任范围明细表（要求盖各自单位公章）。

12. 数据要求

(1) 报告书前后数据必须统一，文、表、图数据要一致。

(2) 分项数据应有合计数。

(3) 计量单位：面积用 hm^2（或 km^2），投资用万元（或亿元），工程量用 m^3、万 m^3、万株。小数保留两位；如国家有新的计量单位规定，按新规定执行。

7.3 开发建设项目水土保持方案的审批及实施管理办法

7.3.1 水土保持方案审批规定

(1) 行业归口管理各级水行政主管部门及地方政府设立的水土保持机构负责审批建设项目的水土保持方案。

(2) 分级审批制度。国家审批立项的项目其方案由水利部审批（含各部委的项目）；地方审批立项的项目其方案由相应级别的水行政主管部门审批；乡镇、集体、个体项目的方案由所在地县级水行政主管部门审批；跨地区项目的方案由上一级水行政主管部门审批。

(3) 限期审批制度。

1) 方案报告书：60天内办理审批手续（指方案报批稿的审批）。

2) 方案报告表：30天内办理审批手续。

3) 特大型项目：6个月内办理审批手续。

(4) 修改申报制度。经审批的方案，如项目性质、规模、地点等发生变化，应及时修改方案，并报原批准单位审批。

7.3.2 水土保持方案实施规定

1. 投资责任

企事业单位在建设和生产过程中造成水土流失的，须负责治理。建设项目的水土流失防治费从基本建设投资中列支，生产运行中的项目其水土流失防治费从生产费用中列支。

2. 组织治理方式

项目建设单位有能力（主要是技术、人员、管理等能力）进行治理的，自行治理；因技术等原因无力自行治理的，可以缴纳防治费，由水行政主管部门代为组织治理。

3. 监督实施

工程所在地的水行政主管部门有权监督开发建设单位按批准的水土保持方案实施，具有法律强制性。

4. 竣工验收

根据水土保持“三同时”制度的要求，建设项目主体工程验收时，应同时验收水土保持设施。水土保持设施验收须提交水土保持工作总结、水土保持技术总结、水土保持监测报告、水土保持监理报告。水土保持设施未经验收或验收不合格的，主体工程不得投产使用。工程验收应有水行政主管部门水土保持监督管理机构参加，并签署意见。

复习思考题

1. 试论述开发建设项目水土流失的特点及编制水土保持方案的意义。
2. 简述开发建设项目水土保持方案的编制方法。

参考文献

[1] 开发建设项目水土保持技术规范（GB 50433—2008）. 北京：中国计划出版社，2008.

[2] 开发建设项目水土保持方案技术规范（SL 204—98）. 北京：中国标准出版社，1998.

[3] 宋晓强，张长印，刘洁. 开发建设项目水土流失成因和特点分析［J］. 水土保持通报，2007，27（5）：108－113.

[4] 焦居仁，姜德文，蔡建勤，等. 开发建设项目水土保持. 北京：中国法律出版社，1998.

[5] 赵永军. 开发建设项目水土保持方案编制技术. 北京：中国大地出版社，2007.

第8章 水土保持效益估算与评价

【本章提要】 本章在分述水土保持多种效益的基础上，介绍了各种效益的估算方法。

水土保持效益（soil and water conservation benefit）是对实施水土保持措施后所获得的利益或收益的预测和计算。其目的有三：①分析水土保持措施当前已有的实际效益，用统一的量值反映水土保持工作取得的成就和在国民经济中的地位和作用，为领导部门进行研究决策提供科学依据，同时调动广大群众进行水土保持的积极性；②通过对已有水土保持措施的效益分析，检验原规划、设计、提高效率提供依据；③在进行水土保持规划时，通过效益计算和经济分析，预测所规划措施在预定的某一时期可能获得的效益情况，以此进行方案比较，选择效益最好、投资较少的方案。

1. 水土保持效益的分类

水土保持措施种类繁多，造成了水土保持效益也具有多样性，因此，只有对水土保持效益进行分门别类的认识，才能为其计算打下基础。

通常按水土保持效益的性质，将其分为蓄水保土效益、经济效益、社会效益和生态效益4类。

2. 水土保持效益计算的原则

水土保持效益计算的原则包括以下两个方面：

（1）效益计算期根据治理措施的使用年限确定，一般取20～30年；对于某些使用年限较短的措施，可使用年限较短的措施，可用几个周期计算。

（2）计算采用的数据应经分析、核实，要翔实可靠。在引用其他流域的调查观测资料时，应注意两者的自然和社会经济条件基本一致或有较好的相关性。规划阶段最好采用某一地区的规费定额。

3. 各项治理措施均从开始生效之年计算效益

梯田、保土耕作措施的增产效益，自实施之年开始计算；梯田的增产效益，在生土熟化后，确有增产效益时开始计算。植树、种草采用水平沟、水平阶、反坡梯田等整地工程的，其保土、保水效益，从实施之年开始计算，种草从第二年起计算。其经济效益应在开始有果品、枝条、饲草等收益时，才开始计算。封禁治理的保水、保土效益和经济效益，可从封禁后第三年计算。对多个项目产生的综合效益，应根据水土保持措施的作用和效果确定其效益分摊系数。

8.1 蓄水保土效益计算

8.1.1 蓄水保土效益计算

蓄水保土效益的分析计算，包括两个方面的内容：第一，单项措施的蓄水保土效益。如梯田、造林等单项措施实施后所取得的蓄水保土效益；第二，某一地区或某一流域实施治理措施后的总体蓄水保土效益。

蓄水保土效益计算方法常用的有水保法、水文法，此外还有对比法、经验公式法和地质地貌法等。

8.1.1.1 水保法

水保法是应用水土保持单项措施综合计算全流域的蓄水保土效益的方法。该方法假定流域水土保持措施减流、减沙总量等于各单项水土保持措施减流、减沙量之和。它以试验和调查资料为依据，计算简单，应用方便。

流域实施治理后蓄水、减沙量计算

$$W=W_1+W_2=\sum M_W\cdot A\cdot I_W+\sum V_W\cdot a \tag{8-1}$$

$$M=M_1+M_2=\sum M_S\cdot A\cdot I_M+\sum V_M\cdot a \tag{8-2}$$

式中：W、M 为流域实施治理后的蓄水、减沙总量；W_1、M_1 为流域实施治理后坡面各种工程措施蓄水、减沙总量；W_2、M_2 为流域实施治理后沟谷各种治理措施蓄水、减沙总量；M_W、M_S 为坡面某项措施实施前的径流模数、侵蚀模数；A 为坡面某项措施面积；I_W、I_M 为坡面某项措施的减流、减沙系数；V_W、V_M 为沟谷某项工程措施的平均蓄水拦淤体积；a 为沟谷某项工程措施的数量。

利用式（8-1）和式（8-2）计算减流、减沙的关键系数 I_W 和减沙系数 I_M，计算时必须根据当地试验研究资料认真分析确定。

流域多年平均输沙量是通过对流域内或相似流域建成多年的坝库进行泥沙淤积量测定，用下式计算为

$$W_{sb}=\frac{Vr}{N}\times\frac{A}{A_0} \tag{8-3}$$

式中：V 为坝、库多年淤泥积总量，m^3；r 为淤泥物的容重，t/m^2；N 为淤泥年限；A 为欲求流域面积，km^2；A_0 为调查坝、库所在流域工程控制面积，km^2。当坝库有排沙情况时，计入坝库淤量内。

8.1.1.2 水文法

水文法又称水文统计相关法，它是以水文站或径流站等实测的降雨、径流和泥沙资料为依据，用统计相关分析的方法来计算全流域实施水土保持治理后的蓄水、减沙效率。该方法以实测资料为基础，所以资料系列愈长，分析精度愈高。根据资料系列的长短，水文法又可有两种途径，即相关分析法（资料系列较长时）和水文系列对比

法（资料系列较短时）。

8.1.1.3 流域对比法

流域对比法是对两个相似流域进行横向分析对比，即对已实施治理的流域和邻近自然条件相似的未治理流域实测径流与输沙量进行对比计算，经过用两流域的面积和降雨校正，最后分析计算得出以治理流域的减洪、减沙效益。计算公式为

$$\Delta W_S = \beta W_S - W'_S = \frac{P'A'}{PA} W_S - W'_S \tag{8-4}$$

$$\Delta W_W = \beta W_W - W'_W = \frac{P'A'}{PA} W_W - W'_W \tag{8-5}$$

式中：ΔW_S、ΔW_W 为实施水土保持治理流域的减沙、减洪量；β 为考虑到两流域在面积、降水不同时的校正系数；W_S、W_W、P、A 为治理流域的产沙、产流、降水、面积；W'_S、W'_W、P'、A' 为实施水土保持治理流域的产沙、产流、降水、面积。

8.1.2 经济效益计算

8.1.2.1 直接经济效益计算

直接经济效益计算，以各项措施增产的产品的经济效益计算为基础，并以货币定量表示，即

$$B = B_1 + B_2 + B_3 + \cdots + B_n \tag{8-6}$$

式中：B 为效益计算期内全部治理措施的总效益，元；B_1，B_2，B_3，…，B_n 分别为效益计算期内各项措施增产的产品的效益，元。

各项治理措施的经济效益，应根据每年实际生产效益的有效面积、单位面积增加的产品数量以及产品价格，逐年计算，最后累计得到在效益计算期内的总效益。

1. 粮食和经济作物增产的效益 B_1

$$B_1 = B_{11} + B_{12} + B_{13} \tag{8-7}$$

式中：B_{11} 为新修梯田增产粮食和经济作物的效益，元；B_{12} 为推行水土保持耕作措施增产粮食和经济作物的效益，元；B_{13} 为其他水土保持措施（如配套小型水利设施）增产粮食和经济作物的效益，元。

2. 栽植经济果林，种草的产品效益 B_2

$$B_2 = B_{21} + B_{22} \tag{8-8}$$

式中：B_{21} 为各种经济果林产品的效益，元；B_{22} 为各种草类产品的效益，元。

3. 增加木材蓄积量的效益 B_3

$$B_3 = B_{31} + B_{32} \tag{8-9}$$

式中：B_{31} 为水土保持曾增产木材的效益，元；B_{32} 为封禁治理增产木材的效益，元。

4. 增加薪柴（枝条，秸秆）的效益 B_4

$$B_4 = B_{41} + B_{42} + B_{43} + B_{44} \tag{8-10}$$

式中：B_{41} 为水土保持林增产薪柴的效益，元；B_{42} 为薪炭林增产薪柴的效益，元；B_{43} 为经济果林增产薪柴的效益，元；B_{44} 为梯田（土）和保土耕作措施增产秸秆的效益，元。

8.1.2.2 间接经济效益计算

1. 基本农田的间接效益

基本农田主要指梯田、坝地和水地等。它们的间接经济效益主要包括节约土地面积，节约劳动力等带来的效益。

（1）节约的土地面积为

$$\Delta A = A_1 + A_2 \tag{8-11}$$

其中

$$A_1 = V/P_1, \quad A_2 = V/P_2$$

式中：V 为需要的粮食总产量；A_1、A_2 为生产定量的粮食；V 为所需要坡耕地或基本农田面积；P_1、P_2 为坡耕地或基本农田的粮食单产。

（2）节约的劳动力为

$$\Delta E = E_1 + E_2 \tag{8-12}$$

式中：E_1、E_2 为种坡耕地或基本农田总需劳动力（工日）。

节约出的土地和劳动力，只按规定单价计算其价值，不再计算用于林牧等业的增产值。

2. 种草的间接经济

种草的间接经济效益主要有二：

（1）以草养畜。只计算增产的饲草可饲养多少牧畜，以及这些牧畜出栏后肉、皮、毛、绒的单价，不再计算畜产品加工后提高的产量。

（2）提高土地载畜量，节约牧业用地，计算方法与基本农田节约土地相似，即

$$\Delta F = A_1 + A_2 \tag{8-13}$$

其中

$$A_1 = V/P_1, \quad A_2 = V/P_2$$

式中：V 为发展牲畜需要的饲草量；P_1 为天然草地每公顷产草量；P_2 为人工种草每公顷产草量；A_1 为天然草地总需土地面积；A_2 为人工草地总需土地面积。

3. 造林的间接经济效益

（1）造林的直接产品主要有四：花和叶、枝条、果品、木材。其加工转化提供间接经济效益的，有以下几个方面：

1）编织：如灌木枝条编筐，芦苇茎秆织席等。其中沙柳编织工艺品，远销国外。

2）加工：如苹果、梨、杏、山楂、葡萄等加工为饮料、果脯、罐头。柠条茎秆加工纤维板。

3）药用：如沙棘果实提取维生素等。

（2）计算上述间接经济效益应注意以下几点：

1）当地必须具有能转化的条件，实际能转化多少就计算多少，不是所有的产品都能转化。

2）在计算转化提高产值的同时，必须计算转化中所需的投入。

3）只计算一次转化提高产值的投入，而且只限于在当地农村就地加工转化。至于将水土保持产品远离当地农村，在外地加工转化的，不作为水土保持间接经济效益。

8.1.3 社会效益计算

水土保持社会效益包括减轻自然灾害和促进社会进步两个方面带来的效益。有条件时应进行定量计算，以实物量或货币表示；不能作定量计算的，应根据实际情况作定性描述。

8.1.3.1 减轻自然灾害的效益计算

1. 保护耕地的效益

$$\Delta f = f_b - f_a \tag{8-14}$$

式中：f_b 为治理前年均损失的土地，hm^2；f_a 为治理后年均损失的土地，hm^2。

此式的应用需在深入细致调查的基础上进行。

2. 防洪效益计算

(1) 林草措施防洪效益计算。林草措施防洪效益计算，通常采用以下两种方法：

1) 对等措施替代法。该法是以其他防洪措施（如水库、设置滞洪区等）代替森林的防洪效能，而以此代替措施的投资定额计算措施的防洪效益值

$$P = (Q_1 - Q_2)AI \tag{8-15}$$

式中：P 为林草措施的防洪效益，元；Q_1 为无林草流域的洪水总量；Q_2 为林草流域的洪水总量；A 为某较大流域的林草面积；I 为当地小型水库的防洪库容的投资定额。

2) 淹没损失替代法：

$$\Delta C = C_1 + C_2 \tag{8-16}$$

式中：C_1 为无林草措施时某流域的洪水淹没损失；C_2 为有林草措施时某流域的洪水淹没损失。

(2) 工程措施的防洪效益计算。

1) 坡面水土保持工程措施防洪效益的计算。以水平梯田为例，计算式为

$$P = \Delta QAIC \tag{8-17}$$

式中：P 为梯田防洪效益；ΔQ 为梯田减少洪水量（ΔQ 表示该流域平均坡度时的坡耕地暴雨径流量，表示水平梯田的暴雨径流量）；A 为水平梯田面积；I 为小于 1.0 的系数；C 为当地防洪工程造价标准。

2) 沟道水土保持工程措施防洪效益计算。以小型水库为例，在全面调查的基础上，可用下式计算为

$$P = D - C \tag{8-18}$$

式中：P 为某一暴雨重现期时，沟道工程的防洪效益值；D 为无沟道工程时，某一暴雨重现期的洪水灾害损失；C 为沟道工程的防洪部分投资（其中包括所增加的库区淹没损失部分）。

3. 水土保持农业技术措施社会效益计算

水土保持农业技术措施减沙效益计算，可用当地小型水库或淤地坝每立方米土方的修筑费用等价折算。严格来说。应以小型水库或塘坝的清淤单价作为比价进行计算，但考虑到小型水库和塘坝的实际运行情况，可以粗略地把这些水利措施的土方建筑费作用为比价计算。用公式可描述为

$$P = (A_1 - A_2)C \tag{8-19}$$

式中：P 为某单项水土保持农业耕作技术措施的减沙效益，元/hm^2；A_1 为措施区的产沙量，m^3/hm^2；A_2 为措施区的产沙量，m^3/hm^2；C 为当地小型水库或塘坝的修筑费用定额，元/m^3。

8.1.3.2 促进社会进步的调查分析

1. 提高土地生产率

（1）调查统计治理前后的农地、林地、果园、草地等各类土地的单位面积的实物产量（kg/ hm^2），进行对比，分别计算其提高土地成产率情况。

（2）以整个治理区的土地总面积（hm^2）为单位，调查统计治理前后的土地总产值（元），进行对比，计算其提高的土地生产率。

2. 提高劳动生产率

（1）调查统计治理前后的全部农地（面积可能有变化）从种到收需要的总劳工（工日）、所获得的粮食总产量（kg），从而求得治理前后单位劳工的粮食量（kg/工日），进行对比，计算其提高的劳动生产率。

（2）以整个治理区为单位，调查统计治理前后农村各业（农、林、牧、副、渔、第三产业）的总产值（元）和总劳工（工日），从而求得治理前后单位劳工的产值（元/工日），进行对比计算其提高的劳动生产率。

3. 改善土地利用结构与农村产业结构

（1）调查统计治理前后农地、林地、牧地、其他用地、未利用地等的面积（hm^2）和各类用地分别占土地总面积的比例（%），进行对比，并分析未调整前存在的问题和调整后的合理性。

（2）调查统计治理前、后农业（种植业）、林业、牧业、副业、渔业、第三产业等各业分别的年产值（元）和各占总产值的比例（%），进行对比，并分析未调整前存在的问题和调整后的合理性。

4. 促进群众脱贫致富奔小康

（1）调查统计治理前后全区人均产值与纯收入（元/人），进行对比，并用国家和地方政府规定的脱贫和小康标准衡量，确定全区贫、富、小康状况的变化。

（2）根据国家和地方规定的标准，调查统计治理前后全区的贫困户、富裕户、小康户的数量（户），进行对比，说明其变化。

5. 提高环境容量

（1）调查统计治理前后全区的人口密度（人/ hm^2），结合人均粮食（kg/人）、人均收入（元/人），进行对比，得出提高环境容量的程度。

（2）调查统计治理前后全区的牧地（天然草地与人工草地，面积可能有变化）面积（hm^2）、产草量（kg）和牧畜头数（羊单位，每一大牧畜折合为5个羊单位），分别计算其载畜量（羊单位/ hm^2）和饲草量（kg/羊单位），进行对比，计算提高环境容量的程度。

6. 其他效益分析

通过调查分析，对治理前后群众的生活水平，燃料、饲料、肥料、人畜饮水等问题解决的程度，以及文化教育状况等，进行定量对比或定性描述，反映其改善、提高和变化情况。

8.1.4 生态效益计算

8.1.4.1 农田防护林效益的计算

农田防护林可以降低风速，消除风对土壤的侵蚀和农作物的机械损伤，缩小防护区农田的年、日温差，延长生物的生长期；它还可以减少蒸发量，增加空气和土壤湿度，形成一个有利于农作物生长发育的环境。其效益集中表现农作物的增产和减产土壤风蚀的价值上，这部分价值属生态效益，同时防护林木的生物量价值可计入经济效益中。要确定防护林对农作物增产作用大小，减产数量的多少，必须根据科学实验的要求，进行对比试验和观测，才能排除其他增产的影响，取得可靠的资料。

1. *防护林防护农田的增产量和增长率*

计算农田防护林防护效益的价值，首先必须计算所防护农田的增产量和增长率。根据研究内容的不同，增产量和增长率可按以下 3 种不同的方式计算：

(1) 增产区单位面积的增产量和增产率。防护林对网格内农田的作用分为两个不同部分。一为减产区：在林缘两侧的农田，因林带遮阳，林木根系与农作物争水、争肥形成胁地，产量低于对照区。胁地的大小，因作物而异，也与位置有关，一般在树高 0.8 倍以内。二为增产区：在胁地以外至树高 20 倍的范围内，防护林对作物的增产作用，就是来自这个区域。在增产区范围内，随着林带树高的变化，各不同点位农作物的增产幅度不一，有的增产较多，有的则较少。因此，应按照加权平均法，求得增产区单位平均单产。增产单位面积平均产量减去对照区的平均产量，得到增产区单位面积的增产量。单位面积增产量被对照区单位面积平均产量相除，即可求得增长率。

(2) 防护区内农田的增产量和增产率。它是指包括增产区和减产区在内的农田的增产量和增产率。所谓农田防护林对农作物的增产作用，指的就是这部分农田的增产量和增产率，它是计算防护林防护效益的价值的基础。计算时首先按照加权平均法，求得防护区农作物的平均单产，再计算单位面积平均增产产量、防护区总增产量和增产率。总增产量被防护林面积相除，求得单位面积农田防护林年促进农作物增产的数值。防护林整个生产周期的农作物增产量可以根据树高生长过程推算，公式为

$$\Delta Q = \sum_{i=1}^{n} \frac{20 H_i L \Delta q_i}{10000} \tag{8-20}$$

式中：ΔQ 为防护区内防护林整个生产周期的农作物增产量，kg；H_i 为第 i 年防护林树高（树高 20 倍超过主防护林带距离时按主带距计算），m；L 为主林带长度，m；Δq_i 为第 i 年防护区单位面积的增产量，kg/ hm^2；1，2，3，…，n 为防护林的生长周期，年。

防护区农作物的增产量、增产率、单位面积农田防护林的年增产效益、整个周期的总效益，都是反映防护林对农作物增产作用的基本指标，决定着防护林效益的价值的大小。单位面积防护林整个生产周期的总增产量的大小受防护林的设计模式、林木生长速度、树种、透风系数及农田防护林面积占农田面积的比重等多种因素的影响，分析各影响因素可为提高防护林经济效益寻找途径。

(3) 整个林网内地农产品总增产量和增产率。农田防护林在其生长周期中，农作物的增产是随着林网的生长而逐渐增长的，当林网达到成熟阶段时，农作物的增产量也相对稳定在某个水平上。所以，研究农田防护林占农田对农产品总产量的影响，应以林网的整个生产周期为对象，方能得出比较客观的结论。可使用下式计算为

$$P=\left\{\frac{\sum_{i=1}^{n}Q_i}{\sum_{i=1}^{n}(A_1+A_2)q_i}\right\}\times 100\% \tag{8-21}$$

式中：P 为网格内防护林全部生产周期内农产品的增长率，%；Q_i 为防护区第 i 年农产品总产量，kg；A_1 为防护区农田面积，hm^2；A_2 为林网的占地面积，hm^2；q_i 为对照区内农第 i 年的单位面积产量，kg/hm^2；n 为 1，2，3，…，n，林网的年龄，年。

2. *农田防护林防护效益的价值的计算*

单位面积农田防护林防护效益的价值，与单位面积农田防护林增加产品的数量与农产品收购价格（或市场价格）有关，计算式为

$$P=\sum_{i=1}^{n}(\Delta q_i C-\Delta b_i) \tag{8-22}$$

式中：P 为单位面积防护林整个生产周期内对农产品增产的效益值，元；Δq_i 为第 i 年单位积防护林对农产品的增产量，kg/hm^2；C 为农产品收购价或市场价，元/kg；Δb_i 为第 i 年收获过程的追加费用（单位面积防护林所引起的增产农作物的收获过程的投入量），元；n 为农田防护林的生产周期，年。

农田防护林整个生产周期的农作物增产效益的价值，被 n 相除，即可得到年平均防护效益的价值。

8.1.4.2 固沙林防护效益的计算

在流动、固定、半固定沙丘造林种草，固住沙源，防止沙丘推移，改变沙区生态环境，并从沙地上获得一定产品。其防护效益价值主要有两个方面。

(1) 固住沙源，避免流沙吞没农田、牧场、村庄的价值或固住沙源扩大耕地、草场的价值。

固沙林免除沙压农田和牧场的价值，可用整个林业生产周期内从这部分土地获得的产品利润来近似表示。每公顷固沙林在整个生产周期内减少沙压农田、牧场的价值的计算公式为

$$K=\frac{LVR(QP-Z)}{10000A} \tag{8-23}$$

其中

$$R=1+2+\cdots+n$$

式中：K 为每公顷固沙林一个生长周期内减少沙压农田牧场效益的价值，元；L 为与主害风方向相垂直的固沙林长度，m；V 为年流沙移动的距离，m/a；R 为累积系数；n 为固沙林成长周期，即主伐年龄；Q 为被保护农田的单产，kg/hm^2；P 为农产品的收购价，元/kg；Z 为农作物的生产成本，元/hm^2；A 为固沙林的面积，hm^2。

固沙林除上述的防护对象以外，还可以保护村庄、道路以及其他工程设施免遭沙

压之害，计算方法与上述不同。保护村庄房屋、建筑物、道路等的价值为固定资产的净值减去残料变卖收入与清理费之差，加迁移费和土地的损失（土地损失的一项可按减少的沙压的农田的价值计算做替代）。保护铁路公路等的价值，可用减少人工清理沙压道路的费用来表示。也可用改变道路位置（绕过沙地）而增加的道路建筑费、运营费的价值来表示。

（2）促进防护范围内农田牧场的增产价值。固沙林对附近农田、牧场也有减低风速，延长生长期，减少蒸发量，增加温度湿度，增加产量的作用。增产主要在背风面，增产价值的计算同农田的防护林。

8.1.4.3 林草措施改善水质的效益

森林、牧草具有强大的水质净化作用，而纯净的工农业用水、生活用水可以带来多种生产效益和社会效益，所以，作为水土保持林草措施的水文效益之一，应该计算其净化水质的效益值。可以采用如下方法进行计算，即

$$P = W(C_1 - C_2)N \tag{8-24}$$

式中：P 为林草措施的改善水质的效益值，元；W 为某一地区农业、生活用水的年总量平均值，t；C_1 为无林草措施（或无林流域河水）情况下，该地区水处理费用，元/t；C_2 为有林草措施（或森林流域河水）情况下，该地区水处理费用的平均值，元/t；N 为实施林草措施的时间，年。

应该说，林草措施改善水质的影响是多方面的，但是，为了使计算容易进行，只简单以工业和生活用水的处理费用作为计价标准，作为对林草措施改善水质的效益的经济价值粗略评价，在有可能的情况下，还应进行水质改善所带来的水生生物种类和产量的计算；水质改善工业品、食品工业品质的效益；水质改善所带来的水力机械损耗减少的效益计算等。

8.1.5 经济分析

一般只进行静态评价，一些自筹资金与银行贷款的项目规划需作动态分析。规划阶段的经济评价只对规划后的主要经济平均指标作初步预测，动态经济评价的主要指标有经济内部回收率、经济净现值、经济效益费用比等。

8.1.5.1 静态评价

1. 计算净效益 P

$$P = B - (K + C) \tag{8-25}$$

式中：B 为经济计算期内全部治理措施产生的总效益，元；C 为经济计算期内全部治理措施的总运行费，元；K 为治理总投资，元。

2. 计算效益费用比 R

$$R = \frac{B}{K + C} \tag{8-26}$$

3. 计算还本年限 T

$$T = \frac{K}{B - C} \tag{8-27}$$

式中：B 为经济计算期内全部治理措施的年均总效益，元；C 为经济计算期内全部治理措施的年均运行费，元。

4. 计算经济效益系数 E

经济效益系数又称投资收益率，为还本年限 T 的倒数。经济效益系数 E 计算公式为

$$E=\frac{\overline{B}-\overline{C}}{K} \tag{8-28}$$

当计算的还本年限小于国家或部门规定的标准还本年限，经济效益系数高于国家或部门规定的标准经济效益系数时，工程项目才是经济合理的。目前我国对水土保持项目的标准还本年限和标准经济效益系数尚未做出正式规定，可参考水利工程采用的指标，将标准还本年限定为10～12年，将标准经济效益系数定为0.08～0.10。

8.1.5.2 动态评价

动态评价考虑了各项费用和效益的时间价值，因而在计算中需将不同年份的投资、年运行费和获得的效益都换算到同一基准年。《水利经济计算规范》（SD 139—85）要求水利建设项目的国民经济评价，可根据经济内部收益率、经济净现值及经济效益费用比等评价指标和评价准则进行。

进行国民经济评价，应参照水利部颁布的《水利建设项目经济评价规范》（SL 072—94），编制项目国民经济效益费用流量表，反应项目计算期内各年的效益、费用和效益，并计算该项目上述各项国民经济评价指标。

8.2 流域综合治理评价

流域综合治理评价（evaluation of comprehensive control in watershed），即对流域水土保持所产生的各项效益进行对比和分析，以便促进和完善水土保持的各项工作。它与效益分析既有联系，又有区别，两者相互渗透，相互因果。

8.2.1 评价指标体系的构建

8.2.1.1 评价指标体系及应用

评价指标体系（evaluation index system）是由若干指标按照一定规则，相互补充、相对独立地组成的群体指标体系。它是各种投入资源利用效果的数量表现，反映各类生产资源之间，生产资源和劳动成果之间，生态子系统和经济、社会子系统之间的因果关系和函数关系，能够应用统一计量尺度把治理效益具体地计算出来，为进一步的调控和方案设计奠定基础。

8.2.1.2 指标体系构建的原则

由于水土保持综合治理工作的广泛性和复杂性，不仅需要从自身投入和产出进行纵向对比分析，而且还需要进行措施间横向联系平衡分析。因此，水土保持效益评价指标体系，从不同侧面、不同层次定向反映综合治理的成果是必不可少的。

水土保持综合治理几大效益之间的关系既有相对独立性，又有先后交叉的联系。因此，必须坚持整体平衡的观点，充分反映这些效益的特点，并以计算简便、易于在基层推广应用为出发点，按科学、全面、准确、简便的原则协调。具体可归纳如下几点：

（1）指标体系应能较全面地反映综合治理效果的特点，但又要避免设置过繁，应

选择有代表性的指标。

(2) 各项指标均要有明确的概念，既要有明确的内涵和外延，又应把握各指标间的内在联系，特别注意避免指标的重复设置（即指标的内涵的重叠），防止片面地追求全面性。

(3) 各项指标都应无量纲化，即指数的大小不是直接反映某一指标的绝对量，而是一个相对值，但要求其数值大小能反映效果的优劣。

作为一种在基层可以应用的评价指标体系，要求指标的参数在现有资料基础上作必要的调查、测定即可确定，其计算方法经过一定的短期培训能为一般基层技术人员所掌握，有利于推广应用。

8.2.1.3 评价指标体系的构造

流域综合治理评价的指标体系是建立在经济、生态、社会效益评价三个指标系基础上的，但又不是简单地重复，是将各项指标进行综合，即用各单项指标的加权平均数来构造生态效益、经济效益和社会效益指数，最后，再将三个效益指数加权平均，组成一个生态经济效益综合指数，以此来对生态系统进行动态的、全面的综合定量分析。

$$\text{生态效益综合指数} = \sum_{i=1}^{n} \text{生态指标指数} \times \text{权重}$$

$$\text{经济效益综合指数} = \sum_{j=1}^{n} \text{经济效益指数} \times \text{权重}$$

$$\text{社会效益综合指数} = \sum_{k=1}^{n} \text{是效益指数} \times \text{权重}$$

将生态效益综合指数、经济效益综合指数与社会效益综合指数进行加权平均，求得流域管理综合指数，即

$$\begin{matrix}\text{流域管理}\\\text{综合指数}\end{matrix} = \begin{matrix}\text{生态效益}\\\text{综合指数}\end{matrix} \times \text{权重} + \begin{matrix}\text{经济效益}\\\text{综合指数}\end{matrix} \times \text{权重} + \begin{matrix}\text{社会效益}\\\text{综合指数}\end{matrix} \times \text{权重}$$

8.2.2 评价指标的计算方法

8.2.2.1 生态效益

1. 光能利用率

一定时期能，单位土地面积上，作物积累的化学潜能与同期投入该面积上的太阳辐射能之比，称为光能利用率。它反映了流域生态系统绿色植物扩大固定太阳能的规模和光能的转化效率。其计算公式为

$$E = \frac{1000YH}{10000 \times 10^4 \sum Q} \times 100\% = \frac{YH \times 10^{-5}}{\sum Q} \times 100\% \tag{8-29}$$

式中：E 为光能利用率，%；Y 为生物学产量，kg/hm^2；H 为燃烧 1g 干物质释放的能量，kJ/J；Q 为太阳辐射能，kJ/cm^2。

2. 土壤侵蚀（沙化）减少率

流域治理后，土壤侵蚀（沙化）量与治理前相比，减少量的百分比，称为土壤侵蚀（沙化）减少率。它反应流域土壤侵蚀程度的变化。其计算公式为

$$\text{土壤侵蚀减少率} = \frac{\text{治理前土壤侵蚀模数 } M'_S - \text{治理后土壤侵蚀模数 } M_S}{\text{治理前土壤侵蚀模数 } M'_S} \times 100\%$$

$$沙化减少率=\frac{治理前沙化面积A'_{沙}-治理后沙化面积A_{沙}}{治理前沙化面积A'_{沙}}\times 100\% \quad (8-30)$$

3. 林草被覆盖率

林草被覆盖率指流域内林地，草地面积之和与总土地面积的比值，林草被覆盖率对流域生态平衡具有决定性意义，其值达到一定量时，可较好地起到调节气候、保持水土的作用。其计算公式为

$$林草被覆盖率=\frac{林草地面积之和}{土地总面积}\times 100\% \quad (8-31)$$

4. 治理度

流域内已治理面积，包括造林地和种草地。基本农田及筑坝拦截面积之和与产生水土流失面积的比值，称为治理度或治理面积率。反映流域内应治理的面积中有多少已被治理。其计算公式为

$$治理度=\frac{已治理面积}{需治理面积}\times 100\% \quad (8-32)$$

5. 土壤有机质含量

土壤中的有机质来源于动植物残体。死亡的微生物和施用的有机肥料等，土壤有机质含量指某种土壤耕作层有机质含量与该种土壤耕作层总质量的比值。该指标反映了土壤的肥力状况。其计算公式为

$$土壤有机质含量=\frac{样品有机质质量}{样品总质量}\times 100\% \quad (8-33)$$

6. 环境质量提高率

环境质量提高率是反映流域环境质量前后变化的综合指标。其计算公式为

$$Q=\frac{\sum_{i=1}^{n} f_i x_i}{\sum_{i=1}^{n} f_i}\times 100\% \quad (8-34)$$

其中

$$x_i=\frac{x_{i_1}}{x_{i_0}}$$

式中：Q为环境质量提高率，%；f_i为某环境因子的权数；x_i为该环境因子本期监测数值与基期监测数值的比值；x_{i_1}为该环境因子本期因子本期监测数值的绝对值；x_{i_0}为该环境因子基期监测数值的绝对值。

7. 系统抗逆力

流域经济系统在灾害年份的产值与正常年份产值之比称为系统抗逆力，反映了该系统的稳定程度或系统抗御自然灾害的能力。

$$系统抗逆力=\frac{系统灾年产值}{系统常年平均产值}\times 100\%$$

或

$$R_a=\frac{\sum|F_i-F|}{NF}\times 100\% \quad (8-35)$$

式中：R_a为系统评价期间的平均相对变率；F_i为某年系统的功能水平（产量或产值）；F为评价期间各年系统功能平均值；N为评价期间的年数。

8.2.2.2 经济效益

1. 益本比

益本比指一定时期内流域的纯收益与投入总成本的比率，是经济效益概念的定量表现。其计算公式为

$$益本比=\frac{纯收益}{总成本}\times100\% \tag{8-36}$$

2. 投资回收期

在流域管理中某项投资的本金与投资而产生的年净产值之比，称为投资回收期。反应了该项投资的回收年限。其计算公式为

$$投资回收期=\frac{投资总值}{因投资而增加的净产值} \tag{8-37}$$

3. 成本利润率

一定生产费用下所产生的利润率称为成本利润率，它反映了成本与利润丰厚程度之间的关系。其计算公式为

$$成本利用率=\frac{利润率}{生产费用}\times100\% \tag{8-38}$$

4. 劳动生产率

劳动生产率是单位活动消耗量所创造产品的产值。农产品价格，上交和未出售的按当地政府所公布的统一价计算，已出售的按实际卖出价格收入计算。活劳动量系全年有多少人劳动，全劳力以300天出勤计为1个人·年，半劳力和零星劳动力需折成全劳力计。其计算公式为

$$劳动生产率=\frac{净产值}{活劳动消耗量}(人·年)\times100\% \tag{8-39}$$

5. 土地生产率

单位面积的土地上所生产的产品量或价值量称土地生产率。它反映了土地生产力的高低。其计算公式为

$$土地生产率=\frac{产品量或价值量}{土地面积}\times100\% \tag{8-40}$$

8.2.2.3 社会效益

1. 农产品商品率

全年农产品转化为商品的产值与全年各种农产品产值之比，成为农产品商品率。反映了流域生产系统对外部的贡献。其计算公式为

$$农产品商品率=\frac{全年各种农牧渔产品商品产值之和}{全年各种农林牧产品产值之和}\times100\% \tag{8-41}$$

式中：商品产值即农产品出售的实际收入。各种农产品产值系指最终产品产值，中间产品产值不计。为统一计算口径，各业产值计算方法规定如下：种植业包括经济产量和秸秆产值；林业以砍伐的树木、薪柴量及收获的果品价值计算；牧业只计新生幼畜，幼畜增值，出售畜产品产值，不计粪便，役畜自用劳务价值；草业只计满足畜禽饲养需要量后剩余产品价值，不是全部产草量的价格。

2. 劳动力利用率

劳动力利用率指实用工日数与全年拥有工日数的比值，反映了劳动力利用程度，

也反映了劳动力的剩余程度。其计算公式为

$$劳动利用率=\frac{实用工日数}{全年拥有工日数}\times100\% \quad (8-42)$$

式中：实用工日数包括从事农业、林业、牧业、草业、副业和渔业的工日数及非农业（如运输、医疗和劳务等）的工日数。实用工日数中，牧业用工是比较难以统计的，可用各种畜禽管理所需工日数折算，单位为工日/［头（只）·年］：牛马 90，绵羊 6，奶羊 30，奶牛 180，生猪 55，兔（成龄）30，禽 5。拥有工日数每个全劳力为 300 日/人，半劳力要折算为全劳力后计算。

3. 人均总产值

总产值是流域内物质生产单元在一定时期内所生产的全部物质产值的总和。人均总产值指流域一定时间内的总产值与该时期平均人数的比值，反映了平均物质生产水平的高低。其计算公式为

$$人均总产值=\frac{总产值}{人口}\quad（元/人） \quad (8-43)$$

4. 人均纯收入

人均纯收入指流域一定时期内的纯收益与该时期流域内人口数的比值。是衡量富裕程度的一个重要指标。其计算公式为

$$人均纯收入=\frac{总纯收入}{人口数}\quad（元/人） \quad (8-44)$$

式中：纯收入系指从总收入中扣除生产费用后的余额部分。农业净产值与农业总收入是两个不同概念。总收入除包括农业净产值外，还包括生产单位其他物质生产部门（如工、商、建、运服务等业）的生产性收入、外出人员寄带回的收入、亲情馈赠的收入、从国家和集体单位所得的收入，以及救灾款等非借贷性收入。

5. 人均粮

流域内粮食总产与农业人口的比值称为人均粮，反映了人均粮食水平。其计算公式为

$$人均粮=\frac{粮食总产量}{农业人口数}\quad（kg/人） \quad (8-45)$$

式中：禾谷类与豆类粮食产量以实物计算，薯类以实物除 5 计算。以上三项指以当地平均水平或合同要求值为 1.0，本流域指数取计算值除以当地平均值或合同要求值。

6. 粮食单产潜力实现率

指现有粮食平均单产与潜在单产量的比值，反映了对粮食生产潜力的挖掘程度。其计算公式为

$$粮食单产潜力实现率=\frac{现有单产量}{潜在单产量}\times100\% \quad (8-46)$$

式中：作物生产潜力系指在品种适宜、肥料供应充足和栽培方法科学的前提下，当地气候资源（光、热、水）的生产潜力。考虑到资料取得的难易和计算复杂与否，可采用修订的 H. 里思估算式，即

$$Y_1=\{2000\div[1+\exp(1315-0.119T)]\}\times0.7 \quad (8-47)$$

$$Y_2=\{2000\div[1-\exp(-0.000664R)]\}\times0.7\times15 \quad (8-48)$$

式中：Y_1 为温度生产潜力，kg/hm^2；Y_2 为水分生产潜力，kg/hm^2；exp 表示自然对数底数e（2.721828)的指数；T 为年平均温度,℃；R 为年平均降雨量，mm。

无灌溉条件者采用 Y_1 计算，有灌溉条件者用 Y 计算，两者均有者，按比例加权评价。

7. 收入递增率

收入递增率是收入年增长幅度，反映了系统功能逐渐完善、输出功能提供的程度。其计算公式为

$$\text{收入递增率}=\frac{\text{计算年农业总收入}-\text{基础年农业总收入}}{\text{相隔年份数}}\times 100\% \tag{8-49}$$

8. 生产生活增长率

指新增生产生活设施价值与原有生产生活设施价值的比值，反映了生产生活设施质量改善程度。其计算公式为

$$\text{生产生活增长率}=\frac{\text{新增生活生产设施价值}}{\text{原有生产生活设施价值}}\times 100\% \tag{8-50}$$

式中：生产设施主要指大、中型生产资料的购置费用；生活设施主要指住和行的设施，并均折价为价值计算（现价）；用的设施主要指中、高档用品，包括自行车、缝纫机、摩托车、小汽车、电视机、收录机、音响、家具、冰箱、洗衣机、电脑、电话等。

9. 恩格尔系数

指人均食品消费支出与总消费支出之比值，它反映了经济发展的不同阶段。系数越高，经济发展越落后，反之，经济则越发达。其计算公式为

$$\text{恩格尔系数}=\frac{\text{人均食品消费支出}}{\text{同期总消费支出}}\times 100\% \tag{8-51}$$

8.2.3 评价的方法

在建立了流域综合治理效益的评价指标体系后，就可以借助这一指标体系对生态子系统、经济子系统和社会子系统进行评价，最后根据这些指标的综合情况对被评价的流域做出总体判定。常用的评价方法有以下几种。

1. 指标法

从指标体系中选着一个或者几个指标，其他指标作为辅助参考，对系统进行总体判定。

2. 比较分析法

根据评价的目标要求，选取一些具有代表性的指标进行比较。来评价不同管理措施实施前后效益的高低变化。

从内容讲，比较分析法又分单项比较和综合比较分析。以单一指标来分析管理效果的称单项比较分析；以生态效益、经济效益、社会效益等多项指标来分析的称为综合比较分析。综合比较分析法的好处是全面反映治理后的效果，缺点是较复杂，且有些资料不易取得或误差较大；单一指标则简单，明了抓住最主要的指标进行评判，缺点是难免有些片面。

从方法讲，比较分析分为相对评价方法与绝对评价方法。所谓相对评价方法，即

是将若干个待评事物的评价数量结果进行相互比较，最后对各待评事物的综合评价结果排出次序；所谓绝对评价方法，是根据对事物本身的要求，评价其达到的水平，包括较原状态增长水平和接近潜力状态水平。

3. 专家打分法

根据评价的具体要求和对象的特点。选若干个评价项目，再定出评价标准，用十分制表示。专家根据有关项目给分，最后以总分确定主体结果，打分方法有多种。

4. 投入产出分析法

利用数学方法和计算机来研究各种经济活动的投入与产处之间的数量关系，投入分析的目标是研究基本建设投资的经济效益，即货币化的人力、物力、财力资源投资规模的效益。投资不仅包括将来回收多少，而且是一个含有时间因素的经济活动。资金的时间价值是因时间变化而引起的资金价值的变化。当分析资金活动收益时，存在着“时间价值”的不可比性，如有的项目见效快，有的则见效慢，有的措施经济效益寿命期长，有的措施经济效益寿命短，因此，需要解决时间的可比性问题。而投资分析方法，正是把不同时间的投资和收益换算成一个可比的时间，进行其投资的经济效益分析。其主要适用于各项投入较大的流域。实施不同的管理措施前后的经济效益变化。常用静态和动态两种方法分析。

5. 模拟评价法

模拟评价法可分为数学模拟和实验模拟。数学模拟是把不同方案涉及的问题，技术和经济等方面的各种数据，按其内在联系及总体规划的要求，相应地建立各种数学模型，用计算机各种管理方案的经济效益与生态效益。如相关分析法、线性规划法和灰色模型预测等。实验室野外模拟方法主要适用于生态效益的评价，它是按流域所在地的生态环境特点设置实验小区、标准地等，调查观测各项措施的生态效益或者在生态环境相类似的地区进行科学实验。

除此之外，还有 TOPSIS 法、可能满意度法等。在效益评价时，可根据具体情况选用。在确定被评价指标的权重值时，常采用的方法有 AHP 法、相关分析法、DELPHII 和 FHW 法等。

6. 赋权理想点发

设指标体系中共有 n 个指标，则指标向量 X 的所有可能取值构成指标体系的状态 S^n；设 P 为表示指标 i 重要程度的权值，则称概率向量 P（$p=p_1,p_2,\cdots,p_n$）为指标体系状态空间 S^n 的赋权向量；设 m（X_1,X_2,P）为量度具有赋权向量 P 的指标体系状态空间 S^n 中任何两点 X_1 和 X_2 之间距离的赋权测度，例如可取

$$m(X_1,X_2,\cdots,P)=\left[\sum_{i=1}^{n}P_I(X_{1i}-X_{2i})^2\right]^{\frac{1}{2}} \tag{8-52}$$

定义每一个指标 i 的理想值 $X_{io}(i=1,2,\cdots,n)$，则这些理想值构成 S^n 中的一个理想指标向量，记为 X_o。将实际指标向量 X 与理想指标向量 X_o 之间的赋权距离 $m[(X,X_o),P]$ 作为指标体系总体判定的依据。赋权测度值越小，表明实际指标向量 X 接近 X_o，即 X 越理想。

7. 赋权满意关联法

首先根据指标体系中的每一个指标的重要程度对其分别赋权得以权值向量 P，

P 的分量 P_i 为指标 i 的权值 $(i=1,2,\cdots,n)$。然后，根据指标 i 的值[$X_i(0,1)$中的某个数值]，设指标 i 所得分值为 U_i，于是得一向量 U，从而可以根据下式计算的结果（I）进行总体判定。

$$I(U,P)=\prod_{i=1}^{n}U_i^{1-P_i} \tag{8-53}$$

显然，$0\leqslant I\leqslant 1$，且 I 值越大，说明系统越理想。

8. 赋权理想关联法

首先，设指标 i 的理想值和容忍阀值（所能容忍的极端最大限度所对应的值）分别为 X^s 和 X^u，设

$$F_i(X_i)=\max\left[\frac{X_i-X_i^{(u)}}{X_i^{(s)}-X_i^{(u)}},0\right] \tag{8-54}$$

这一指标称为指标 i 的满意度，$F_i(X_i)$ 值越大（即满意度越大），指标 i 的效果越好，当 X_i 达到或超过容忍阀值时，$F_i(X_i)$ 取值为零。

其次，对 X 的每一分量赋权，以反映指标 i 的指标体系中的重要程度。于是，取得权值向量 P。从而可以构造一个综合满意度函数（关于 X 和 P），即

$$F(X,P)=\prod_{i=1}^{n}[f_i(X_i)_{1-P_i}] \tag{8-55}$$

复习思考题

1. 论述水土保持的效益包括哪些类型及其如何计算。
2. 简述如何构造流域综合治理评价的指标体系。
3. 流域综合治理评价的方法有哪些。

参考文献

[1] 李怀甫. 小流域治理理论与方法. 北京：水利电力出版社，1987.
[2] 王礼先. 中国水利百科全书·水土保持分册. 北京：中国水利水电出版社，2004.
[3] 水土保持综合治理效益计算方法（GB/T 15774—1995). 北京：中国标准出版社，1996.
[4] 中华人民共和国水利部. 水土保持工程概（估）算编制规定. 郑州：黄河水利出版社，2003.
[5] 吴发启. 水土保持学概论. 北京：中国林业出版社，2004.

第9章

水土保持管理及信息系统

【本章提要】 本章主要介绍了我国已颁布的有关水土保持技术规范与标准、水土保持生态建设项目前期工作及“三制”管理、水土保持监督执法的一般规定和要求以及水土保持管理信息系统的基础知识。

9.1 水土保持技术标准

9.1.1 水土保持综合技术规范与标准

9.1.1.1 土壤侵蚀分类分级标准（SL 190—2007）

为统一水土保持工作中的水土流失调查、土壤侵蚀图的编制、新的水土流失监督及土壤侵蚀动态监测、水土保持规划设计与预防治理工作评价的基础数据，同时对国土整治、环境治理、区域经济开发、维护土地生产力的宏观决策与整体布局提供科学依据，根据我国实际，在总结《关于土壤侵蚀类型区划分和强度分级标准规定》实施经验教训的基础上，贯彻科学性与实用性相结合的原则和理论与实践相结合的原则制定了《土壤侵蚀分类分级标准》。本标准适用于全国土壤侵蚀区。

1. 土壤侵蚀类型的区划

全国一级土壤侵蚀类型区的区划以发生学原则（主要侵蚀外营力）为依据，分为水力侵蚀、风力侵蚀、冻融侵蚀三大侵蚀类型区。全国二级土壤侵蚀区的区划以形态学原则（地质、地貌、土壤）为依据，将水力侵蚀为主的一级区分为西北黄土高原区、东北黑土区、北方土石山区、南方红壤丘陵区和西南土石山区等五个二级侵蚀类型区；将风力侵蚀为主的一级区分为三北戈壁沙漠及沙地风沙区、沿河环湖滨海平原风沙区等两个二级侵蚀类型区；将冻融侵蚀为主的一级区分为北方冻融土侵蚀区、青藏高原冰川侵蚀区等两个二级侵蚀类型区。各大流域、各省（自治区、直辖市）可在全国二级分区的基础上再细分为三级区和亚区。

2. 土壤侵蚀强度分级

本标准规定了以水力侵蚀为主的二级侵蚀区的土壤容许流失量。

（1）水力侵蚀强度分级。土壤水力侵蚀强度分为微度、轻度、中度、强度、极强度、剧烈六级，并规定了各级侵蚀强度的平均侵蚀模数及平均流失厚度标准。同时，也规定了土壤侵蚀强度面蚀（片蚀）分级指标和土壤侵蚀强度沟蚀分级指标。

(2) 重力侵蚀强度分级。重力侵蚀强度按崩塌面积占坡面面积比分为轻度、中度、强度、极强度、剧烈五级。

(3) 风力侵蚀强度分级。风力侵蚀强度分为微度、轻度、中度、强度、极强度、剧烈六级，并规定了各级侵蚀强度的床面形态（地表形态）、植被覆盖度（非流沙面积）、风蚀厚度及侵蚀模数。

(4) 混合侵蚀（泥石流）强度分级。黏性泥石流、稀性泥石流、泥流的侵蚀强度分级，均以单位面积年平均冲出量为判别指标，分为轻度、中度、强度、极强度四级，并具体描述了各级侵蚀强度的每年每平方公里冲出量、固体物质补给形式、固体物质补给量、沉积特征及泥石流浆体容重。

3. 侵蚀土壤程度分级

(1) 有明显的土壤发生层的分级标准，具体分为无明显侵蚀、轻度侵蚀、中度侵蚀、强度侵蚀、剧烈侵蚀五级，并具体描述了各级的A、B、C三层完整及受侵蚀的程度。

(2) 按活土层残存的侵蚀程度分级标准。当侵蚀土壤系由母质甚至母岩直接风化发育的新成土（无法划分A、B层）且缺乏完整的土壤发生层剖面而进行对比时，应按活土层残存的侵蚀程度分级，具体分为无明显侵蚀、轻度侵蚀、中度侵蚀、强度侵蚀、剧烈侵蚀五级，并规定了活土层被侵蚀的程度。

9.1.1.2 水土保持综合治理技术规范

1. 坡耕地治理技术（GB/T 16453.1—1996）

本规范规定了坡耕地上采取保水保土耕作方法的分类、适应条件和具体作法，适用于全国各地的水蚀地区和水蚀与风蚀交错地区。

(1) 保水保土耕作法。在坡耕地上，结合每年农事耕作，采取各类改变微地形，或增加地面植物被覆，或增加土壤入渗，提高土壤抗蚀性能，以保水保土，减轻土壤侵蚀，提高作物产量的耕作方法。

第一类即改变微地形的保水保土耕作法主要有等高耕作、沟垅种植、掏钵（穴状）种植、抗旱丰产沟、休闲地水平犁沟等。

第二类即增加地面植物被覆的保水保土耕作法主要有草田轮作、间作、套种、带状间种、合理密植、休闲地上种绿肥等。

第三类即增加土壤入渗、提高土壤抗蚀性能的保水保土耕作法主要有深耕、深松、增施有机肥、留茬播种等。

在实施保水保土耕作法之前，应以小流域为单元，进行坡耕地治理的全面规划。根据不同地形、土质、降雨等条件，分别设置各类梯田、保土耕作法和坡面小型蓄排工程。对25°以下未修梯田的坡耕地，采取保土耕作法进行治理，同时在坡耕地内部及其上部外侧，需设置坡面小型蓄排工程，防止外水进入。

(2) 梯田。本篇规定了坡耕地修梯田的分类与各类梯田的规划、设计、施工、管理等技术。适用于全国各地的水蚀地区和水蚀与风蚀交错地区。

对坡耕地土层深厚，当地劳力充裕的地区，尽可能一次修成水平梯田。在坡耕地土层较薄，或当地劳力缺乏的地方，可以先修坡式梯田，经逐年向下方翻土耕作，减缓田面坡度，逐步变成水平梯田。在地多人少、劳力缺乏，同时年降雨量较少、耕地坡度在15°～20°的地方，可以采用隔坡梯田。一般土质丘陵和塬、台地区修土坎梯田；在土石山区或石质山区，坡耕地中夹杂大量石块、石砾的，修梯田时，结合处理地中石块、石砾，就地取材修成石坎梯田。丘陵区或山区的坡耕地（坡度一般为15°～25°），按陡坡区梯田进行规划、设计。东北黑土漫岗区、西北黄土高原区的塬面，以及零星分布各地河谷川台地上的缓坡耕地（坡度一般在3°以下，少数可达5°～8°），按缓坡梯田进行规划、设计。

2. 荒地治理技术（GB/ 16453.2—1996）

（1）水土保持造林。本篇所称荒地是指除耕地、林地、草地和其他用地（村庄、道路、水域）以外，一切可以利用而尚未利用的土地。包括荒山、荒坡、荒沟、荒滩、河岸以及“四旁”等；同时也包括退耕的陡坡地、轮歇地与残林、疏林等需经人为干预才能防治水土流失并获得经济效益的土地。

本篇规定了在水土流失的荒地上采取人工造林措施以防治水土流失，并发展林果生产，增加经济收入的规划、设计、施工、管理等技术要求。适用于全国各地一切有水土流失（水蚀）的荒地。

水土保持林规划包括林种规划、林型规划、树种规划、苗圃规划；水土保持林设计包括造林密度设计、整地工程设计；水土保持林施工方面则规定了水土保持林的施工时间、施工质量要求；水土保持林的管理包括幼林管护、成林管护。

（2）水土保持种草。本篇所称荒地是指除耕地、林地、草地和其他用地（村庄、道路、水域等）以外，一切可以利用而尚未利用的土地。包括荒山、荒坡、荒沟、荒滩，没有林草覆盖的河岸、堤岸、坝坡、退耕的陡坡地，以及由于过度放牧引起退化的天然牧场。

本篇规定了在有水土流失的荒地上采取人工种草措施，以防治水土流失，并促进畜牧业和农村综合经营发展，增加群众经济收入的规划、设计、施工、管理等技术要求。适用于有水土流失（水蚀）的荒地。

水土保持种草规划包括确定人工种草地的位置、确定人工种草地的面积和人工种草防治水土流失的重点位置；水土保持种草设计包括草种设计、种草方式设计、播种量设计；水土保持种草施工包括精细整地、种子处理、播种；水土保持种草的管理包括田间管理、收割利用、种子采收和合理放牧利用。

（3）封育治理。本篇规定了在有水土流失的荒坡与残林、疏林地采取封山育林措施，在草场退化导致水土流失的天然草地采取封坡育草措施，封禁、抚育与治理结合以恢复林草植被、防治水土流失、提高林草效益的组织措施和技术措施。适用于全国各地有水土流失现象的荒地、残林、疏林地和退化的天然草地。

在荒地治理中，应将封山封坡育林育草与人工造林种草统一规划，统一实施，对通过封育措施能恢复林草植被的，采取封育治理；单靠封育措施不能恢复林草植被和必须新种林草才能满足发展生产需要和建成商品生产基地的，采取人工造林和种草。选作封山育林地的条件是：地面有残林、疏林（含灌丛），或遭到自然灾害（如火灾、病虫害）、人为破坏的林地和采伐迹地，当地的水热条件能满足自然恢复植被的需要。

选作封坡育草地的条件是：由于过度放牧导致草场退化，载畜量下降，水土流失和风蚀加剧，但地面有草类残留根茬与种子，当地的水热条件能满足自然恢复草类的生长。

封育治理包括封育治理的组织措施、封山育林的技术措施、封坡育草的技术措施。

3. 沟壑治理技术（GB/T 16453.3—1996）

（1）沟头防护工程。本篇规定了为制止沟头前进而采取的沟头防护工程的规划、设计、施工和管理的技术标准。适用于我国北方（西北、东北、华北）高塬区、丘陵区、漫岗区和土石山区等沟壑发育、沟头前进危害严重地区。我国其他沟壑发育、沟头前进危害严重地区也可参照使用。

沟头防护工程必须在以小流域为单元的全面规划、综合治理中，与谷坊、淤地坝等沟壑治理措施互相配合，以收到共同控制沟壑发展的效果。修建沟头防护工程的重点位置是：当沟头以上有坡面天然集流槽，暴雨中坡面径流由此集中泄入沟头、引起沟头剧烈前进的地方。其主要任务是制止坡面暴雨径流由沟头进入沟道或使之有控制地进入沟道，从而制止沟头前进，保护地面不被沟壑切割破坏。

（2）谷坊。本篇规定了为制止沟底下切而设置的谷坊工程的规划、设计、施工、管理的技术标准。适用于有沟底下切危害的沟壑治理地区，包括土石山区、丘陵区、高塬区、漫岗区等。

谷坊工程必须在以小流域为单元的全面规划、综合治理中，与沟头防护、淤地坝等沟壑治理措施互相配合，以收到共同控制沟壑侵蚀的效果。谷坊工程主要修建在沟底比降较大（5%～10%或更大）、沟底下切剧烈发展的沟段。其主要任务是巩固并抬高沟床，制止沟底下切，同时也稳定沟坡、制止沟岸扩张（沟坡崩塌、滑塌、泄溜等）。

（3）淤地坝。本篇规定了沟道小流域中淤地坝工程的勘测、规划、工程布局、水文计算、各项建筑物的设计、施工、工程管理和坝地利用等技术要求。适用于我国西北、华北、东北黄土区。我国其他地区在沟壑治理中，凡是沟中筑坝有拦泥淤地作用的（包括我国南方的拦沙坝）可参照使用。本规范中的淤地坝以碾压式均质土坝为主。

4. 小型蓄排引水工程（GB/T 16453.4—1996）

（1）坡面小型蓄排工程。本篇规定了防治坡面水土流失的截水沟、排水沟、沉沙池、蓄水池等坡面小型蓄排工程的规划、设计、施工、管理的技术要求。适用于南方多雨地区，北方部分雨量较多、坡面径流较大的土石山区和丘陵区可参照使用。

坡面小型蓄排工程，应与坡耕地治理中的梯田、保水保土耕作等措施、荒地治理中造林育林、种草育草等措施紧密结合，配套实施。在坡耕地治理的规划中，应将坡面小型蓄排工程与梯田、保水保土耕作法等措施统一规划，同步施工，达到出现设计暴雨时能保护梯田区和保土耕作区的安全，同时小型蓄排工程的暴雨径流和建筑物设计，也应考虑梯田和保水保土耕作减少径流泥沙的作用。在荒地治理的规划中，应将坡面小型蓄排工程与造林育林、种草育草统一规划，同步施工，达到出现设计暴雨中保护林草措施的安全，同时小型蓄排工程的暴雨径流和建筑物设计，也应考虑造林育林和种草育草减少径流泥沙的作用。

(2) 路旁、沟底小型蓄引工程。本篇规定了水土流失地区的水窖（旱井)、涝池以及山丘间泉水利用等路旁、沟底小型蓄引工程的规划、设计、施工和管理的技术要求。适用于我国北方干旱、半干旱地区，我国南方局部有干旱、半干旱现象的地区可参照使用。

路旁、沟底小型蓄引工程的规划布局应纳入小流域综合治理规划，与流域内坡耕地治理、荒地治理、沟壑治理结合进行。在干旱、半干旱的水土流失区，应将路旁、沟底小型蓄引工程作为解决人畜饮水和抗旱点浇的主要水源，将水窖、涝池、泉水利用三者统一规划，协调实施。

(3) 引洪漫地工程。本篇规定了水土流失地区在暴雨期间引用坡面、道路、沟壑与河流的洪水、淤漫耕地或荒滩的工程规划、设计、施工和管理技术要求。适用于我国北方干旱、半干旱地区，我国南方局部有干旱、半干旱现象的地区可参照使用。

根据洪水来源，分坡洪、路洪、沟洪、河洪四类，各有不同的漫地条件，应分别采取不同的引洪方式与技术要求。引坡洪漫地条件：当坡地的中、下部是水平梯田，其上部与中部是荒坡、坡耕地或林草地，暴雨中大量地表径流形成坡洪，可引入水平梯田进行漫灌。引路洪漫地条件：暴雨期间从坡地和农田中排除的大量地表径流，汇集于道路网形成路洪，可引入漫灌道路两旁有低于路面的水平梯田或其他平整农田。引沟洪漫地条件：在沟道的中、下游两岸有位置较低的成片沟台地，或在沟口以外附近有成片的川台地或涧滩地，当沟中洪水含沙量较高而且可以控制引用的，来洪量较小，可引沟洪漫地。引河洪漫地条件：暴雨期间有高含沙量洪水的中、小河流，两岸有大片平整农地或荒滩地，位置较低，经工程控制，可引进河洪漫灌农地，提高产量，或淤漫荒滩，改造为农田。

5. 风沙治理技术（GB/T 16453.5—1996）

本规范规定了风蚀地区风沙治理各项措施的规划、设计、施工、管理等技术要点。适用于我国风蚀地区。

(1) 治理措施。北方沙化地区南沿，采取沙障固沙、营造防风固沙林带、固沙草带、引水拉沙造田，以及防止风蚀的耕作技术等综合措施；黄泛区古河道沙地，先治理风口，堵住风源，采取翻淤压沙、造林固沙等措施，将沙地改造成果园或农田；东南沿海岸线沙地，沿海岸线选择抗风沙树种，采取客土植树等方法，营造海岸防风林带。

(2) 沙障固沙。包括沙障的设置方法与采取的重点地区、沙障的分类、沙障的设计与施工。

(3) 固沙造林。包括防风固沙基干林带、农田防护林网、沿海岸线防风林带、风口造林、片状固沙造林。本节规定了固沙造林林带规划设计、树种选择、施工与抚育管理等技术标准。

(4) 固沙种草。本节规定了固沙种草的规划设计与施工等技术要求。

(5) 引水拉沙造地。有水源条件的风沙区，应积极采用引水（或抽水）拉沙造地。本节内容包括引水拉沙工程规划、工程布局、工程设计、工程施工和造林的后续工程。

（6）防治风蚀的耕作措施。本节规定了深松改垄、作物间混套种、地面覆盖措施、农林间作等防治风蚀的耕作措施的技术要求。

6. 崩岗治理技术（GB/T 16453.6—1996）

本标准规定了崩岗治理的规划、设计、施工、管理等技术要点。适用于我国南方风化花岗岩地区有各种形式崩岗危害的地方。

针对崩岗的特点与发展规律，采取预防与治理并重的方针，对可能产生崩岗的荒坡，采取预防保护措施；对已产生的崩岗，采取综合治理措施。

（1）预防措施。对风化花岗岩山坡，严禁挖草根、铲草皮，破坏地面植被；通过封育，尽快恢复地面植被。对坡面的天然水路网，应及时兴修截水沟、排水沟、蓄水池等各类小型蓄排工程，拦蓄、分散地表径流，防止下泄进入崩口，导致崩岗发生和发展。

（2）治理要求。将每一个崩口视为一个完整的集水区（小流域），全面系统地采取小流域综合治理措施；治标与治本结合，既要控制崩口下泄的洪水、泥沙对下游农田的危害，又要制止崩岗发展；治理与开发结合，利用崩口内外的土地和各项治理措施，发展林果生产。

9.1.1.3 水坠坝技术规范（SL 302—2004）

为进一步规范水坠坝设计与施工，满足工程安全、技术先进和经济合理的要求，在总结水坠坝设计及施工经验，特别是黄土高原区淤地坝建设经验的基础上，根据水坠坝建设的技术现状发展要求，制订了本规范。本规范适用于地震烈度为Ⅶ度以下地区砂土、砂壤土、壤土及花岗岩和砂岩风化残积土修建的水坠坝（包括大型淤地坝工程、Ⅳ等和Ⅴ等水利水电工程）的设计与施工，中小型淤地坝工程及Ⅴ等以下水利水电工程的设计与施工可参照执行。

本规范主要技术内容包括：工程选型与填筑标准；坝体断面设计；坝基处理及坝体和建筑物的连接；坝坡稳定和固结计算；施工组织设计；工程施工；工程质量控制与施工安全。

9.1.1.4 碾压式土石坝设计规范（SL 274—2001）

本规范适用于1级、2级、3级和3级以下坝高大于30m的碾压式土石坝的设计。土石坝在正常和非常运用条件的荷载组合情况下，必须满足稳定、渗流、变形以及规定的超高等要求，保证它能长期安全运用并充分发挥经济效益和社会效益。

本规范的内容包括：坝型选择和泄、引水建筑物布置；筑坝材料选择和填筑要求；坝体结构和坝基处理；坝体与坝基及其他建筑物的连接；坝的计算和分析；分期施工和扩建加高；安全监测设计等基本规定和要求。

9.1.1.5 水土保持治沟骨干工程技术规范（SL 289—2003）

本规范适用于黄河流域水土流失严重地区的新建和配套加固水土保持治沟骨干工程（骨干坝）的建设和管理，其他流域和地区可参照执行。骨干坝是在综合治理的基础上，在支毛沟中兴建的控制性滞洪、拦泥、淤地的坝工建筑物，一般为均质土坝，采用碾压或水坠施工。坝系是指以小流域为单元，通过科学规划、合理布设骨干坝和淤地坝等沟道工程，为提高沟道整体防御能力、实现流域水沙资源的合理开发和利用而建立的防治水土流失的沟道工程体系。骨干坝建设应首先进行坝系规划，骨干坝的修建应与上游坡面治理同步进行。骨干坝单坝控制流域面积在剧烈侵蚀区［侵蚀模数大于15000t/（km^2·a)］一般为3km^2；在极强度侵蚀区［侵蚀模数8000～15000t/（km^2·a)］一般为3～5km^2；强度侵蚀区［侵蚀模数5000～8000t/（km^2·a)］一般为5～8km^2。

本规范主要技术内容包括：坝系工程布设；水文计算；土坝设计、溢洪道设计、放水工程设计和配套加固设计；工程施工；工程质量检查及验收；工程管理等基本规定和要求。

9.1.1.6 水土保持公益林技术规范与标准

1. 生态公益林建设导则（GB/T 18337.1—2001）

本导则明确了生态公益林建设的指导思想、原则、对象，规定了生态公益林建设程序、内容、类型、重点与建设分区，并提出了生态公益林建成标准和建设质量评价标准，以及生态公益林利用的指导性、原则性要求。适用于全国范围内的生态公益林建设与经营管理。

本导则主要内容包括：使用范围；名词定义；建设指导思想；建设原则；建设对象；建设程序；建设内容；建设类型；建设分区；建设重点；生态公益林成林（草）标准；生态公益林质量评价；生态公益林利用；环境影响评价。

2. 生态公益林建设规划设计通则（GB/T 18337.2—2001）

本通则规定了生态公益林建设前期工作要求，包括公益林地区划、规划、可行性研究、设计的任务、内容、方法、成果整理与精度等要求。适用于全国范围内生态公益林建设项目的林地区划、调查、规划、可行性研究和设计。

生态公益林地区划应在《全国生态环境建设规划》和各区域林业分类经营规划的总体控制下进行，与商品林地区划相衔接。生态公益林工程建设必须以建设区或建设项目为单位进行前期工作，包括生态公益林地区划、建设项目规划、可行性研究和项目设计。生态公益林建设工程的前期工作应在综合调查的基础上进行，根据建设内容和特点，对建设区进行广泛、详细、深入的本底调查和专业调查，调查资料归入生态公益林建设技术档案。

本通则主要内容包括：适用范围；引用标准；一般规定；综合调查；生态公益林林地区划；生态公益林建设规划；生态公益林建设项目可行性研究；生态公益林建设项目设计等。

3. 生态公益林建设技术规程（GB/T 18337.3—2001）

本规程规定了生态公益林营造、经营、林地配套设施建设及生态公益林建设档案管理等技术要求。适用于全国范围内的生态公益林建设。

生态公益林建设措施或森林经营活动必须有利于增强森林的生态和环境保护功能，维护生物多样性，提高森林生态效益与社会效益，兼顾经济效益。按不同区域特点、不同功能要求，确定生态公益林建设模式和技术指标。生态公益林营造要因地制宜，封山（沙）育林（草）、飞播造林（草）、人工造林（草）相结合，乔灌草相结合，多林种、多树种、多层次相结合，营造混交林，增加生物多样性。以优良乡土树种为主，充分利用外来树种，适地适树适种源。禁止使用带检疫对象的种子、苗木和其他繁殖材料。生态公益林经营按照自然规律，按特殊、重点和一般三个建设与保护等级确定经营管理制度、优化森林结构和安排经营管护活动，促进森林生态系统的稳定性和森林群落的正向演替。生态公益林利用以不影响其发挥森林主导功能为前提，以限制性综合利用和非林非木资源利用为主，有利于森林可持续经营和资源的可持续发展。

本规程主要内容包括：适用范围；引用标准；总则；生态公益林营造；生态公益林经营；林地基础设施建设；生态公益林建设档案等。

9.1.1.7 森林培育与经营技术规范与标准

1. 育苗技术规范（GB 6001—1985）

本规范主要内容包括：苗圃的建立；作业设计；土壤管理、施肥、作业方式；播种育苗、营养繁殖；移植育苗、苗期管理；灾害防除；苗木调查和出圃；科学试验以及苗圃档案。

2. 造林技术规程（GB/T 15776—1995）

本规程规定了人工造林（含迹地人工更新）、飞机播种造林、封山封沙育林技术的内容和要求。

本规程主要内容包括：林种确定；树种选择；混交造林和树种更换；造林密度；种子和苗木；造林整地；造林方法；造林季节；抚育管护；造林施工设计；检查验收及其造林技术档案。

3. 森林抚育规程（GB/T 15781—1995）

本规程规定了林冠郁闭后到主伐利用前森林的抚育方法、基本要求与程序。

本规程主要内容包括：林木分级标准；抚育采伐；人工修枝；林地管理；特殊林种的抚育措施；抚育作业的调查设计；抚育作业的施工和管理程序。

4. 主要造林树种苗木质量分级（GB 6000—1999）

本标准规定了主要造林树种苗木的定义、分级要求、检验方法、检验规则。本标准适用于植树造林用的露地培育的裸根苗木，不适用于容器苗和温室中培育的苗木。

9.1.1.8 草原与草场管护技术规范与标准

1. 豆科主要栽培牧草种子质量分级（GB 6141—2008）

本标准适用于商品经营的牧草种子及国营农牧场、草籽繁殖场（站）、特约繁殖区（队，户）生产的牧草种子，也适用于生产单位自用的及互相交换的牧草种子和科研、教学、育种单位育成并经审定合格的牧草种子。

2. 禾本科主要栽培牧草种子质量分级（GB 6142—1995）

本标准适用于商品经营的牧草种子及国营农牧场、草籽繁殖场（站）、特约繁殖区（队、户）生产的牧草种子，也适用于生产单位自用的及互相交换的牧草种子和科研、教学、育种单位育成并经审定合格的牧草种子。

9.1.1.9 水土保持图（SL 73.6—2001）

本标准适用于水土保持区域治理、水土保持流域治理，水土保持生态环境建设、开发建设项目水土保持方案等项目的规划、项目建议书、可行性研究、初步设计、招标设计、施工图设计等规划设计阶段的制图。

1. 图式

主要内容包括：一般规定；通用图式；综合图式；工程措施图式；植物措施图

式；园林式种植工程图式。

2. 图例

主要内容包括：一般规定；通用图例；综合图例；工程措施图例；耕作措施及植物措施图例；园林式种植工程图例。

9.1.2 水土保持规划规范与标准

9.1.2.1 水土保持综合治理规划通则（GB/T 15772—1995）

本通则规定了编制水土保持综合治理规划的任务、内容、程序、方法、成果整理等的基本要求。本标准适用于大面积总体规划和小面积实施规划，大面积总体规划指大、中流域或省、地、县级的规划（面积几千、几万到几十万平方公里），小面积实施规划指小流域或乡、村级的规划（面积几十到几百平方公里）。本规划通则以治理为主。

1. 规划的任务

在综合调查的基础上，根据当地农村经济发展方向，合理调整土地利用结构和农村产业结构，针对水土流失特点，因地制宜地配置各项水土保持防治措施，提出各项措施的技术要求；分析各项措施所需的劳工、物资和经费，在规划期内（小面积3～5年，大面积5～10年）安排好治理进度，预测规划实施后的效益，提出保证实施规划的措施。

2. 规划的内容与程序

主要内容包括：进行水土保持综合调查；进行水土保持区划；编制土地利用规划；进行防治措施规划；分析技术经济指标和整理规划成果。

3. 规划成果整理

规划成果包括规划报告、附表、附图、附件四项。大面积总体规划与小面积实施规划的成果整理大部分有共同要求，但在附图与附件中也有某些不同要求。

本标准规定了水土保持综合治理效益计算的原则、内容和方法。关于水土保持预防、监督的效益将另外制定计算标准。本标准适用于水蚀地区和水蚀与风蚀交错地区小流域水土保持综合治理的效益计算，同时在大、中流域和不同范围行政单元（省、地区、县、乡、村）的水土保持综合治理效益计算中也可采用。

水土保持综合治理效益包括基础效益（保水、保土）、经济效益、社会效益和生态效益等四类。四者间的关系是：在保水、保土效益的基础上，产生经济效益、社会效益和生态效益。

水土保持的基础效益按就地入渗、就近拦蓄和减轻沟蚀等三种情况分别计算；水土保持经济效益分直接经济效益和间接经济效益两类；水土保持社会效益包括减轻自然灾害、促进社会进步两个方面；水土保持生态效益包括水圈生态效益、土圈生态效益、气圈生态效益和生物圈生态效益，并描述野生动物的增加。

9.1.3 开发建设项目水土保持方案技术规范（SL 204—1998）

本规范适用于矿业开采、工矿企业建设、交通运输、水工程建设、电力建设、荒地开垦、林木采伐及城镇建设等一切可能引起水土流失的开发建设项目水土保持方案的编制。

1. 水土保持方案编制要求

（1）阶段要求。水土保持方案编制分为可行性研究、初步设计、技施设计三个阶段。

可行性研究阶段水土保持方案报告书应包括：建设项目区责任范围及其周边环境概况；项目区水土流失及水土保持现状；生产建设中排放废弃固体物的数量和可能造成的水土流失及其危害；水土流失防治初选方案；水土保持投资估算。

初步设计阶段水土保持方案报告书应包括：水土保持初步设计依据；水土流失防治责任范围及面积；开发建设造成的水土流失面积、数量预测；水土流失防治工程的初步设计，重点工程应有较详细的典型设计；水土保持投资概算；实施的保证措施（机构、人员、经费和技术保证等）。

技施设计阶段：主要是按项目水土保持初步设计，进行各项水土保持工程的技术设计和施工图设计。

（2）水土保持方案报告书的主要内容。主要内容包括：方案编制总则；建设项目地区概况；生产建设过程中水土流失预测；水土流失防治方案；水土保持投资估（概）算及效益分析；方案实施的保证措施；附件（水土保持方案审查意见）。

（3）基本情况调查。主要内容包括：项目调查；项目区及周边地区调查；社会经济调查；水土流失调查。

（4）项目区水土流失预测。主要内容包括：水土流失预测的时段划分；预测的内容和方法；预测结果的综合分析。

（5）水土保持方案的制定。主要内容包括：方案编制原则和目标；建设项目的责任范围和设计深度的确定；水土流失防治分区及水土保持措施总体布局；方案实施进度安排以及水土流失监测。

（6）水土保持投资估（概）算及效益分析。主要内容包括水土保持投资估（概）算和防治措施效益分析。

2. 拦渣工程

开发建设项目在基建施工和生产运行中造成大量的弃土、弃石、弃渣、尾矿和其他废弃固体物质，必须设置专门的堆放场地，并修建拦渣工程。拦渣工程的主要形式有拦渣坝（尾矿坝）、挡渣墙和拦渣堤。

3. 护坡工程

开发建设项目在基建施工和生产运行中由于开挖地面或堆置弃土、弃石、弃渣等形成的不稳定边坡，都应采取护坡工程。根据边坡的高度和坡度等不同条件，护坡工程的主要形式有削坡开级工程、植物护坡工程、工程护坡、综合护坡工程、滑坡整治工程。

4. 土地整治工程

开发建设项目在基建施工中的弃土、弃石、弃渣，首先应利用挖方作填方，在工程设计上力求做到“挖填平衡”，将竣工后的土地整治任务降低到最小程度。土地整治工程包括坑凹回填、渣场改造和整治后的土地利用。

5. 防洪工程

开发建设项目在基建施工和生产运行中，由于损坏地面或未妥善处理弃土、弃石、弃渣，易受洪水危害的，都应部署防洪工程。根据洪水的不同来源和不同危害情况，分别采取的防洪工程主要有拦洪坝、排洪渠、排洪涵洞、防洪堤、护岸护滩、清淤清障。

6. 防风固沙工程

开发建设项目在基建施工和生产运行中因开挖扰动地面、破坏植被，引发土地沙化，或建设项目在风沙区，遭受风沙危害的，应采取防风固沙工程。根据项目所在地风沙危害的不同特点，防风固沙工程可分为沙障固沙、造林固沙、种草固沙、平整沙丘造地。

7. 泥石流防治工程

开发建设项目处于泥石流多发地区，易受泥石流危害的，应采取泥石流防治工程。泥石流防治工程包括地表径流形成区的防治工程、泥石流形成区的防治工程、泥石流流过区的防治工程、泥石流堆积区的防治工程。

8. 绿化工程

开发建设项目区内及周边，应结合水土保持进行绿化。绿化工程包括项目区内道路绿化、项目区内特用林带、项目区周边绿化、果园建设、园林化植树、花卉种植和草坪布设。

9.1.4 水土保持综合治理验收规范（GB/T 15773—1995）

本规范规定了水土保持综合治理验收的分类、各类验收的条件、组织、内容、程序、成果要求、成果评价和建立技术档案。适用于以小流域为单元的水土保持综合治理验收，对大、中流域或县以上大面积重点治理区，以小流域为单元的治理可参照使用。

1. 验收分类

根据验收的时间和内容，分单项措施验收、阶段验收与竣工验收三类。

（1）单项措施验收。在小流域综合治理实施过程中，施工承包单位按合同完成了某一单项治理措施时，由实施主持单位及时组织验收，评定其质量和数量。对工程较大的治理措施（如大型淤地坝、治沟骨干工程等），施工单位在完成其中某项分布工程（如土坝、溢洪道、泄水洞等）时，实施主持单位也及时组织验收。

（2）阶段验收。每年年终，小流域综合治理实施主持单位，按年度实施计划完成了治理任务时，由项目主管单位组织阶段验收，并对年度治理成果作出评价。

（3）竣工验收。一届治理期（一般5年左右）末，项目主管单位按小流域综合治理规划全面完成了治理任务时，由项目提出部门组织全面的竣工验收，并评价治理成果等级。

2. 共性要求

（1）三类验收都应有相应的验收条件、组织、内容、程序和成果要求。

（2）三类验收都应以相应的合同、文件和有关的规划、设计为验收依据。

（3）三类验收的重点都应是各项治理措施的质量和数量（质量不符合标准的不计其数量）。在竣工验收中，还应着重治理措施的单项效益与综合效益。

3. 技术档案

本规范规定了技术档案的基本要求、技术档案的主要内容、技术档案的管理与使用。

9.1.5 水土保持试验规范（SD 239—1987）

水土保持试验研究的任务是探求水土流失发生发展的原因和规律，防治途径和措施以及治理效益，为国民经济建设和大面积水土流失的综合治理，提供科学依据。

本规范适用于以从事水土保持试验研究为主要任务的各流域机构所属水土保持试验站（所）和省、地两级所属的水土保持试验站（所）。其他有关站（所）在进行水土保持试验研究工作时，也可参照执行。

本规范主要内容包括：试验站（所）的设置；水土保持试验研究工作的方法和程序、水土流失规律试验；水土保持农业措施试验；水土保持林业措施试验；水土保持牧草措施试验；水土保持工程措施试验；小流域综合治理试验；中间试验；土壤理化分析；试验研究成果的鉴定与推广；资料整编与成果汇刊。

9.1.6 水土保持监测规范与标准

9.1.6.1 水土保持生态环境监测网络管理办法

水利部于2000年1月31日颁布了《水土保持生态环境监测网络管理办法》，对水土保持生态环境监测的任务、监测站网的建设与资质管理、监测机构职责、监测数据和成果的管理等作了规定。

9.1.6.2 水土保持监测规程（SL 277—2002）

本规程适用于对自然因素和人为活动造成水土流失及其防治效果的监测。水土保持监测原则应符合以下规定：宏观监测和微观监测相结合；连续定位观测、周期性普查和临时性监测相结合；常规方法和现代先进技术相结合；充分利用现有水文、泥沙和水土保持观测资料和相关技术。

本规程主要包括以下内容：水土保持监测网络的组成、职责和任务，监测站网布设原则和选址要求；宏观区域、中小流域和开发建设项目的监测项目和监测方法；遥感监测、地面观测和调查等不同监测方法的使用范围、内容、技术要求，以及监测数据处理、资料整编和质量保证的方法。

9.1.6.3 开发建设项目水土保持监测实施细则技术指南

水利部水土保持监测中心于2005年6月发布了《开发建设项目水土保持监测实施细则技术指南》，其主要内容包括：法律法规依据，规范性文件依据，技术文件与相关文件依据，以及水土保持监测技术服务合同等编制依据；项目建设规模、工程布局、水土保持防治责任范围、水土保持综合治理措施布局以及水土保持防治目标等概况；项目区水土保持影响因素、水土流失与水土保持状况；开发建设项目水土保持监测目标、原则；开发建设项目水土保持监测的内容及其指标、方法、监测样点布设和设施设备等；监测工作组织、监测数据与成果质量保证制度等组织管理；开发建设项目水土保持预期成果及其形式；有关内容说明。

本技术指南适用于对开发建设项目造成水土流失及其防治效果的监测，可以作为监测技术服务合同的技术条款或附件，以使监测工作有章可循，保证监测工作质量和进度。

9.1.6.4 全国水土保持监测纲要（2006～2015年）

水利部于2006年5月印发了《全国水土保持监测纲要（2006～2015年）》（以下

简称《纲要》)。《纲要》确定了我国水土保持监测工作的指导思想、监测预报的基本原则、发展目标和主要任务。《纲要》还提出了组织领导、加强管理、落实经费、科研、技术培训以及合作交流等方面保障措施，要求各级水利部门不断加强水土保持监测工作。

9.2 水土保持生态建设项目前期工作

9.2.1 基本建设项目与水土保持项目管理程序

根据国家发展与改革委员会、水利部的有关规定，水土保持生态工程项目的建设与管理纳入基本建设管理程序。

根据水利部水建〔1998〕16号文《水利工程建设程序管理暂行规定》，水利工程建设程序按《水利工程建设项目管理规定》(水利部水建〔1995〕128号)明确的建设程序执行，水利工程建设程序一般分为：项目建议书、可行性研究报告、初步设计、施工准备(包括招标设计)、建设实施、生产准备、竣工验收、后评价等阶段。本暂行规定适用于由国家投资、中央和地方合资、企事业单位独资或合资以及其他投资方式兴建的防洪、除涝、灌溉、发电、供水、围垦等大中型(包括新建、续建、改建、加固、修复)工程建设项目。小型水利工程建设项目可以参照执行。利用外资项目的建设程序，同时还应执行有关外资项目管理的规定。

项目建议书应按照《水利水电工程项目建议书编制暂行规定》(水利部水规计〔1996〕608号)编制；可行性研究报告应按照《水利水电工程可行性研究报告编制规程》(电力部、水利部电办〔1993〕112号)编制；初步设计报告应按照《水利水电工程初步设计报告编制规程》(电力部、水利部电办〔1993〕113号)编制；施工准备工作开始前，项目法人或其代理机构，须依照《水利工程建设项目管理规定(试行)》(水利部水建〔1995〕128号)中"管理体制和职责"明确的分级管理权限，向水行政主管部门办理报建手续，项目报建须交验工程建设项目的有关批准文件；主体工程开工须具备《水利工程建设项目管理规定(试行)》(水利部水建〔1995〕128号)明确的条件；当建设项目的建设内容全部完成，并经过单位工程验收(包括工程档案资料的验收)，符合设计要求并按《水利基本建设项目(工程)·档案资料管理暂行规定》(水利部水办〔1997〕275号)的要求完成了档案资料的整理工作，完成竣工报告、竣工决算等必须文件的编制后，项目法人按《水利工程建设项目管理规定(试行)》(水利部水建〔1995〕128号)规定，向验收主管部门，提出申请，根据国家和部颁验收规程，组织验收。

9.2.2 水土保持工程投资概估算

1. 采用的行业标准

水土保持工程投资的概(估)算编制采用水利行业的标准进行，对植物措施如造林、种草等，可采用国家和地方林业部门的计算标准。

2. 主要编制依据

(1) 能源部、水利部1990年颁布的《水利水电工程可行性研究投资估算编制办法》《水利水电工程设计概算编制办法》。

(2) 原水电部颁布的《水利水电建筑工程概算定额》《水利水电建筑工程预算定额》。

(3) 水利部水建〔1998〕15号文《水利水电工程设计概（估）算费用构成及计算标准》。

(4)《水利水电工程建筑安装工程间接费定额》《水利水电工程施工机械台班费定额》。

(5) 国家发展计划委员会、建设部〔2002〕10号文《工程勘察设计收费管理规定》。

(6) 水利部水总〔2003〕67号文《水土保持工程概（估）算编制规定和定额》。

(7) 水土保持植物措施的概算一般采用国家或地方林业部门的定额。

3. 不同阶段概算编制深度、编制过程及程序

(1) 编制深度。水土保持工程的投资计算编制深度应与其所处的基本建设程序阶段相对应，投资文件编制深度与其他工程设计技术文件的深度相一致。

(2) 编制过程及程序。主要程序包括：调查掌握概算计算中使用的当地定额的资料；编制概算编写工作大纲；编制基础价格；编制工程措施、植物措施、农业耕作措施的单价；编制工程各部分的概算；编制分年度投资；编制总概算和编写说明；审查修改和资料归档；工作总结。

4. 工程投资费用构成

水土保持生态工程的费用构成分为工程和林草措施工程费、独立费用和预备费。

(1) 工程和林草措施工程费。由直接费、间接费、企业利润、税金四部分组成。直接费由基本直接费、其他直接费和现场经费组成，基本直接费包括人工费、材料费、施工机械使用费；间接费包括企业管理费、财务费和其他费用；企业利润指按规定应计入工程措施、植物措施工程造价的利润；税金指国家税法规定应计入建筑安装工程造价内的营业税、城市维护建设税和教育费附加。

(2) 独立费用。主要包括建设管理费、管护费、监理费、技术支持培训费、科研勘测设计费、征地及淹没补偿费、水土保持监测费、工程质量监督费等。

(3) 预备费。包括基本预备费和价差预备费。

5. 概算编制成果

(1) 概算报告的主要内容。包括编制概况、投资主要指标、概算编制依据及主要问题和主要技术经济指标表。

(2) 概算中应列出的计算表及其内容。包括汇总表和单价计算表。

9.2.3 水土保持生态建设项目“三制”管理

9.2.3.1 水土保持生态工程项目法人责任制

1. 基本建设的项目法人责任制

实行项目法人责任制是适应发展社会主义市场经济，转换项目建设与经营体制，提高投资效益，实现我国建设管理模式与国际接轨，在项目建设与经营全过程中运用现代企业制度进行管理的一项具有战略意义的重大改革措施。法人是具有权利能力和

行为能力，依法独立享有民事权利、承担民事义务的组织。项目法人的提出在我国始于1994年，水利部率先在水利工程建设中作试点，并以水利部水建〔1995〕129号通知形式于1995年4月21日发布了《水利工程建设项目实行项目法人责任制的若干意见》，国家发展与改革委员会于1996年也制定了《关于实行建设项目法人责任制的暂行规定》，2000年7月国务院批转国家计委、财政部、水利部、建设部《关于加强公益性水利工程建设管理若干意见的通知》，再次明确了水利工程建设必须按照有关规定认真执行项目法人责任制。

投资各方在酝酿建设项目的同时，即可组建并确立项目法人，做到先有法人，后有项目。国有单一投资主体投资建设的项目，应设立国有独资公司；两个及两个以上投资主体合资建设的项目，要组建规范的有限责任公司或股份有限公司，具体办法按《中华人民共和国公司法》、国家体改委颁发的《有限责任公司规范意见》《股份有限公司规范意见》和国家计委颁发的《关于建设项目实行业主责任制的暂行规定》等有关规定执行，以明晰产权，分清责任，行使权力。独资公司、有限责任公司、股份有限公司或其他项目建设组织即为项目法人。

项目法人对项目建设的全过程负责，对项目的工程质量、工程进度和资金管理负总责。其主要职责为：负责组建项目法人在现场的建设管理机构；负责落实工程建设计划和资金；负责对工程质量、进度、资金等进行管理、检查和监督；负责协调项目的外部关系。

2. 水土保持生态工程项目法人责任制的形式

根据水土保持的特点，实行项目法人责任制可采用以下形式：县级水行政主管部门责任制；乡村集体组织负责制；成立股份公司形式的项目法人责任制；专项工程项目法人责任制。

9.2.3.2 项目招标投标制

1. 工程项目招标投标制

1997年国家发展与改革委员会以计建设〔1997〕1466号文颁布了《国家基本建设大中型项目实行招标投标制的暂行规定》，规定中指出建设项目主体工程的设计、建筑安置、监理和主要设备、材料供应、工程总承包单位以及招标代理机构，除保密上有特殊要求或国务院另有规定外，必须通过招标确定；其中设计招标可按行业特点和专业性质，采取不同阶段的招标；建设项目及其项目法人的确定、不涉及特定地区或不受资源限制的项目建设地点的选定和项目前期评估咨询单位的确定，具备条件的也应该通过招标进行。2000年7月国务院批转国家计委、财政部、水利部、建设部《关于加强公益性水利工程建设管理若干意见的通知》，再次明确规定水利工程建设必须按照有关规定认真执行招标投标制。

（1）招标。建设项目招标可采用公开招标、邀请招标和议标方式进行。公开招标应同时在一家以上的全国性报刊上刊登招标通告，邀请所有潜在的有关单位参加投标。邀请招标，应向有资格的三家以上的有关单位发出投标邀请书，邀请其参加投标。议标主要是通过一对一协商谈判方式确立中标单位，参加议标的单位不得少于两家。建设项目主体工程的设计、建筑安装和监理以及主要设备、材料采购的招标必须采用公开招标或邀请招标方式，符合规定条件的，也可采用议标方式。

(2) 投标。投标人必须具备水利工程建设项目所需的资质（资格）。投标人应当按照招标文件的要求编写投标文件，并在招标文件规定的投标截止时间之前密封送达招标人。在投标截止时间之前，投标人可以撤回已递交的投标文件或进行更正和补充，但应当符合招标文件的要求。两个或两个以上单位联合投标的，应当按资质等级较低的单位确定联合体资质（资格）等级。招标人不得强制投标人组成联合体共同投标。投标人在递交投标文件的同时，应当递交投标保证金。

(3) 招标投标程序。招投标工作一般按下列程序进行：招标前，按项目管理权限向水行政主管部门提交招标报告备案，具体内容应当包括招标已具备的条件、招标方式、分标方案、招标计划安排、投标人资质（资格）条件、评标方法、评标委员会组建方案以及开标、评标的工作具体安排等；编制招标文件；发布招标信息（招标公告或投标邀请书）；发售资格预审文件；按规定日期接受潜在投标人编制的资格预审文件；组织对潜在投标人资格预审文件进行审核；向资格预审合格的潜在投标人发售招标文件；组织购买招标文件的潜在投标人现场踏勘；接受投标人对招标文件有关问题要求澄清的函件，对问题进行澄清，并书面通知所有潜在投标人；组织成立评标委员会，并在中标结果确定前保密；在规定时间和地点，接受符合招标文件要求的投标文件；组织开标评标会；在评标委员会推荐的中标候选人中，确定中标人；向水行政主管部门提交招标投标情况的书面总结报告；发中标通知书，并将中标结果通知所有投标人；进行合同谈判，并与中标人订立书面合同。

2. 水土保持工程项目招标投标

水土保持生态工程项目的招标投标，主要在项目前期的规划设计、主要设备和材料的供应、工程监理、重点工程的施工等方面。2001年10月水利部颁了第14号令《水利工程建设项目招标投标管理规定》，在招标范围中明确规定，关系社会公共利益、公共安全的水土保持等建设项目必须进行招标。根据水土保持工程的特点，经批准可采用邀请招标方式。

9.2.3.3　工程建设监理制

1. 建设监理制

1996年1月1日建设部发布了建监〔1995〕第737号文《工程建设监理规定》，明确工程建设监理是指监理单位受项目法人的委托，依据国家批准的工程项目建设文件、有关工程建设的法律、法规和工程建设监理合同及其他工程建设合同，对工程建设实施的监督管理。

工程建设监理的主要内容及任务：对工程建设各阶段的投资进行控制；在项目设计和施工中对工程质量进行全面控制；对工程的进度进行控制；依据各方签订的合同，对合同的执行进行管理；及时了解、掌握项目的各种信息，并对其进行管理；组织协调项目法人与承包方发生的矛盾和纠纷。

工程建设监理的范围：大、中型工程项目；市政、公用工程项目；政府投资兴建和开发建设的办公楼、社会发展事业项目和住宅工程项目；外资、中外合资、国外贷款、赠款、捐款建设的工程项目。

工程建设监理一般应按下列程序进行：编制工程建设监理规划；按工程建设进度分专业编制工程建设监理细则；按照建设监理细则进行建设监理；参与工程竣工预验

收，签署建设监理意见；建设监理业务完成后，向项目法人提交工程建设监理档案资料。

2. 水利工程建设监理制

1996年水利部正式颁发了《水利工程建设监理规定》、《水利工程建设监理单位管理办法》、《水利工程建设监理工程师管理办法》，明确规定在我国境内的大中型水利工程建设项目，包括水土保持工程，必须实施建设监理。

在监理单位的选择上明确规定，必须由具有水利工程建设监理资格等级证书、有法人资格从事工程建设监理业务的单位承担。水利工程建设监理单位和监理人员的资质实行统一负责、分级管理制度。

3. 水土保持生态工程监理制

水利部水土保持司、建设与管理司2000年印发了《关于加强水土保持生态建设工程监理管理工作的通知》，明确规定水土保持生态建设工程的监理工作按水利部〔1999〕637号文发布的《水利工程建设监理规定》、《水利工程建设监理单位管理办法》、《水利工程建设监理人员管理办法》进行统一管理。对水土保持生态建设监理工程师的培训、考试、注册，监理单位的资质申报等做了全面部署，经过几年的实践，水土保持生态工程的监理已逐步展开。

2006年8月水利部发布了《水土保持生态建设工程监理管理暂行办法》，规定水土保持工程施工监理，必须由水利部批准的具有水土保持生态建设工程监理资质的单位承担。水土保持工程监理是指监理单位受项目法人或项目责任主体委托，依据国家有关法律法规的规定，批准的设计文件及工程施工合同、工程监理合同，对工程施工实行的监督管理。实施水土保持工程监理前，项目法人或项目责任主体应与监理单位签订书面监理合同，合同中应包括监理单位对水土保持工程质量、投资、进度进行全面控制的条款。监理单位应依据合同，公正、独立、自主地开展监理工作，维护项目法人或项目责任主体和承建单位的合法权益。监理单位须向工程现场派驻项目监理机构，具体负责监理合同的实施。水土保持工程施工监理实行总监理工程师负责制，水土保持工程监理人员包括总监理工程师、监理工程师和监理员，水土保持工程监理人员须经过培训、考试，取得相应水土保持工程监理岗位证书后，方可从事水土保持工程监理工作。

监理机构实施监理一般应按下列程序进行：编制工程监理规划；依据工程建设进度，按单项措施编制工程监理实施细则；按照监理实施细则实施监理，按规定向项目法人或项目责任主体提交监理月报和专题报告；建设监理业务完成后，向项目法人或项目责任主体提交工程监理工作报告，移交档案资料。

9.2.4 水土保持规划

水土保持规划是为贯彻实施国家可持续发展战略和科教兴国战略，推动水土流失地区社会经济和资源环境协调发展的指导性文件，是水土保持工作的基础和依据。水土保持规划是以流域或一定行政管辖范围为地域单位，在全面了解规划区自然条件、社会经济状况、水土流失与水土保持工作现状的基础上，合理安排、确定流域内农林牧各业用地的比例与布置，提出综合治理水土流失、开发利用水土资源方案，落实各项水土保持治理措施，安排各项治理工作需要的劳力、物资、经费和进度，确定预防保护与预防监督区域和实施方案，制定技术经济指标，提出各项措施的要求过程。

根据《水土保持规划编制暂行规定》(水利部水保〔2000〕187号)，水土保持规划的编制，必须贯彻国家社会发展、经济建设的基本方针和政策，必须贯彻“预防为主、全面规划、综合防治、因地制宜、加强管理、注重效益”的水土保持方针，并执行水土保持有关法规及技术标准。水土保持规划应与国家和地区的社会发展规划、生态环境建设规划相适应，与有关部门发展规划相协调，做到工程措施、植物措施和耕作措施相结合，治理保护与开发利用相结合，经济效益、社会效益和生态效益相结合。水土保持规划编制的规划期，省级以上为10～30年，最长不超过50年；地、县级为10年。规划编制应研究近期和远期两个水平年，并以近期为重点。

水土保持规划报告主要内容包括：规划概要；基本情况；规划目标与总体布局；水土保持分区；预防监督与监测规划；治理措施规划；科技示范推广；投资估算；经济评价；近期和远期实施意见；组织管理等。

9.2.5 水土保持工程项目建议书

项目建议书是国家基本建设前期工作程序中的一个重要阶段，是在工程项目规划完成之后、可行性研究报告工作开展之前，前期工作需要进行的一个关键环节。它不仅仅是水土保持工程项目责任单位或建设单位向上级主管部门申请立项的主要技术文件，而且是有关主管部门决定该工程是否立项建设、能否审查批准的重要依据。只有项目建议书被批准后，该水土保持工程项目才能被列入国家中、长期经济发展计划，该水土保持工程项目的前期工作程序也才可以进入下一阶段，即开展可行性研究工作，它是开展可行性研究工作的依据。

项目建议书应根据国家经济和社会发展规划与地区经济发展规划的总要求，在经批准（审查）的江河流域（区域）水土保持规划的基础上提出防治目标和任务，对项目的建设条件进行调查。在对资金筹措进行分析后，择优选定建设项目，确定项目的建设规模、建设地点和建设时间，重点论证水土保持工程项目建设的可行性和合理性。水土保持工程项目建议书的编制，应贯彻国家有关基本建设的方针政策和水土保持行业及相关行业的法律、法规，并应符合有关技术标准和规范。

1. 项目建议书阶段的主要工作

(1) 在项目所在流域或区域选定最佳的项目建设区。

(2) 论证项目建设的必要性以及推荐（申请）本项目的理由，初步分析项目建设的可行性和合理性。

(3) 了解项目区的自然和社会经济概况。

(4) 掌握项目区水土流失状况，分析水土保持现状。

(5) 初步确定项目区水土流失综合治理面积及防治措施的布局。

(6) 对项目建设所需投资进行估算，并提出资金筹措的方案。

(7) 对项目建设后所产生的效益进行估算，对项目国民经济合理性进行初步评价。

2. 项目建议书的主要内容

项目建议书编制的深度要求比可行性研究、初步设计的深度要浅，内容要相对简单一些。根据水利部颁布的《水土保持工程项目建议书编制暂行规定》（水利部水保〔2000〕187号），水土保持工程项目建议书的内容主要包括：项目建设的必要性和任务；项目区概况；建设规模及防治措施布局；技术支持；项目实施；项目管理；投资估算及资金筹措；经济评价；结论与建议。

9.2.6 水土保持可行性研究

水土保持工程可行性研究是确定建设项目和编制设计文件的依据。可行性研究报告应以批准的项目建议书为依据，贯彻国家基本建设的方针政策，遵循有关规程和规范，对工程项目的建设条件进行调查和必要的勘测，在可靠的资料基础上，从技术、经济、社会、环境等方面进行全面的分析论证，提出可行性评价。

根据《水土保持工程可行性研究报告编制暂行规定》（水利部水保〔2000〕187号），可行性研究报告的主要内容和深度应符合以下要求：论证工程建设的必要性，确定本工程建设任务；确定项目区的范围；查明项目区水土流失状况；基本确定项目区的各项防治措施及其布设；基本确定项目区的土地利用调整方案；提出主要工程量和材料需要量，估算工程投资；明确工程效益，分析保水保土、经济、社会效益和生态环境的改善效果，分析主要效益指标，评价工程的经济合理性；提出综合评价和结论。有关工程的重要文件、中间讨论或审查会议纪要可列为可行性研究报告的附件。

9.2.7 水土保持初步设计

1. 初步设计阶段的主要任务

初步设计是列入计划的实施阶段，水土保持生态环境建设项目在经过规划、项目建议书、可行性研究之后，要在已批准的可靠性研究报告的基础上分期、分批地以小流域为单元将各项治理工程落实到具体地块，进行具体的工程设计。

2. 初步设计报告的主要内容

执照《水土保持工程初步设计报告编制暂行规定》（水利部水保〔2000〕187号）的要求，初步设计报告的主要内容包括：基本情况；建设目标、规模和工程总体布局；工程设计；施工组织设计和分年实施计划；投资概算；效益分析；项目组织管理。

9.3 水土保持生态工程监理

9.3.1 水土保持生态工程监理组织与管理

9.3.1.1 水土保持生态建设监理资质

1. 监理单位资质

凡从事工程建设监理的单位必须具备相应的建设监理资质，必须按批准的等级和核准的经营范围，承担建设监理业务。承担监理业务的机构必须进驻施工现场进行监理；监理单位不得转让、分包监理业务。不得从事所监理工程的施工和材料、设备、构件的经营活动。水利工程建设监理资格分为甲、乙、丙三级。

2. 监理人员资格

水土保持工程监理人员包括总监理工程师、监理工程师和监理员，必要时可聘用信息员。水土保持工程监理人员须经过培训、考试，取得相应水土保持工程监理岗位证书后，方可从事水土保持工程监理工作。总监理工程师应由具有 3 年以上水土保持工程监理工作经验的监理工程师担任，由监理单位征得项目法人或项目责任主体同意后任命。总监理工程师需要调整时，监理单位应征得项目法人或项目责任主体同意并书面通知承建单位。总监理工程师是履行监理合同的总负责人，行使合同赋予监理单位的全部职责，全面负责项目监理工作。一名总监理工程师宜担任一个项目的总监理工程师工作，需要同时担任多个项目的总监理工程师工作时，应经项目法人或项目责任主体同意。总监理工程师根据监理工作的实际需要，可指定监理工程师担任总监理工程师代表，总监理工程师代表应具有 2 年以上水土保持工程监理工作经验。总监理工程师代表按总监理工程师的授权，行使总监理工程师的部分职责和权力。监理工程师应由具有 1 年以上水土保持工程监理经验并具备监理工程师资格的人员担任。监理工程师需要调整时，总监理工程师应书面通知项目法人或项目责任主体和承建单位。监理员应由取得《水土保持生态建设工程监理员岗位证书》或《水土保持生态建设工程监理工程师培训结业证书》的人员担任，在监理工程师的指导下开展现场监理工作。信息员由经过项目监理机构组织的业务培训的人员担任，协助监理人员工作。总监理工程师、监理工程师、监理员的具体职责按《水利工程建设施工监理规范》的规定执行。

9.3.1.2 水土保持生态工程监理机构及设施

监理单位须向工程现场派驻项目监理机构，具体负责监理合同的实施。项目监理机构的设置、组织形式和人员组成，应根据监理工作的内容、服务期限及工程类别、规模、技术复杂程度、工程环境等因素确定。监理人员组成应满足水土保持工程各专业工作的需要。监理单位应于监理合同签订后 10 天内，将项目监理机构的组织形式、人员组成及任命的总监理工程师，书面通知项目法人或项目责任主体。项目法人或项目责任主体应根据监理合同约定，提供满足监理工作需要的办公、交通、通信和生活设施；项目监理机构应妥善使用和保管，在完成监理工作后移交项目法人或项目责任主体。

9.3.1.3 水土保持生态工程建设监理实施

监理机构实施监理一般应按下列程序进行：编制工程监理规划；依据工程建设进度，按单项措施编制工程监理实施细则；按照监理实施细则实施监理，按规定向项目法人或项目责任主体提交监理月报和专题报告；建设监理业务完成后，向项目法人或项目责任主体提交工程监理工作报告，移交档案资料。

开工前，总监理工程师应组织监理人员熟悉有关规章、合同文件、设计文件和技术标准。监理工程师应审查承建单位报送的项目开工报审表及相关资料，具备规定条件时，征得项目法人或项目责任主体同意，由总监理工程师签发开工令。

监理工程师应对施工放线和图斑界线进行复验和确认。监理工程师应按有关规定对中央投资、地方配套、群众自筹资金到位和实际投劳情况核实统计，并向项目法人或项目责任主体报告。监理工程师应按规定程序进行工程计量、工程款支付工作、竣工结算。监理工程师应对工程的质量等级提出意见，监理工作报告是水土保持工程验收的主要材料之一。监理工程师应参加工程的竣工验收。在合同实施过程中，监理机构与项目法人或项目责任主体和承建单位的联系均应以书面函件为准。水土保持工程施工中的工程变更、费用索赔、信息管理等监理工作，按《水利工程建设施工监理规范》的规定执行。

9.3.2 水土保持生态工程质量控制

从水土保持生态建设项目的申报和决策、可行性论证、工程设计、施工准备，到组织实施、单项及总体工程的验收，后期运行等各阶段、各个环节，都与项目的质量直接相关，每个环节都会影响到工程的质量。

工程质量主要是指工程产品的质量，工程产品的质量要靠工作质量的控制来保证，也就是对施工各工序过程的每个环节、每个因素进行全面控制。

1. 水土保持生态工程质量管理体系

工程项目的质量涉及到很多部门和单位，从质量管理角度看主要由以下三个方面构成：一是各级政府及其所属的质量监督体系；二是设计单位和施工单位的质量保证体系；三是项目法人和其所聘的监理单位的质量控制体系。由这三方面组成了建设项目的质量管理体系。

2. 水土保持生态工程设计质量控制

（1）水土保持生态工程的设计资质。水土保持生态工程应当由具有水土保持生态工程建设综合设计资质的单位承担综合治理的设计工作。

（2）水土保持生态工程设计。以小流域为单元进行初步设计，将各项治理工程落实到具体地块、工点。具体设计工作分为典型设计、单项设计和专项设计。

（3）设计质量过程控制。包括设计准备阶段的质量控制和设计阶段的质量控制。

（4）设计文件基本要求。根据水利部规定，水土保持初步设计成果要求每条小流域必须有一本初步设计报告，包括设计文本、附表、附图等。对较大的治理工程，如治沟骨干工程，每个工程应有一个设计文件，要达到施工图设计深度。

3. 水土保持生态工程施工质量控制

水土保持生态工程施工质量控制包括工序质量分析、工序质量控制、施工工序、质量控制点的设置及工序质量查验。

监理工程师应对承建单位报送的拟进场的工程材料、籽种、苗木报审表及质量证明资料进行审核，并对进场的实物按照有关规范采用平行检验或见证取样方式进行抽检。对未经监理工程师验收或验收不合格的工程材料、籽种、苗木等，监理工程师不予签认，并通知承建单位不得将其运进场。监理人员对治沟骨干工程、淤地坝和坡面水系等工程的隐蔽工程、关键工序应进行旁站监理；对造林、种草、坡改梯、小型的沟道治理和蓄水工程、封禁治理工程等可进行巡视检查。对不合格的部位或工序，监理工程师不予签认，并提出处理意见，承建单位整改后，经监理工程师检验合格，方可进行下一道工序的施工。

4. 工程质量检验

包括检验的基本条件、基本制度和质量检验体系。将需检验的工序和环节分为两类进行检验，一类是必须在监理工程师到场的情况下，承包商才能进行的检验，称之为“待检点”；另一类为监理工程师可以到场、也可以不到场进行的检验，称之为

"见证点"。

5. 水土保持生态工程质量评定与验收

工程质量评定是监理工程师的工作之一，也就是根据国家或地方的工程质量标准，对施工项目确定其质量等级，作为政府主管部门最终确定工程质量的重要参考依据。

工程质量评定项目划分和质量等级：水土保持生态工程质量按单元工程、分部工程和单位工程逐级评定。工程质量分为"合格"和"优良"两个等级。

单元工程质量评定要素：由保证项目、基本项目和允许偏差项目三部分组成。

工程质量验收方法：按隐藏工程、单元工程、分部工程和单位工程分别验收。

6. 水土保持生态工程质量事故处理

将水土保持生态工程质量事故划分为特大质量事故、重大质量事故、一般质量事故、质量缺陷。出现工程质量事故，监理工程师通常的做法是停工整顿、事故处理。监理人员发现施工中存在重大隐患，可能造成质量事故或已经造成质量事故时，总监理工程师应下达工程暂停指令，要求承建单位停工整改。整改完成并符合质量标准要求，总监理工程师方可签署复工通知。对需要返工处理或加固补强的质量事故，总监理工程师应责令承建单位报送质量事故调查报告和经设计等相关单位认可的处理方案，监理工程师应对质量事故的处理过程和处理结果进行跟踪检查和验收。

9.3.3　水土保持生态工程进度控制

工程进度控制是指对工程建设的各个阶段中的各项工作的时间进行规划、调整、协调的全过程。

1. 影响进度的主要因素分析

对水土保持工程进度造成影响的因素主要包括组织管理因素、计划制定因素、建设实施的相关要素和自然环境因素。

2. 监理工程师进度控制的主要任务

主要任务包括发布开工令；审查审批施工单位的施工进度计划；监督检查和控制施工进度；落实业主应提供的施工条件；进度协调进度；其他任务。

3. 施工进度的监督和调控

(1) 工程实施进度的检查。常用的方法有承包商进度报表的查实、到施工现场检查进度情况、定期召开现场生产会议。

(2) 工程进度的检查、分析与比较。通常采用图、表两种方式表达工程实际进度与计划进度的情况。具体方法有进度图法、进度表检查法。

对工程进度的分析内容主要有：工程总进度，单项工程或措施进度，工程年进度、月进度、投资进度，设备、物资、材料供应进度，劳动力使用进度。

常用的进度比较方法有横道图、网络图。

4. 施工暂停与复工

在工程施工过程中，往往会因各种原因造成施工的暂停、复工，这时监理工程师要根据有关规定，发布工程暂停令和复工令，做好进度控制工作。

5. 水土保持生态工程进度调控特点

在一般的水土保持生态建设中，应作为监理工程师重点控制的关键工作有：基本农田建设；造林整地工程；种子苗木准备；造林和抚育时间；保墒种草；林木浇水保证；治沟工程汛期进度；坡面蓄排水工程；维修工程。

6. 施工进度报告

常见的报告有3种类型：一是施工单位或承包商向监理工程师提交的月进度报告；二是监理工程师向项目法人或业主提交的进度报告；三是监理工程师协助项目法人向贷款方提交的进度报告。

9.3.4　水土保持生态工程投资控制

1. 工程建设前期阶段投资控制

工程建设投资控制要从项目的规划阶段开始。按水土保持生态建设质量要求，尽可能用较少的投资获得最大效益。在工程前期工作中，调控投资可从定额设计、设计概算审查两方面控制。

2. 施工阶段投资控制

施工阶段投资控制的主要措施有：制定资金投入计划和投资控制规划；审批承办商的现金流量估算；工程计量和计价控制；工程价款支付；索赔控制。

3. 水土保持生态工程经济评价

水土保持生态建设项目的效益主要包括基础效益、经济效益、社会效益和生态效益四类。项目费用主要包括建设投资和管理运行费。一般只计算效益费用比（*EBCR*）、净效益现值（*ENPV*）、内部收益率（*EIRR*）。

9.4　水土保持法规与执法

9.4.1　水土保持法规体系与机构

1. 水土保持的法规

我国水土保持的法规体系分为6个层次。

第一层次：《中华人民共和国宪法》。宪法是国家的根本大法，也是制定水土保持法律法规的基本依据。

第二层次：基本部门法。由全国人民代表大会常务委员会颁布的基本部门法，也涉及到有关水土保持方面的内容，是我国开展水土保持法制建设的基础。同时，《中华人民共和国刑法》、《中华人民共和国民法通则》等基本法也为水土保持法律法规顺利执行提供了基本保障。

第三层次：与水土保持密切相关的资源法律。依照《中华人民共和国宪法》的原则，全国人民代表大会制定颁布了《中华人民共和国水土保持法》、《中华人民共和国土地管理法》、《中华人民共和国水法》、《中华人民共和国防洪法》、《中华人民共和国森林法》、《中华人民共和国草原法》、《中华人民共和国渔业法》、《中华人民共和国矿产资源法》、《中华人民共和国野生动物保护法》9部与水土保持密切相关的资源法律，逐步形成了我国水土保持的法律体系。

1991年6月29日第七届全国人民代表大会常务委员会第二十次会议通过并颁布了《中华人民共和国水土保持法》，使我国水土保持立法进入一个新阶段，为水土保持法规体系的形成奠定了基础，我国的水土保持事业真正步入了依法管理的轨道。《中华人民共和国水土保持法》共6章42条，对水土保持法的总则、预防、治理、监督、法律责任等作了详细的规定。

第四层次：国家行政部门制定的有关法令、法规和条例。国务院及有关部委根据水土保持的具体情况制定的各种专门性法令、法规、条例和决定，是我国水土保持法规体系的重要组成部分。主要包括《国务院关于加强水土保持工作的通知》、《全国生态建设环境保护纲要》、《开发建设项目水土保持管理办法》、《开发建设项目水土保持方案编报审批管理规定》、《开发建设项目水土保持设施验收管理办法》、《水行政许可实施办法》、《水利部关于修改部分水利行政许可规章的决定》、《水利部关于水土保持设施解释问题的批复》、《关于规范水土保持方案技术评审工作的意见》等。

第五层次：地方性法规、部门规章。地方法规是各省、自治区、直辖市根据有关水土保持法律法规，结合本地区实际而制定并经地方人民代表大会审议通过的法规。如《四川省＜中华人民共和国水土保持法＞实施办法》、《四川省实施土地法办法》等。

第六层次：地方性规范文件。各省、自治区、直辖市的土地、环保、水政、农业、林业等主管部门以及县级人民代表大会、政府依据法律、法规、条例、地方性法规和规章等制定的有关流域管理和水土保持方面的规范性文件。

以上这些法律、法规、条例、规章、规范性文件形成了我国水土保持的法规体系。

2. 我国水土保持管理机构体系

根据国家法律规定，我国建立了从中央到地方各级政府水行政部门为主管的水土保持管理体制，并形成国家、省（自治区、直辖市）、区、县、乡（镇）五级管理体系。

9.4.2 水土保持监督执法

1. 水土保持监督执法的意义

水土保持监督属于行政监督范畴，是国家有关主管部门及所属监督机构按照有关水土保持方面的法律、法规规定的权限、程序和方式，对有关公民、法人和其他组织在水土保持方面行为活动的合法性、有效性进行的检查督导。

开展水土保持监督执法是贯彻执行有关水土保持法规的需要，是促进国民经济持续、稳定、协调发展的需要，是保护自然资源和生态环境的重要举措，是巩固现有成果的有效措施。

2. 水土保持监督执法体系

1993年8月1日国务院令第120号发布了《中华人民共和国水土保持实施条例》，根据该条例的规定，水土保持监督机构负责对《中华人民共和国水土保持法》及其实施条例的执行情况实施监督检查。自国务院1993年5号文件《国务院关于加强水土保持工作的通知》发布以来，全国建立和健全保持监督执法机构，形成了国家、省（自治区、直辖市）、地、县、乡完整的水土保持法执行体系。

3. 水土保持监督的主要内容

（1）对农业生产的监督。根据《中华人民共和国水土保持法》的规定，对开垦禁垦陡坡地的行为、开垦禁垦坡度以下、5°以上荒坡地行为和活动方式由水土保持监督部门进行监督管理。

(2) 对林业生产进行监督。根据《中华人民共和国森林法》的规定，采伐森林或林木及林业经营活动由林业主管部门监督实施。

(3) 对交通、水工程、工矿企业生产建设活动的监督。根据《中华人民共和国水法》、《中华人民共和国土地管理法》、《中华人民共和国水土保持法》、《中华人民共和国渔业法》等规定，主要通过审批方案、现场检查、验收设施等方法进行。

(4) 对取土、挖沙、采石、开垦荒坡地等生产活动的监督。根据《中华人民共和国水法》、《中华人民共和国防洪法》、《中华人民共和国水土保持法》等的规定，对取土挖沙、采石、开垦荒坡地等活动可能引起的水土流失、影响行洪安全等进行监督。

(5) 对水土资源开发利用监督。根据《中华人民共和国水法》、《中华人民共和国渔业法》、《中华人民共和国防洪法》、《中华人民共和国土地管理法》等有关规定，对水土资源的开发利用进行监督。

(6) 对从事挖药材、养柞蚕、烧砖瓦等副业生产进行监督。

(7) 对特殊区域进行监督。根据《中华人民共和国环境保护法》的有关规定对自然保护区、国家公园、文物古迹等进行监督检查。

(8) 对重要设施进行监督保护。

4. 水土保持执法的主要内容

(1) 对《中华人民共和国水土保持法》及《水土保持法实施条例》的贯彻情况实施监督检查。

(2) 审批相应级的开发建设项目水土保持方案，督促开发建设单位编报水土保持方案，监督“三同时”制度的执行。

(3) 征收、使用和管理水土保持设施补偿费和水土流失防治费。

(4) 进行水土保持监测网络的规划、建设与管理，定期公告水土流失状况。

(5) 划定水土保持重点预防保护区和重点监督区并实施管理。

(6) 核发与管理《编制水土保持方案资格证书》。

(7) 对违反《中华人民共和国水土保持法》的行为做出行政处理。

9.5 水土保持管理信息系统概述

中国是世界上水土流失最严重的国家之一。我国政府一向十分重视水土保持事业，将其列为国家的一项基本国策。随着空间技术的不断发展，特别是3S（RS代表遥感、GIS代表地理信息系统和GPS代表全球定位系统）技术的一体化、计算机网络技术的发展，以及信息高速公路的建设，为大范围水土流失监测、数据的快速采集与处理、大量空间数据的管理与快速传输、区域水土流失预报、水土保持工程规划设计提供了新的技术支持。为了适应当前和21世纪全国水土保持形势发展的需要，落实《中华人民共和国水土保持法》和《中华人民共和国水土保持法实施条例》的有关要求，更加科学有效地进行水土保持管理，中国科学院水土保持研究所李锐等根据水利部水土保持司的指示，在有关调查研究的基础上，进行了《中国水土保持管理信息系统》的总体设计和预测研究。

水土保持管理信息系统旨在运用先进的水土保持和信息技术，对传统流域治理、开发与管理手段进行升级改造，实现“信息技术标准化，信息采集自动化，信息传输网络化，信息管理集成化，业务处理智能化，政务办公电子化”，提升水土保持业务的科技含量和管理水平，推动水土保持现代化。

9.5.1 水土保持管理信息系统的目标和任务

1. 水土保持管理信息系统的目标

系统的总体目标是建立一个实用化的管理信息系统，为国家及各级水土保持管理部门（及科研设计单位）提供管理与决策支持工具，具体目标如下。

(1) 集成与快速处理多种水土流失数据。水土流失过程受到多种因素的影响，水土流失与水土保持动态监测积累了大量的数据信息。系统将对多种来源的空间的和非空间的数据进行快速、高效和标准的处理和管理。

(2) 服务于水土保持决策与管理。系统全面收集有关水土保持的政策法规和翔实的基础数据，为国家和地方制定国民经济及社会发展计划，为大江大河治理与重大水土保持工程建设提供信息支持和多种选择方案。通过监测判断水土保持治理是否符合标准，是否达到预期目标，为完善水土保持管理体系、提高水土保持管理水平奠定基础。通过动态监测体系，客观、准确、及时地反映出不同治理措施及配置的影响范围、效益和成果，为进一步开展水土保持全面治理工作提供科学的依据。

(3) 实现水土保持信息传输的网络化。我国现有数千个水文和水保观测站点，多年来积累了丰富的基础资料。为充分利用这些宝贵的信息资源将建成由总中心和若干分中心组成的信息网络，利用公用数据交换网实现信息总中心与分中心的数据传输和交流。

(4) 水土保持信息发布和公告。我国水土流失面积广、类型多、强度大，已经成为社会经济持续发展的限制因子。将在完善动态监测网络系统，确保信息规范性和权威性的基础上定期发布和公告水土流失与水土保持的基本数据和信息。通过监测建立本底信息库，为水土保持及其他项目建设的评估、可行性研究、规划、设计等提供基本资料。同时，建立上下沟通的渠道和网络，对行业内部进行网上发文、网上申请、网上汇报、网上批示等。

(5) 文献数据检索。通过文献数据检索和查询，为各类水土保持科学研究提供数据信息和分析方法的支持。

(6) 为水土保持监督执法提供依据。通过动态监测提供的数据，为公正、公平、公开、科学、规范的水土保持监督执法提供保证。

(7) 为水土保持宣传提供新途径。通过动态监测科学地评价水土保持生态环境建设的综合效益，有助于科学公正地看待水土保持在国民经济发展中的地位和作用，让全社会都来支持和关心水土保持事业。

2. 水土保持管理信息系统的任务

(1) 统筹考虑流域机构、各省（自治区、直辖市）、地区、县各级网络结点之间的关系，设计满足不同管理尺度需要的信息系统，并考虑全国信息系统一体化。

(2) 利用遥感、地理信息系统、全球定位系统并配合自动化的地面观测、实地调查和巡测技术，建立高效的水土保持信息采集信息传输网络。

(3) 利用计算机海量信息存储技术，建立规范的信息存储服务系统。

(4) 利用计算机软件技术，建立科学、灵活的信息服务平台。

(5) 结合水土保持业务工作流程，建立方便、实用水土保持应用系统。

(6) 通过标准体系建设，促进信息资源共享和综合利用。

9.5.2 水土保持管理信息系统的结构组成

水土保持管理信息系统由数据管理、文档文献管理、决策支持、规划设计、动态监测信息处理、辅助决策、数据通信等7个功能子系统组成。

1. 数据管理子系统

数据管理包括数据的采集、校验、更新和存储，提供信息查询、统计，以及网络通信交流等项服务。

2. 文档文献管理子系统

提供有关水土保持法规、通知、重要讲话等文件以及科学著作、论文等的检索、查询。

3. 水土保持规划和设计子系统

根据各级水土保持行政管理、流域治理管理和治理实施单位的要求，提供宏观的规划和施工设计。

4. 水土流失动态监测信息处理子系统

对水土流失动态监测网络（水文站、气象站、径流泥沙观测点，多层遥感监测——航天、航空、地面）数据进行快速实时、标准化、网络化处理与管理。

5. 流域管理子系统

系统以全国重点治理小流域基本信息为基础，建立全国小流域综合治理数据库。包括流域治理数据采集指标体系、治理规划模型、效益评价分级标准等，为有关部门小流域综合治理提供信息和决策服务。

6. 决策支持子系统

根据管理的需要灵活提取相关数据，采用适宜算法实施处理，结合专家智能系统为水土保持宏观决策、水土流失动态监测、治理效益评价分析、水土保持工程立项评估、项目规划和预测提供准确的信息和科学依据。

9.5.3 水土保持管理信息系统的数据库

系统数据库由水土保持法规和科技文献库、水土保持组织管理库、水土保持基本数据库和小流域综合治理库构成。

1. 水土保持法规和科技文献库

法规文件库以水利部水保司颁布的“水土保持文件汇编”为蓝本，收集新中国成立以来国家及水利水保部门发布的有关水土保持法令、法规，以及重要指示、决定、通知、会议总结和重要报告等。科技文献库，收集了国内外有关水土保持的科技著作、论文、报告。

2. 水土保持组织管理库

由水土保持行政管理机构库、治理工程项目库和水土保持科研、教学单位库3个子库组成。水土保持行政管理机构库主要存储全国水土保持行政管理部门、流域管理机构等方面信息；治理工程项目库存储全国范围内国家级、省（自治区、直辖市）级、县级水土保持工程项目方面的信息；水土保持科研、教学单位库收集和管理科研教学单位及野外试验站、水土保持科技人才状况、科研项目及重大成果等方面信息。

3. 水土保持基本数据库

按流域、行政单位和水土保持类型区收集储存水土流失和水土保持环境背景数据、国家和区域水土流失和水土保持调查数据、水土保持试验观测数据以及科学研究成果数据等，为水土保持宏观决策、水土保持动态监测、区域水土保持预测评价、水土保持规划、设计等提供基础数据支持。

4. 小流域综合治理库

小流域综合治理是我国水土保持一项成功的水土保持措施，每年约有上千条小流域列入治理项目，国家和地方投入了大量资金和人力。目前有上万条小流域经过综合治理获得了明显的经济、社会和生态效益，已逐步形成了一套比较配套的小流域综合治理技术体系，迫切需要采用先进的技术进行管理，并对已经取得的成果进行科学化、系统化、规范化总结，以推广到更大范围。

9.5.4 水土保持管理信息系统的功能

系统功能包括信息服务、水土保持辅助决策、水土保持规划设计和水土保持公告4个方面。

1. 信息服务

指系统可以提供水土保持法规文件、科技文献，水土流失治理进度报表及动态化的土壤侵蚀环境数据（图形、图表、曲线）并作出相应的评价和预测预报。

2. 水土保持辅助决策

指总结基层干部、群众和专家在长期水土保持实践中积累和创造的经验，并且进行科学化、模式化，建立水土保持专家系统，是推动水土保持研究和加速治理的一项重要措施。建立了以下几个实用模型：土壤侵蚀评价和预测模型；水土保持措施配置及效益评价模型；土地生产力评价模型；土地合理利用决策模型。

3. 水土保持规划与设计

包括水土保持宏观规划、水土保持工程措施（修梯田，打坝等）设计、水土保持生物措施配置模型。

4. 水土保持公告

水土保持公告的主要内容包括水土流失面积、空间分布、流失量、水土流失灾害、水土流失发展趋势、水土流失预防与治理进展、水土保持效益等。

9.5.5 水土保持管理信息系统的开发

以中文操作系统和公用数据交换网为工作平台，采用数据库管理与多媒体相结合的可视化技术，充分利用遥感图像处理和地理信息系统等先进手段提供空间查询分析功能，为解决水土保持领域的新问题不断研制和开发新的功能子系统。

对系统采用二级管理制，即中央控制系统和地方应用系统。其中地方应用系统是多级的，如大型流域管理系统、省（自治区、直辖市）级应用系统、县级应用系统、小流域应用系统。中央系统负责信息的集中统一管理，包括数据标准和规范的制订、数据集成处理、图形生成、宏观规划及地方应用系统协调管理。地方应用系统根据中央系统要求按期定量完成信息采集、校验和图形报表等输出并将有关数据应用到地方水土保持管理。信息中心设在水利部，分中心根据需要设在各省（自治区、直辖市）及各大流域的水土保持管理部门。

水土保持管理信息系统结构框图见图 9-1。

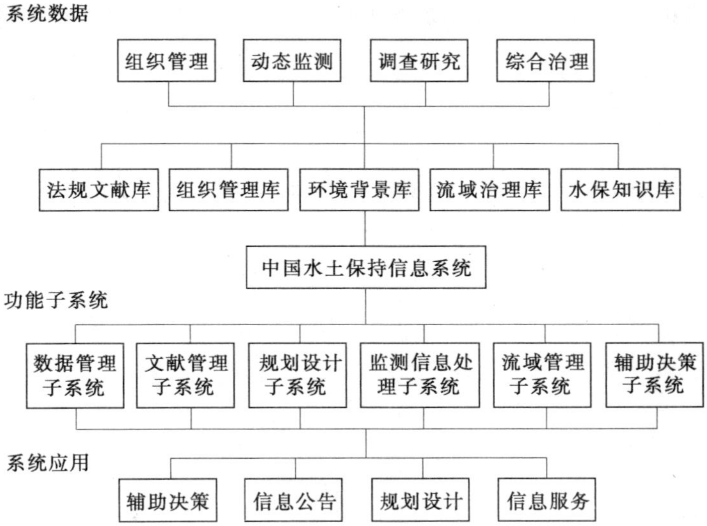

图 9-1　水土保持管理信息系统结构设计框图

复 习 思 考 题

1. 我国已颁布的与水土保持有关的规范与标准有哪些？

2. 试比较水土保持生态建设工程项目规划报告、项目建议书、可行性研究报告及初步设计报告之间的不同之处。

3. 水土保持管理信息系统的目标和任务是什么？

参 考 文 献

[1] 水利部国际合作与科技司．水利技术标准汇编（水土保持卷）．北京：中国水利水电出版社，2002.

[2] 国家林业局植树造林司．全国生态公益林建设标准（一）．北京：中国标准出版社，2001.

[3] 姜德文．生态工程建设监理．北京：中国标准出版社，2002.

[4] 水利部水土保持司，水利部水土保持检测中心．水土保持生态建设项目前期工作培训材料．

北京：中国标准出版社，2001.
[5] 王礼先. 水土保持学. 2版. 北京：中国林业出版社，2005.
[6] 李锐，杨勤科，赵永安，等. 中国水土保持管理信息系统总体设计方案. 水土保持通报. 1998 (10).
[7] 黄梯云. 管理信息系统. 北京：高等教育出版社，2000.
[8] 李璧成，李锐，马晓云. 小流域水土保持信息系统的建立与应用. 水土保持学报，1989，3 (3)：26-62.
[9] 李锐，杨勤科. 流域管理信息系统. //卢宗凡. 中国黄土高原生态农业. 西安：陕西科学技术出版，1998. 254-266.
[10] 李锐，杨勤科. 中国水土保持信息系统的设计与开发. //首届中国水土保持规划学术讨论会材料，1996.

第 10 章 水土保持动态监测

【本章提要】 本章主要介绍了水土保持动态监测的原则、内容和方法，并分别对地面监测、遥感监测、开发建设项目水土保持监测及水土保持动态监测信息系统等内容进行了详细阐述。

10.1 水土保持动态监测的原则、内容和方法

水土保持是建设生态环境、改善农业生产条件和治理江河湖海的一项主要工作，已成为世界各国可持续发展战略的重要组成部分。为了全面掌握水土保持工作的成效及动态变化，很有必要对其进行监测。水土保持动态监测（dynamic monitoring of soil and water conservation）的目的是及时、准确、全面地反映水土保持生态建设情况、水土流失动态及其发展趋势，既为水土流失防治、监督和管理决策服务，又为国家生态建设提供依据。随着遥感影像光谱分辨率、几何分辨率的不断提高和覆盖时间周期化，以及 3S（GIS、RS、GPS）集成技术的逐步成熟和计算机网络技术迅猛发展，开展这一工作，在技术上已经完全可行。

10.1.1 水土保持监测的作用

水土保持监测的作用可概括为以下 5 个方面：

（1）成为水土保持项目管理的重要手段。通过监测判断水土保持治理是否符合标准，是否达到预期目标，为完善、提高水土保持管理体系，提高水土保持管理水平奠定基础。

（2）为项目建设提供基础资料。通过监测建立本地信息库，为水土保持及其他项目建设的评估、可行性研究、规划、设计等提供基本资料。

（3）为水土保持评价和决策提供科学依据。通过动态监测体系，可以客观、准确、及时地反映出不同治理措施及其配置的影响范围、效益和成果，为进一步开展全面治理工作提供科学的依据，可以少走弯路快见成效。

（4）为水土保持监督执法提供依据。通过监测提供的数据，为水土保持执法公

正、公开、科学、规范提供保证。

（5）为水土保持宣传提供新途径。通过动态监测来科学地评价水土保持生态环境建设的综合效益，有助于水土保持在国民经济建设中发挥更大的作用。

10.1.2　水土保持监测的原则

监测工作应充分考虑服务对象对信息的需求和服务的有效性，并遵循以下原则。

1. 规范性

监测方法、监测方式和范围的界定、指标等必须统一，监测的描述和表达等应有全国统一标准，监测方法在同一水土流失类型区具有通用性。

2. 综合性

针对不同的监测对象，应从自然、经济和社会等多方面选择监测指标，从多个角度反映水土流失及其预防和治理状况；在监测方法上，既利用高新技术，也利用常规调查技术，互相补充，使监测结果全面、完整。

3. 动态性

水土流失监测应定期或不定期进行，可提供静态和动态水土保持状况。把各次监测结果、各种专题研究和调查结果综合分析，建立各监测指标的数量化模式，可实现预测、预报。

4. 层次性

宏观、中观和微观监测均涉及层次性问题。由于必要性和技术条件的影响，监测可以在全地区、重点地区或典型样点（某一流域或某个地块）进行。

10.1.3　水土保持监测的内容与方法

10.1.3.1　监测内容

《中华人民共和国水土保持法实施条例》规定："国务院水行政主管部门和省、自治区、直辖市人民政府水行政主管部门应当定期分别公告水土保持监测情况。公告应当包括下列事项：①水土流失面积、分布状况和流失程度；②水土流失造成的危害及其发展趋势；③水土流失防治情况及其效益"。据此，水土保持监测内容应包括以下几个方面。

1. 水土流失变化

防治和控制水土流失是流域综合治理的重要内容。因此，通过各种手段调查、分析、预测流域土壤侵蚀模数，不同地貌部位，不同土地利用状况和人类活动等与水土流失的关系及其治理途径是动态监测的主要内容。水土流失状况包括土壤侵蚀类型、强度、水土流失程度、分布及其危害等，如水力、风力和冻融等侵蚀的面积、侵蚀模数和侵蚀量，河道泥沙、洪涝灾害，植被及生态环境变化，监测对象对周边地区经济、社会发展的影响等。水土流失因子监测主要包括降雨和风、地貌、地面组成物质及其结构、植被类型及覆盖度、水土保持措施的数量和质量。

2. 土地利用现状

流域生态经济结构的合理性在很大程度上取决于农林牧副渔业生产的用地比例和投资，许多山丘区作物生长条件差、土地生产力低，人们为了生产足够的粮食便毁林开荒，任意扩大耕种面积，其结果是越垦越穷，越穷越垦，引起严重的水土流失和生态环境恶化。按照系统工程原理，对土地利用状况逐步进行调整、优化，有利于恢复生态平衡、保持水土和获取最大的整体效益，土地利用现状可以反映农林牧业用地比例的合理化程度。

3. *治理措施实施情况*

治理措施一般包括生物措施、工程措施和农业耕作措施，在生产实际中各种措施是互相结合，互相补充的。造林、种草面积或植被覆盖度、坡地梯田化面积、鱼鳞坑数量、谷坊和塘坝数量等，不仅反映了各种治理措施的实施状况，也反映了流域水土流失的综合治理和景观生态的改良程度。

4. *生产与收入变化*

区域生产水平的提高和收入的增加可以反映综合治理活动对经济子系统影响的大小，粮食产量、林果收入、木材蓄积量、畜牧业的增值和工副业的发展带来的经济效益，以及区域总产值、劳均纯收入的变化等，分别反映了种植业、林业、畜牧业和工副业在综合治理活动的作用下所发生的变化。

5. *群众物质和文化活动水平的变化情况*

监测项目包括人均生活水平、生活消费支出、食品、衣着、日用品、住房、燃料等物质生活消费和文娱、卫生、交通、邮电文化生活费用，以及人均口粮、人均居住面积、学龄儿童入学率、文化站数和人均寿命等。这些项目的变化反映了水土保持工作对社会子系统的影响程度和范围。

10.1.3.2 监测方法与技术

总体说来，水土流失监测要综合运用遥感（RS）、全球定位系统（GPS）和地理信息系统（GIS）技术、地面调查、专项试验和数理分析与预测、预报方法等。RS技术用于获取影响水土流失因素的信息，GPS技术主要用于确定和获得地理位置信息，GIS技术用于编辑、分析监测信息并对其进行管理。

水土流失监测可以在三种空间尺度上进行，即：从地面、飞机以及卫星上实施监测。其监测的范围大小、时间频率以及用途分述如下。

1. *地面监测*

地面监测可以提供“地面—真实”测定结果，可以用来鉴定飞机、卫星提供的“遥感”数据的准确性，以及用来解释这些数据。地面监测范围主要包括小区或样地监测、空中和卫星等遥感监测的训练区监测等，比例尺一般为1∶10000。地面测量对只有从地面监测才能获得最好属性的对象特别适用。例如：土壤侵蚀模数、泥沙输移比以及其他许多环境属性。

在地面监测时，要充分利用GPS定位技术，以便记录监测对象的位置属性，分析诸如位置、面积、长度、体积、等高线和坡度等。GPS技术可以帮助我们实现数据的快速采集、对象属性的实时分析等。

2. *航空监测*

结合地面观测，航空监测的数据可以用来校验卫星监测判读的正确性和判读精度等。航摄带宽随制图比例尺要求变化。比例尺一般为1∶10000～1∶100000，扫描宽度为2～10km。

空中监测可以用来监测典型地区水土保持工程措施的分布及其数量、面积等。一般可以用于小流域（5～30km^2）、中型流域（100～1000km^2）的土地利用状况、植被覆盖、淤地坝、梯田等水土保持措施的状况。

3. 卫星监测

利用卫星遥感技术，对大流域或大范围水土流失及其防治成果进行监测，与地面调查和航空遥感技术结合，可以判读植被覆盖、作物状况、地面组成物质区划等影响土壤侵蚀的因素，分析水土流失的分布、强度变化、治理面积等。卫星监测的最大优点是资料以很频繁的时间间隔重复，真正实现动态监测。

综合运用多种监测技术和方法，可以实现下述4个方面的功能：一是快速清查宏观区域水土流失状况；二是定量检查、验收水土保持治理工程；三是实时分析监督执法对象的有关属性；四是预测、预报水土流失及其防治发展趋势。

10.2 地 面 监 测

地面监测适用于水土流失及其防治效果的观测，包括水蚀、风蚀、重力、冻融侵蚀及其防治效果等。

基本侵蚀要素应包括降水量、降水强度、风速、风向、径流、泥沙、土壤质地、土壤结构、土壤有机质和土壤可蚀性等。

10.2.1 水蚀观测

10.2.1.1 站点布设

1. 小区布设

小区布设应选择在不同水土流失类型区的典型地段，尽可能选取或依托各水土流失区已有的水土保持试验站，并考虑观测与管理的方便性。坡面横向平整，坡度和土壤条件均一，在同一小流域内应尽量集中。

小区分为标准小区和一般小区两类，标准小区选取垂直投影长20m，宽5m，坡度5°或15°，坡面经耕耙平后，纵横向平整，至少撂荒1年，无植被覆盖。一般小区按照观测项目要求，设立不同坡度和坡长级别、不同土地利用方式、不同耕作制度和不同水土保持措施的小区。无特殊要求时，小区建设尺寸应参照标准小区规定确定。

2. 小区建设

小区边界应由水泥板或金属板等边墙围成矩形，边墙高出地面10～20cm，埋入地下30cm，上缘向小区外呈60°倾斜，小区底端应为水泥等材料做成的集流槽。集流槽表面光滑，上缘与地面同高，槽底向下及向中间倾斜，斜度使土壤不发生沉积。紧接集流槽，由镀锌铁皮、金属管等做成导流管或导流槽。

集流桶采用镀锌铁皮或钢板等材料制作，设计规格应根据当地的降雨及产流情况确定，以一次降雨产流过程中不溢流为准。如产流量大，可采用一级或多级分流桶进行分流，分流孔的数量根据可能的产流而定，分流孔应均匀。分流桶内应安装纱网或其他过滤设施。集流桶和分流桶的安装应保持水平，集流桶和分流桶都应在顶部加盖及底部开孔。

每个监测站应安装一个自记雨量计和一个备用雨量计。每个小区附近安装一个雨量筒，有条件的地方，可利用全自动雨量观测设备进行雨量的观测。

3. 控制站布设与选址

应避开变动回水、冲淤急剧变化、分流、斜流、严重漫滩等妨碍测验进行的地貌、地物，并应选择沟道顺直、水流集中、便于布设测验设施的沟道段。控制站选址应结合已有的水土保持试验观测站点及国家投入治理的小流域，并应方便观测及管理。控制站实际控制面积宜小于 50km^2。

10.2.1.2 水蚀小区观测

应采用自记雨量计、人工观测雨量筒观测降水总量及其过程。

每场暴雨结束后应观测径流和泥沙量，泥沙量可采用取样烘干称重法测定，有条件时，应观测径流、泥沙过程。对每个小区每半年应进行一次有机质含量、渗透率、土壤导水率、土壤黏结力等测定，每 3～4 年应进行一次机械组成交换性阳离子含量、土壤团粒含量等测定。

坡度对侵蚀影响的观测应有多个小区，至少应有 1 个标准小区，每个小区坡长垂直投影应为 20m，坡度可根据当地地形条件，连续或断续地分别取 3°、5° 、10°、15°、20°、25°和 35°等。

坡长对侵蚀影响的观测应有多个小区，至少应有 1 个标准小区，其余小区坡度应为 5°或 15°，坡长应根据当地地形条件 连续或断续地分别取 10m、20m、30m、40m、50m 等。

作物经营管理对侵蚀影响的观测应有多个小区，至少应有 1 个标准小区，其余小区应根据当地主要作物及其经营管理确定。分别布设在土地翻耕期、整地播种期、苗期、成熟到收获期及收获以后等不同农作期进行，观测植株高度、覆盖度、叶面积、容重和地表随机糙度等，并在每场暴雨后观测径流和土壤流失量。

水土保持措施对侵蚀影响的观测应有多个小区，至少应有 1 个标准小区，其余小区应根据《水土保持综合治理 规划通则》（GBT 15772—1995）及当地主要水土保持措施确定。在每场暴雨后进行观测，观测项目为径流和土壤流失量。

小区土壤水分含量应每旬观测 1 次，并应在降雨前后各有 1 次观测。其余项目可每年采样分析一次。

根据各地沟蚀实际情况选择典型地段定期观测沟头前进、沟底下切、沟岸扩张和沟蚀量。

10.2.1.3 水蚀控制站观测

1. 水位观测

（1）自记观测。自记水位计观测水位，要求每场暴雨进行一次校核和检查，水位变化平缓、质量较好的自记水位计，可以适当减少校测和检查次数，水位变化急剧、质量较差的自记水位计，可以适当增加校核和检查次数。

（2）人工观测。宜每 5min 观测记录一次，短历时暴雨应每 2～3min 观测记录一次。

2. 泥沙观测

每次洪水过程观测不应少于 10 次 应根据水位变化确定观测时间。应采用瓶式采样器采样，每次采样不得少于 500mL。泥沙含量采用烘干法测定。悬移质泥沙的粒级每年应选择产流最多、有代表性的降水过程进行1～2次采样分析。

3. 气象观测

观测项目应包括日照、降水量、降水强度、气温、湿度、蒸发、风向、风速等气候指标的总量及其过程。

场地选择应能代表流域小气候特征，四周开阔、平坦，并保证降水成倾斜下降时，四周物体不致影响降水落入雨量器内。四周障碍物与仪器的距离不得少于障碍物顶部与仪器口高差的2倍。

观测场地应有适当的专用面积，四周应围一个栅栏。观测场内不应种植对降水观测有影响的作物。

观测雨量可用雨量器、自记雨量计等。观测气温可用温度计，湿度用干湿球温度计。仪器的安装和使用应根据有关气象观测规定进行。

4. 小流域背景

小流域背景调查应与控制站观测与调查相配合，应建立基础数据库，调查应每年进行一次。

10.2.2 风蚀观测

1. 风蚀观测站

选择能代表土壤侵蚀区划二级类型区的典型地区，有条件时，应利用国家治理小流域或依托已有的野外生态观测站点，还应注意观测与管理的方便性。

2. 观测与调查方法

(1) 观测项目。风蚀观测应包括风蚀强度、降尘、土壤含水量、土壤坚实度、土壤可蚀性、植被覆盖度、残茬等地面覆盖、土地利用与风蚀防治措施等。

(2) 观测方法。降尘量观测采用降尘管（缸）法，风蚀强度观测采用地面定位插钎法，每15天量取插钎离地面的高度变化。有条件的站点可采用高精度地面摄影或高精度全球定位系统技术方法。土壤含水量和土壤紧实度的测定可采用土壤物理学方法，并与风蚀强度观测同步进行。植被覆盖度、土地利用和风蚀防治措施调查应采用地面调查或遥感影像解译方法，应与风蚀强度观测同步进行。

10.2.3 滑坡和泥石流监测

1. 监测站点布设

应布设于滑坡、泥石流频繁发生而且危害较大、有代表性的地区。站点应具备工作基础，并有便利的交通条件。

2. 滑坡监测

滑坡观测应对变形迹象明显、潜在威胁大的滑坡体和滑坡群进行监测。监测项目应包括降雨量、地表裂缝、位移、地表水、地下水和其他变形迹象。

(1) 降雨观测：采用雨量计法。

(2) 地表变形与位移观测：采用排桩法，从滑坡后缘的稳定岩体开始，沿滑坡变形最明显的轴向等距离设一系列排桩，由滑坡后缘以外的稳定岩体开始量测其到各桩之间的距离。汛期每周观测一次，非汛期半月或一月观测一次，根据下式求得位移量，即

位移：$\Delta L_{ik}=L_{ij+1}-L_{ij}$

水平位移：$\Delta X_{ik}=L_{ik}\cos\beta_i$

垂直位移：$\Delta Y_{ik}=L_{ik}\sin\beta_i$

以上式中：$i=1$，2，3，…，$n-1$，n，表示桩数；$j=1$，2，3，…，$m-1$，m，表示测次；$k=1$，2，3，…，$m-1$，m，表示测次；L_{ij}为第j次测量时，第i桩与第$i+1$桩之间的斜坡距离，m；ΔL_{ik}为第k次与第$k+1$次测量之间，第i桩与第$i+1$桩之间的斜坡距离之差，m；β_i为第i桩与第$i+1$桩之间斜坡的坡度，(°)。

(3) 地表裂缝观测：滑坡体周界两侧选择若干点，在动体和不动体上埋设标桩，定期用钢尺测量两桩间的水平距离。汛期每周观测一次，非汛期半月或一月观测一次。

(4) 地下水观测：在地表变形明显的滑坡体附近，观测地下水变化。观测项目包括地下水位、泉水流量、浑浊度和水温等。

(5) 地表巡视：观察滑坡体的各种变形征兆，包括裂缝变形、位移加快程度、动物活动异常、温度和流量变化等。

(6) 滑坡侵蚀量：可采用体积或者重量表示。

3. *泥石流监测*

(1) 监测项目。包括泥石流暴发时的流态、龙头、龙尾、历时、泥面宽、泥深、测速距离、测速时间、流速、流量、容重、径流量、输沙量、沟床纵降、流动压力、冲击力等。

(2) 监测方法。

1) 断面观测：在泥石流沟道上设立观测断面。利用测速雷达、超声波泥位计，实现泥石流运动观测。

2) 动力观测：采用压电石英晶体传感器、遥测数传冲击力仪、泥石流地声测定仪等方法。

3) 输移和冲淤观测：在泥石流沟流通区布设多个固定的冲淤测量断面，采用超声波泥位计、动态立体摄影等观测。

4. *滑坡泥石流岩土性状试验观测*

(1) 取样方法。泥石流取样集中在形成区和堆积区 滑坡取样主要集中在滑坡的滑动带上，其次是滑体内各层位上，选择较为典型的点，去掉表层风化层，裸露新鲜面，兼顾颗粒大小组成，取样约5kg，所取样品装入样品袋，注明取样地点、采样日期及采取人员。

(2) 滑坡岩土样品试验。

1) 土壤物理形状。直接测定指标包括土壤机械组成，土样的比重、天然容重及含水量。其他指标（包括孔隙比、孔隙度、饱和度和干容重等）由上述指标推算。测试按《土工试验方法标准》(GB/T 50123—1999)、《土工试验规程》(SL 237—1999)规定进行。

2) 液性指数与塑性指数。按《土工试验方法标准》(GB/T 50123—1999)、《土工试验规程》(SL 237—1999) 进行实验分析。

3) 滑坡体土强度试验。宜采用直接剪切试验方法，该方法可测定预定剪切面的抗剪强度。

10.3 遥感监测

利用遥感技术对流域或区域进行水土保持生态环境监测，是实现流域水土流失及水土保持效益全面准确的实时、动态监测和预报的重要手段。可以帮助决策部门掌握主要监测区内水土流失分布、面积与流失量的逐年变化情况、植被结构变化情况等，水土保持生物、耕作、工程措施的总体效益的演变情况及生态环境的动态变化过程。通过监测最终对流域水土流失面积、分布状况和流失强度，水土流失造成危害及发展趋势，水土流失防治情况及其效益有一个全面的掌握，并定期向社会进行公告。

随着遥感影像资源的丰富和处理技术的日益提高，遥感影像覆盖面广、周期快、分辨率高和信息量丰富等特点，使得遥感技术在水土保持监测领域发挥越来越大的作用，它在水土保持工作的规划、治理、监督等方面的应用越来越得到重视，其宏观、快速和客观的优势得到充分的发挥，已经成为一个重要的水土流失监测手段。

10.3.1 农田防护林的规划设计

(1) 土壤侵蚀因子：包括植被、地形和地面组成物质等影响土壤侵蚀的自然因子以及开矿、修路、陡坡开荒、过度放牧和滥伐等人为活动。

(2) 土壤侵蚀状况：包括类型、强度、分布及危害等。

(3) 水土流失防治现状：包括水土保持措施的数量和质量。

10.3.2 监测区域级别、比例尺和周期的确定

(1) 监测区域级别与比例尺：按面积大小分为全国、大江大河流域、省（自治区、直辖市）与重点防治区、县与小流域等4个级别。

(2) 各种监测区域的最小比例尺：全国与大江大河流域，不小于1∶250000；省（自治区、直辖市）与重点防治区不小于1∶100000；县（县级市）不小于1∶50000；小流域（包括大型建设及开发项目区）不小于1∶10000。

(3) 监测周期：全国、大江大河流域和省（自治区、直辖市）监测周期为5～10年，重点防治区、县和小流域（包括大型开发建设项目区）监测周期根据具体情况确定。

10.3.3 遥感信息的选择与使用

(1) 信息源与使用：按照监测区域的大小和制图比例尺，选择相应的航天遥感、航空遥感信息。

(2) 时间跨度：全国、大江大河流域、省（自治区、直辖市）和重点防治区遥感信息的时间跨度不得超过2年，县和小流域的为6个月。

(3) 时相选择：根据工作区域和任务不同进行选择。

10.3.4 监测程序

①确定计划任务；②组织培训监测人员；③野外考察建立解译标志；④遥感图像解译；⑤野外校核；⑥图形编辑与面积量测；⑦检查与验收；⑧成果资料管理。

10.3.5 遥感监测前期准备

1. 编制监测计划

其主要内容应包括：区域概况、基础资料和技术路线、组织实施与方法、预期成果、进度安排和经费预算。

2. 监测队伍

必须由从事水土保持和遥感专业的人员组成，工作人员工作年限必须在 3 年以上。监测工作开始前，应由承担单位对工作人员进行技术培训。

3. 收集资料

（1）遥感信息：根据工作需要进行选择。

（2）地形图：主要包括不小于监测比例尺的最新地形图或数字高程模型。

（3）其他资料：图件资料包括相关的土地利用图、地质图、地貌图、植被图、土壤图等土壤侵蚀因子图件，以及水土保持规划、行政界线等图件观测数据和文字资料包括监测区域的水文、气象、径流 泥沙等观测资料以及水土保持治理资料等。

10.3.6 遥感信息处理

应根据搜集到的遥感信息，选择最佳波段组合，利用数字图像处理方法进行信息增强。应根据地形图，选取控制点进行几何校正，校正后图面误差不应大于 0.5mm，最大不应大于 1mm，对于丘陵山区侧视角较大的图像，可利用数字高程模型进行地形位移校正。当有校正好的遥感影像时，可以将新的遥感影像配准到该影像，配准后的误差不应大于 0.5 个像元。涉及一景遥感影像以上的监测区应采用无缝镶嵌。全国、大江大河流域应采用双标准纬线等积圆锥投影，省（自治区、直辖市）和重点防治区根据不同情况可采用双标准纬线等积圆锥投影或高斯—克吕格投影，县和小流域监测区宜采用高斯—克吕格投影，单位为 m。

10.3.7 遥感图像解译

遥感图像解译采用人机交互解译法，并鼓励试用自动识别等新方法。人机交互解译步骤为：

（1）建立解译标志：通过对监测区进行外业调查，建立遥感解译标志，拍摄相应的野外实况照片，并作详细野外记录。

（2）室内人机交互解译：根据野外建立的判读标志及相关资料，在影像上勾绘图斑。

（3）野外校核：应用典型样区校核法和线路验证法，校核室内判读的准确性，拍摄照片，并作现场记录。

（4）修编：根据野外校核情况和专家意见，对解译结果进行全面修改和补充。

（5）数字图生：将修编后的数字图接边，并转成 ARC INFO 的 E00 和 Coverage 格式。

10.3.8 面积量算与汇总

应以图幅理论面积或国家统一的行政单位面积作为控制面积，并进行面积量算。理论面积与实际面积误差范围不得大于理论面积的 1/400，面积应平差到每个图斑，平差后差值应赋予图中面积最大的图斑。全国、大江大河流域、省（自治区、直辖市）和重点防治区面积汇总时，应以县级行政单位为单元，分类分级统计面积，进行县级面积汇总时，应按乡级行政单元进行统计，小流域监测可根据具体情况确定。

10.3.9 质量控制

1. 航片处理

航向重叠不得小于60%，旁向重叠不得小于30%，每张像片的倾角不应大于2°，个别不应大于3°。每张航片上4条压平线的弯曲度不得大于0.01mm；影像清晰，色调均一、反差适中，阴影、云彩和其他斑痕不得影响应用；投影误差应控制在±0.4mm。

2. 卫星影像处理

应经过几何纠正与辐射校正，无错误的条。遥感影像经精细纠正后，误差控制在1个像元内。

3. 解译质量

图斑属性的判对率应大于90%；图斑边界线的走向和形状与影像特征的允许误差，遥感影像小于1个像元，航片按成图比例尺控制在0.5mm内。按成图比例尺，最小图斑面积应为4mm²，条状图斑短边长度不应小于1mm。图斑定性和定位应准确，矢量图内弧段应封闭，图斑应标注，图形应建立拓扑关系，图幅接边及其判读应在规定误差内，质量采用随机抽样方法，各级检查图斑数不得少于总图斑数的5%。自查误差应不大于10%，复验误差应不大于8%，审核误差应不大于5%。

4. 成果质量

图斑属性接边正确，图斑界线接边误差不应大于遥感影像的0.5个像元，航片按成图比例尺不应大于0.5mm。每个图斑只能有一个代码；矢量图内弧段应封闭，图形应建立拓扑关系；成果图绘制应按《水利水电工程制图标准水土保持图》(SL 73.6—2001)规定执行。

10.3.10 成果

(1) 基础资料、原始记录、实地照片等技术文档。

(2) 遥感影像、数字图和成果图件。

(3) 监测对象的分类分级面积及其动态变化统计表。

(4) 工作报告、技术报告和结果分析报告等监测报告。

10.3.11 遥感动态水保监测

遥感动态水保监测是利用遥感的多传感器、多时相的特点，通过不同时相对同一地区的遥感数据进行变化信息的提取。遥感信息的周期性和连续性为动态水保监测提供了可能。利用实时的遥感图像对土壤侵蚀强度的年度动态变化进行监测；分析土壤侵蚀总量以及年度变化趋势、植被资源动态变化趋势、工程措施治理效益、林草种植措施效益；对水土流失严重、生态环境恶化地区提出警示；通过对资料分析与评价，定期发布水土保持状况公告。

1. 遥感动态水保监测的特点

一是采用的方法多样，以目视判读、计算机图像处理以及两者相结合的方法进行；二是监测的空间尺度广泛，从某典型小流域至整个流域乃至全国范围；三是监测的时间跨度大，从几年的变化到几十年的变化。

2. 遥感动态水保监测的流程

遥感影像应用在水保监测中的目的主要是监测水土流失的变化情况，水土保持调查数据的真实程度和准确性，监督水土保持规划的执行情况和进展情况，为国民经济建设和发展提供科学依据。水土保持监测功能主要包括6个方面：面蚀监视、沟蚀监视、水文要素监视、其他监视、水土流失成因分析、水土流失危害预测。

（1）数据资料的获取。综合分析影响水土保持的因素，包括土地分类、土壤侵蚀类型、侵蚀强度、地貌类型、母岩类型、植被盖度、坡度属性等，结合遥感技术的应用特点，着重从3个方面收集数据资料：①遥感影像资料（TM、SPOT）；②1∶5万地形图、土地利用分类图、行政区划图、土壤侵蚀图等；③基于文字和数据表格的监测区详查资料。

（2）监测工作流程。遥感动态水保监测技术主要是对不同时相的遥感数据进行组合、融合以提取出土地利用的变化信息，并结合实地调查与变更详查数据对监测变化信息进行核查，采用重点地区逐个图斑对照，一般地区统计比较的检查方法，对信息提取结果反复核查修改，直至满足精度要求。最后，生成各种格式的水土流失专题报表，通过各种统计分析预测未来水土流失变化，提取水土流失专题信息生成各种统计图表。包括3个方面：一是专题报表生成；二是统计分析；三是统计图表生成。动态监测流程如图10－1所示。

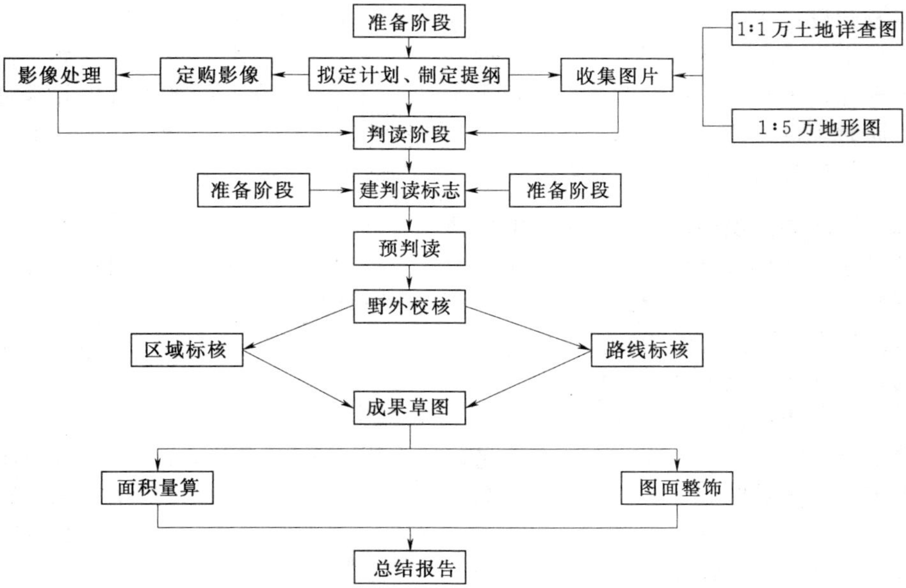

图10－1 动态监测流程图

3. 水保监测精度评定

监测精度是水保监测的重要技术指标之一，监测方法和信息源是影响精度监测的主要因素。依据最新的土地利用现状图及使用GPS接收机进行野外实测，对于小范围的试验区，针对5个像元以上的变化信息图斑逐个检查，进行精确定位；对于大范围的监控区进行抽样核查，最后统计动态变化图斑的属性、面积及精度比较等数据。

10.4 开发建设项目水土保持监测

开发建设项目水土保持监测是近年来的一大热点，也是水土保持监测的重点。随着中国经济建设的快速发展、西部大开发和振兴东北老工业基地战略的实施，资源开发、基础建设对区域生态环境的影响也越来越为政府和社会各界所关注，水土保持监测成果已成为检查开发建设项目水土保持方案实施情况的重要依据，并由具备相应资质的监测单位承担。开发建设项目水土保持监测一般采取地面观测和调查监测相结合的方法。对大型工程和重点项目，还同时利用遥感手段进行水土流失背景调查和动态监测。根据监测规程要求，大中型开发建设项目应布设相对固定的监测设施。目前的监测重点包括采矿、交通、电力、冶炼、水利水电、城镇建设等类型的项目，监测时段不仅包括工程对地表扰动的时期，也包括地表植被的恢复时期，监测结果直接服务于开发建设项目水土保持监督执法。

10.4.1 开发建设项目水土保持监测的目的和意义

开发建设项目水土保持监测是对各类开发建设项目实施实时监测与监督管理的一项重要内容。通过对项目区水土流失情况的监测，检验开发建设项目的水土流失预测成果以及建设过程中水土流失是否得到有效控制，是否达到水土保持方案提出的目标和国家规定的标准；及时了解水土流失的动态变化情况，判断项目水土保持防护工程技术合理性；为建设单位和监管部门提供实时信息，发现突发的水土流失并及时提供对策，同时，也为建设项目水土保持达标验收提供科学依据；开发建设项目水土保持监测是项目进行后评价的重要手段。

10.4.2 开发建设项目水土保持监测的任务和内容

开发建设项目水土保持监测主要围绕项目建设过程中的水土流失问题进行微观层次的实时的、全过程的监测。监测任务主要有以下几方面：

(1) 划定水土流失防治责任范围。

(2) 掌握水土流失动态变化情况。

(3) 确定防护措施数量及效果。

水土保持监测内容主要对弃土弃渣量、地表扰动面积、土壤流失量、水土保持措施实施情况、林草覆盖率等项目进行监测，目的是核定扰动土地整治率、水土流失治理度、拦渣率、水土流失控制比、植被恢复系数、林草覆盖率等6项主要指标，为项目水土保持竣工验收提供依据。

具体通过测量建设项目各阶段占地面积、土地扰动类型及其分布，土石方挖、填数量，弃土（石、渣）量及分布，林草保存情况划定建设项目水土流失防治责任范围。监测土壤侵蚀强度和土壤流失量的变化，分析水土流失影响及危害等。调查水土保持方案中的各项防治措施的实施数量和质量，林草措施的成活率、覆盖率和生长情况，防护工程的稳定性、完好性和运行情况，拦渣保土量，水土保持措施管理等。

10.4.3 开发建设项目的特点与水土保持监测

开发建设项目的水土流失监测必须符合开发建设项目的特点。传统水土保持监测项目主要针对水土流失变化缓慢，水土流失速率相对稳定，流失类型单一的山区及乡村水土流失；而开发建设项目一般具有工期短，土石方量大，原地形变动大，形成的水土流失类型复杂等特点，传统方法难以应用。

1. 开发建设项目的类型

开发建设项目与经济发展关系密切。目前我国再掀起新一轮基础建设的高潮，必须实行水土保持监测的开发建设项目主要包括交通铁路业、电力行业、采矿业、水利水电业、城镇建设等。

项目建设过程中，通常需要进行土地平整、采石取土、坡面开挖及填筑、渣料临时堆放、弃渣弃土以及运行期尾矿与灰渣的存储等工序，不但在山区易造成水土流失，在平原地区保护不力同样会使泥沙进入河道影响城市与居民生产生活。

2. 水土保持监测方法

建设项目水土保持监测方法包括调查与巡查、地面定位观测及临时监测等，以满足项目变化的特点，确保监测工作的顺利进行。

（1）调查与巡查。调查与巡查是指定期采取线路调查或全面调查，采用 GPS 定位仪、照相机、标杆、尺子等对项目区防治责任范围内地表扰动类型和面积、基本特征及水土保持措施实施情况（拦渣工程、护坡工程、土地整治等）进行监测记录。

（2）地面定位监测。地面定位监测的目的是获得不同地表扰动类型的侵蚀强度，监测方法主要采用桩钉法、侵蚀沟样方测量法、简易径流小区法以及人工模拟降雨试验等。同时采用自记雨量计观测降雨量和降雨强度。

（3）临时监测。不定期进行全线踏勘调查，特别是大雨及暴雨后对具有潜在流失危险的地段的临时查看，若发现较大的扰动类型的变化（如新出现堆渣或堆渣消失、开挖面采取了措施等）或流失现象，及时监测记录。

10.4.4 监测原则

1. 监测点的时间性

根据开发建设项目的性质，确定临时性监测点和永久性监测点两类。

（1）临时性监测点。用于建设性项目建设过程中水土流失情况的监测。建设性项目是指建设过程中造成一次性水土流失，建成后基本不再发生水土流失的项目。

（2）永久监测点。用于生产性项目运行过程中水土流失情况的监测。生产性项目是指既在建设过程中造成水土流失、又在建成后仍发生水土流失的项目。

2. 监测点密度的合理性

监测点的布设密度，一是要根据开发建设项目的水土流失防治责任范围；二是要有一定的代表性。不同监测项目有不同的监测点密度，或同一监测点含有不同的监测项目。

3. 监测方案的可操作性

用于水土保持监测的设施和方法应针对开发建设项目可能导致水土流失的情况，具有较强的可操作性。观测时段、观测周期也要结合实际，同时设计水土保持监测方案，并报有关部门批准后方可实施。

4. 监测经费的统一性

监测经费应按水利部水总〔2003〕67号文关于颁发《水土保持工程概（估）算编制规定和定额》的通知有关规定，按水土保持投资的百分数提取。基建时期的水土保持监测费，由基建费用统一列支；生产期的监测费则应作为生产成本由生产费用统一列支。

水土保持监测费应包含两个方面：①新增水土保持措施监测；②主体工程中具有水土保持功能部分的监测。取费费率按水利部水总〔2003〕67号文规定。

5. 监测方法的针对性

根据监测目的确定监测方法。一般大、中型项目采用地面监测与调查监测相结合的方法，并有相对固定的监测设施；小型项目则以调查监测为主。

地面监测有径流场法、控制断面观测站法、钉子法、沟道淤积物体积测量法等，以测定水土流失量和计算水土流失强度。调查监测则采用调查和量测相结合的方法。

6. 监测时段的准确性

监测时段分为两种情况：①生产性项目监测时段分为施工期和生产运行期；②建设性项目监测时段分为施工期和林草恢复期。林草恢复期一般2～3年，最长不超过5年。南方水热条件较好的地方可以适当缩短，而在北方干冷区应适当延长。在同一监测时段内，根据雨季施工情况和水土流失易发性等实际情况，适当增加监测次数。

7. 监测资质的准入性

应具备水利部或省（自治区、直辖市）颁发的水土保持监测资质证的单位，方可以实施水土保持监测。

10.4.5 监测重点

1. 采矿行业

采矿行业造成的水土资源破坏是十分严重的。如井下开采，造成土地塌陷，诱发崩塌滑坡；露天开采，则大量排弃渣石占压破坏土地。据全国28个重点露天煤矿调查，仅弃土场占地达4400hm^2，且每年还要新增占地400多hm^2。全国煤矸石山1998年为7309亿t，1990年后每年还新增排放煤矸石0.6亿t；国家重点金属矿山每年剥离岩土2.2亿～2.6亿t，矿山弃渣占地200万hm^2。这些弃渣场的边坡陡，水土流失严重。监测的重点是弃渣场、尾矿。

2. 交通铁路行业

改革开放以来，我国的交通业发展迅速，近几年新增公路里程5万km以上。参考国外工业化国家公路里程占地比例，我国的公路建设还将持续一段很长的时间。公路建设开挖边坡、弃土弃渣等情况，都有可能造成新的水土流失。

在铁路建设方面，到1990年，全国营运铁路里程已达5.34万km。1998年国家提出今后5年铁路建设的目标，国家计划投资2500亿元，新增营运里程7万km。新建铁路一般（包括站场等有关工程）每公里正线占地约5.3hm^2，新建复线每公里占地约6.7hm^2。新建铁路对沿线地形地貌的扰动破坏大，水土流失严重。道路建设过程中开挖路堑、填筑路基、取土采石等动用土石方量大，特别是隧道的弃土弃渣、高填深挖地区的取弃土。此外，由于施工战线长，临时工棚、施工场地、施工便道等的占地量也很大。

监测的重点是弃土弃渣场、取土场、土石方临时转运场、开挖边坡、工场、施工便道等。

3. 石油天然气行业

我国石油、天然气资源储量丰富，特别是西部。石油天然气行业除矿区外，输送油气管道，在建设过程中也会造成新的水土流失。

监测的重点是施工过程中的水土流失、交叉工程的弃土弃渣、管道覆土后的地面植被恢复等。

4. 电力行业

我国的电能结构中，以火电和水电为主。据有关方面资料，全国电力结构 76% 为火电，24%为水电。火电企业在建设过程中造成的水土流失、生产过程中产生的废弃灰渣的流失以及粉尘污染，已成为严重的环境问题。目前，燃煤电厂的灰渣综合利用率还不到 30%。水力发电则主要是建设期间的水土流失。

监测的重点是施工过程中的水土流失、弃土弃渣场、取土场、水土流失对敏感区的影响等。

5. 水利水电工程

水利枢纽工程、防洪堤防、灌溉工程、供水工程、调水工程等，在建设过程的采石、取土、挖沙、开挖地面、移民村镇建设等，都会引起水土流失。

监测的重点是施工过程中的水土流失、弃土弃渣场、取土场、移民建镇过程、库区周边的山体稳定等。

6. 冶炼行业

冶炼行业在矿山开采、运输、尾矿尾沙和冶炼过程中的废弃物排放等，大量占压土地，并造成新的水土流失。

监测的重点是尾矿尾沙场、料场、废弃物排放场、矿区。

7. 城镇化过程

改革开放以后变化最大的莫过于城市化。目前，我国的城市化率约 38%，距工业化水平还有相当大的距离。一方面，我国的平地资源缺乏，城市化过程中大量开山造地的行为，造成了严重的水土流失；另一方面，党的十六大报告提出加强农村基础设施建设，如果忽视监测，也将造成严重的水土流失。

监测的重点是城市化过程中对原地貌的破坏、开山造地形成的高边坡、水土流失对城市基础设施、城市旅游资源和城市水资源的影响等。

10.4.6 开发建设项目水土保持监测设计与实施计划编制

（1）综合说明：简要说明开发建设项目概况及建设意义、水土流失防治责任范围及其水土保持背景状况、水土保持工程设计情况、监测任务缘由及其实施组织等。

（2）编制依据：包括法律法规、规范性文件、技术标准、应用的主要技术资料和监测技术服务合同等。

（3）建设项目及项目区概况：包括开发建设项目的概况、项目区自然和社会经济概况、开发建设项目水土流失防治措施体系。

（4）水土保持监测布局：包括监测原则与目标、监测范围及其分区、监测点布设、监测时段和工作进度。

（5）监测内容和方法：包括监测内容、监测指标与测试方法、监测点观测设计。

（6）经费预算：包括编制原则和依据、编制方法、预算结果（概算表）。

（7）预期成果及其形式：水土保持监测报告（提纲参见附录2）、监测阶段报告、数据记录册、附图及附件。

（8）监测工作组织与质量保证体系：包括监测人员组成、监测质量控制体系、附图。

10.5 水土保持动态监测信息系统

10.5.1 水土保持监测网络信息系统

近年来随着遥感、地理信息系统及全球定位系统等空间技术的快速发展和实用化，使得建立一个以空间技术和计算机网络与通信技术相结合的水土保持监测地理信息系统，对水土流失进行动态监测、预测预报、快速调查，实现水土保持工作的可视化信息管理和科学决策成为可能。下面以省级水土保持监测网络信息系统为例，说明水土保持监测信息系统的功能和建设。

10.5.1.1 总体目标

建立一个以地理信息系统（GIS）为平台的实用化的信息管理系统，为各级水土保持管理部门及科研设计单位提供数据统计、信息管理、规划设计及决策支持工具。具体体现在以下几个方面。

1. 多种水保数据的集成与高效处理

系统将对各种水保数据（包括空间数据和属性数据）进行采集、收集、汇总并进行快速、高效和标准化的处理和管理。

2. 实现水保信息的网络化传输和共享

建成以省水土保持局为中心，各地市为分中心，县区为基层的水保信息网络，利用通信网络实现各级部门之间的水保信息传输、交流和共享。

3. 为水土保持工作的管理提供服务

系统将集成各种有关水土保持的政策、法规和翔实的数据，使管理部门能够及时准确地掌握水土流失情况、水土保持和治理情况、治理项目实施情况，为治理工作提供可靠的信息支持。

4. 水土保持决策支持与规划设计

依据管理的需要灵活，提取相关数据，结合专家系统技术和会议演示手段为水土保持宏观决策、水土流失动态监测、治理效益评价分析、水土保持工作立项评估、项目规划和预测提供准确的信息和科学依据，为水土保持项目提供宏观的规划和施工设计。

5. 水土保持信息发布

系统将在完善动态监测网络系统、确保水保信息的规范性和权威性的基础上定期发布水土流失和水土保持的基本数据和信息，目的是扩大对外宣传，增强全民水保意识。

6. 办公自动化

系统将实现对纳入该系统中的各级水保管理部门的公文处理和传递电子化。使办公效率高效化、无纸化。

10.5.1.2 系统组成

省级水保监测网络信息系统由省级监测网络系统、地市级监测网络系统、县区监测网络系统三大部分组成。

10.5.1.3 系统组网方案

省级水土保持监测网络信息系统是国家水保持监测网的接入点，该网络不仅要收集、汇总全省各地市水土保持及防治的各种信息，而且还应在Intranet环境下，提供WWW、FTP、TELNET等服务。省水保局的行政结构为三级，根据其行政结构和业务特点，可将省水保监测网络设计为三层网络结构：省局网络中心、地市级网络及县区级网络。各网络节点在Windows 98、Windows 2000或Windows NT操作系统支持下，依赖网络的ORACLE数据库的海量数据服务功能，运行“水土保持监测网络信息系统”应用软件，完成各种系统设计的功能。数据库实行分级管理，即省网络中心管理县级网络以上各种水保数据，地市网络管理所辖区域乡镇以上各种水保数据，各（县）区管理行政村以上各种水保数据，也可通过网络远程检索、查询所需的分级管理数据。

10.5.1.4 系统功能

水土保持监测网络信息系统的功能主要有：管理区监测网点的监测信息和水土保持统计信息，向各级领导提供查询、演示，为水土保持规划与工程项目设计提供辅助设计和决策手段，通过联网的文件、档案管理改进各级业务部门的办公自动化水平，配合网络通信设施提供数据传输和远程通信能力，网上Web信息发布以改善水土保持工作的公众形象，提高国民的水土保持意识，与严密的网络管理制度相结合的系统维护功能。

1. 水土保持监测信息综合处理

水保监测信息综合处理系统是要完成对全省辖区内各不同水土流失分区的各监测站点的监测数据（包括GPS定位、测量、航拍照片、卫星遥感图像）的收集、解译、汇总、统计、查询及对重点监测数据的报警，使省、地、县水保业务部门中各职能部门及时、准确地掌握水保监测信息的动态与变化。

（1）监测数据汇总处理。省局网络中心系统按照定期或随时的约定接收由各地、市级监测网络系统发送来的水保监测信息（这些信息是由各基层区、县的水保监测站收集并经过地市级监测系统处理、汇总后的信息），并通过系统将所接收到的全省水保监测信息进行汇总与分类，形成水土保持重点治理区、预防保护区、重点监督区的监测信息数据库，为监测数据的统计分析、查询、报警以及各项水保业务所需的各种专题图、规划设计提供完整、准确可靠的信息源。

（2）监测数据统计、分析。系统可提供按行政区域、项目流域和某时段来进行水保监测数据的统计、分析工作，以形成满足各职能部门所需的各种报表和图形。同时系统还可以对行政区域、项目流域中不同时段的监测数据进行比较，从而得出项目实施过程中的治理效益或水土流失的变化态势等动态信息。

(3) 监测数据查询。系统提供按时间、项目、监测流域、监测类型等条件，对全省范围内的水保监测信息进行综合查询（包括属性数据的查询和可视化的空间数据查询），以满足各职能部门水保业的需求。

(4) 监测报警处理。系统可根据经验数据对监测内容设置报警数值，当监测数据越过报警数值时，系统将自动发布报警信息，以供领导及有关部门及时处理。

2. 项目管理

对水保项目的前期规划、审批、实施、验收及项目质量的动态数据进行管理，包括重点治理项目、重点小流域治理项目、示范区项目、监护区治理项目等。可以分年度、季度、月对项目实施情况进行统计、分析，对已完成工程计划的项目下拨后期施工款，对没有完成计划的项目做出相应处理，并对已验收项目完成归档和上报。

(1) 项目综合统计管理。项目综合统计管理的主要目的是对所有的水保项目建立项目档案，记录项目的类型、名称、编号、实施周期、负责部门、投资金额、项目进度状态、治理面积等信息，以便随时查阅项目基本情况，了解各项目的进展。

(2) 项目计划管理。项目计划管理的目的主要是对全省水保项目的总体发展规划、中长期规划和年度实施计划进行统一管理。从项目的规模、数量、投资额、实施计划、实施区域等方面进行计划的录制工作，并可对已制定的计划进行各种查询。

(3) 项目审批管理。项目审批管理是对拟定立项的项目进行审批管理。该模块为领导们提供对拟定项目进行批示、签署意见的功能，同时系统将自动记录审批单位、审批人、审批时间等信息。

(4) 项目实施动态管理。项目实施动态管理是对正在进行中的项目，从投资、项目治理情况等实施动态管理。

(5) 项目验收管理。由系统自动接收各水保项目的验收申请报告，由相关部门主管人员从系统中调阅该项目规划设计时规定的各种量化指标，如林田草应完成的治理面积、完成期限及效果等信息，组织验收工作，并将验收结果录入系统。

(6) 项目综合查询管理。系统提供对立项项目的项目名称、类型、完成情况、投资完成情况、所属地域、项目周期等主要信息进行各种查询，以便各级领导全面了解项目的基本情况、进展情况、投资情况、完成情况等。

3. 会议演示

建立一个以计算机来控制投影设备的会议室，与水保监测网络相连，可以从水保监测数据库中提取各种文字、数据、图片甚至视频信息，能够召开工作安排、汇报和讲座等会议。可以及时、准确地掌握这些水保信息的变化，为组织、管理、安排水土保持工作提供科学有效的手段。如果资金充足亦能够实现跨地区的视频会议。

(1) 水土保持监测信息分析。对系统内的各类水保监测数据进行汇总、统计，形成各种趋势图。利用趋势图形象地显示出水保监测信息的动态变化情况包括：社会环境情况、自然环境情况、侵蚀等级、水土流失情况、水土流失灾害情况、水土保持措施及质量动态变化情况、水土保持效益监测数据、气象水文数据等。

(2) 项目规划方案演示。提供对需要立项的水保治理项目从被治理区域的现状分析、治理手段、预期目标、效益分析、投资情况等方面，利用各种专题图、图像、表格、文字等手段进行综合演示，使与会者直观、全面地了解待治理项目实施的可能性和必要性；对已确定项目的方案进行技术论证和研讨，使与会者可以清楚、直观地了解到项目治理前后的变化过程。

（3）项目治理完成情况演示。系统根据项目规划设计方案和目前治理情况，利用数据、文字、各种专题图、实拍图片、图像等对正在实施的水保治理项目的进度进行对比汇报、演示，从而调整项目的实施进度、投资比例、完成周期，实现对项目的科学化管理。

（4）各种图片、图像演示。系统支持 MAPINFO 或 ARCINFO、POWERPOINT、AUTOCAD、遥感解译图形等辅助软件提供的图片的动态演示，实现对实拍数字照片、影像等图像的播放。

4. 监督、执法管理

（1）开发建设项目管理。水保业务部门依据水土保持的法律、法规等对在生产建设活动中产生（或可能产生）的水土流失进行全过程的监督管理。包括“水土保持申报表”的录入、查询、打印；对申报单位（个人）逐个登记，提供查询、打印功能；录入“水土保持方案报告书（表）”审批专家组信息及评审意见，录入颁发“水土保持方案合格证”的记录和两费征缴记录；录入监督检查意见及年检记录；录入“水土保持设施竣工验收报告书”和检验数据、验收意见及颁发“水土保持设施验收合格证”的记录等，并提供查询、打印功能。

（2）水土保持执法管理。执法过程包括录入受理的案件，是否立案的理由及审查是否立案的时间、审查人员等信息；对确定立案的案件要录入“立案报告表”；立案后进行全面调查过程中要录入现场勘验笔录、调查笔录、调查报告书；录入案件处理的执法文书及其送达信息；录入复议案件的行政复议决定书和行政执行申请书；以及结案的结案报告书，并提供统计和查询。

（3）编制水土保持治理方案资格管理。设计单位向省水保局提交领取“编制开发建设项目水土保持方案资格证书”的书面申请，省水保局根据《编制开发建设项目水土保持方案资格证书管理办法》对各申报单位进行审查，对符合发证条件的单位在文件批复后颁发相应等级的“编制开发建设项目水土保持方案资格证书”。对全省水保方案审批专家、全省水保方案编制人才、水保方案编制资格证持证单位进行查询、统计。

5. 规划辅助设计

（1）小流域综合治理规划辅助设计。根据中华人民共和国国家标准《水土保持综合治理规划通则》（GB/T 15772—1995），结合本地区水土保持工作的实际使用需要，应用系统利用 GIS 作为用户操作平台，以勘测、调绘（包括 GPS 测量）地块（图斑）的属性、图形数据为基础单元，以行政村的水土保持治理调查、勘测数据为骨干，经过统计、分析、计算、图形处理，人机交互确定规划判定准则，直观可视地做出小流域水土保持综合治理规划。同时可借助网络功能便捷地上报和检索。

（2）工程辅助设计。按照有关水土保持工程设计技术规范和积累的工程设计、施工经验总结成为设计模型，在用 GPS 或其他方式测量、定位地理信息后，用户能人机交互完成工程设计，并通过一体化的数据库管理实现工程用图的计算机辅助绘制。同时可借助网络功能便捷地上报和检索。

6. 数据传输与通信模块

数据传输与通信模块用于在省网络监测中心与国家、省其他厅局及地市级水保监测系统之间传输各种数据，包括公文、项目规划方案、各种水保监测数据、水保治理信息、各种统计报表等，它们可以是文字或图形、图像信息等形式。在传输过程中系统自动实现网络连接，对数据进行分类打包、校验、压缩、解压等，传输完成后，自动断开连接，整个过程操作简单明了。系统可实现下面数据的传输，包括：公文，项目规划设计方案、水保监测信息、图形、图像、水保治理信息、各种统计报表等。

此外还有基于Web信息发布与查询、办公自动化、系统维护与档案管理等功能与模块。

10.5.2 水土保持动态监测信息子系统

水土保持动态监测信息子系统（dynamical monitoring information system fcr soil and water conservation）是在地理信息系统（GIS）支持下，利用遥感、遥测信息，定位、定量、动态地监测和分析区域水土保持及其资源环境的变化规律。动态监测的关键是对流域空间数据库的实时动态更新以及对自然景观变化的动态监测，动态监测信息系统是对区域各观测年份各因子进行采集、存储、管理、分析、检测随时间的动态变化，并采用系统分析模型探索小流域动态变化规律，且为水土保持治理决策服务的计算机软件系统，对水土流失治理有重要意义。

10.5.2.1 监测方法及其程序

监测系统是建立在一定的硬件设备和软件系统下的。系统建立包括以下几方面的技术指标。

1. 监测范围

指地域范围和空间范围。

2. 监测指标的更新周期

一般以1年为1个周期，不同年份的监测数据存入不同的文件中，多年监测数据形成动态序列。

3. 监测点网的布设

选择有代表性、均匀分布的地点作为野外监测点，同时考虑建站的地质、气候等条件及投资的可行性。

4. 网络系统的建立

为使观测自动化、数据传输自动化、加快速度，应建立监测网络系统。

监测区域生态经济和社会系统的基本方法包括田间实验、室内分析、野外观测、遥感影像解译、调查访问和查阅资料。监测的任务是记录、收集资料，并根据监测结果对某些因子的变化规律作定量预报，以描述该因子反映的区域发展趋势和可能结果。

10.5.2.2 监测系统设计

监测网络系统包括硬件设备和处理软件，现代计算机网络为流域动态监测提供了自动化监测的可行方案。图 10－2 为流域动态监测系统的典型配置图。

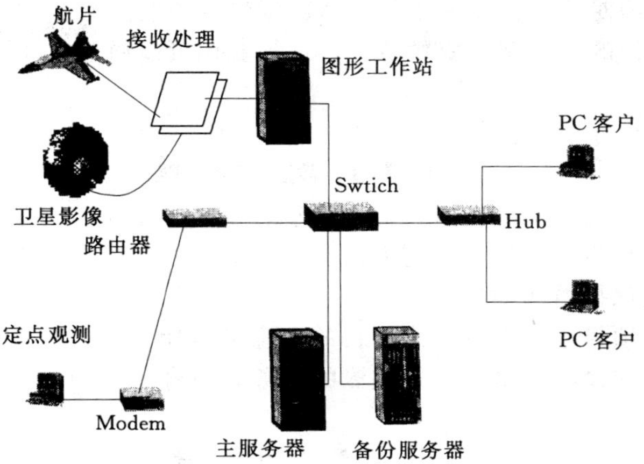

图 10－2 流域动态监测系统典型配置图

10.5.2.3 监测系统基本功能

监测是利用基础年份的数据与监测年份的数据进行对比，分析监测指标的变化情况。指标的获取可以通过基础信息管理子系统中的 RS、GPS 手段，变化规律明显的指标可以通过模型来计算。监测系统的结构如图 10－3 所示。

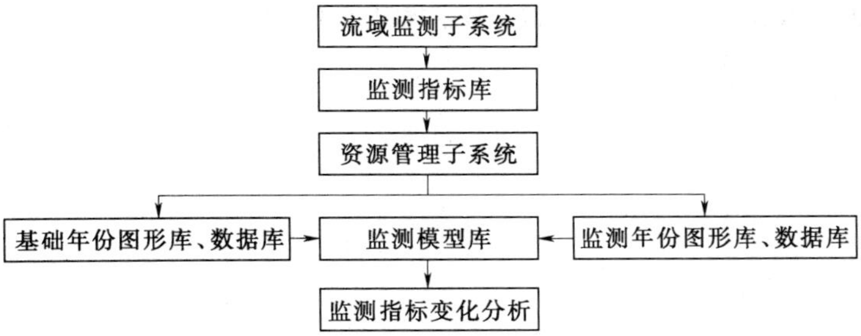

图 10－3 动态监测系统结构

1．监测指标库

根据监测的需要建立监测指标库，每项监测指标以关键字与基础信息库连接，当选定某项监测指标后，系统便打开与之相关的图形库与属性库。

2．基础年份图形与属性库

系统默认状态下是指上一年度的基本资料。如果需要每年进行对比，则人为指定自系统始建年份以后的任何一年，如果只监测当年情况，则直接指向监测年数据。

3．监测年份图形与属性库

指监测当年的数据，借助基础信息管理子系统进行数据处理与整编。

4．监测模型库

模型库包括人口预测模型、统计模型、灰色关联分析模型、层次分析模型、主成分分析模型、土壤侵蚀模型等，用户根据监测的对象自由选择模型。

5. 监测指标变化分析

利用监测模型对比分析监测年份与基础年份各项监测指标的变化情况，通过多年分析得到各项指标的时间序列变化情况，这种变化可以通过曲线图、直方图等形式表示出来。

复习思考题

1. 简述水土保持监测的内容与方法。
2. 试述水土保持监测的原则。
3. 开发建设项目水土保持监测的目的和意义是什么？
4. 简述开发建设项目水土保持监测的任务和内容。

参考文献

[1] 关君蔚. 水土保持原理. 北京：中国林业出版社，1995.
[2] 王礼先. 水土保持学. 北京：中国林业出版社，1997.
[3] 王礼先. 水土保持工程学. 北京：中国林业出版社，2000.
[4] 刘震. 水土保持监测技术. 北京：中国大地出版社，2004.
[5] 焦居仁. 水土保持生态建设法规与标准汇编. 北京：中国标准出版社，2001.
[6] 中华人民共和国水利部. 水土保持监测技术规程（SL 277—2002). 2002.

附录 1

开发建设项目水土保持监测特性表

填表时间：　年　月

<table>
<tr><td colspan="5">建设项目主体工程主要技术指标</td></tr>
<tr><td>项目名称</td><td colspan="4"></td></tr>
<tr><td rowspan="7">建设规模</td><td rowspan="7">主体工程主要特性</td><td>建设单位全称</td><td colspan="2"></td></tr>
<tr><td>建设地点</td><td colspan="2">工程所在省、市、县</td></tr>
<tr><td>工程等级</td><td colspan="2">主体工程的等级</td></tr>
<tr><td>所在流域</td><td colspan="2">按七大流域及某级支流填写</td></tr>
<tr><td>工程总投资</td><td colspan="2">如为静态投资需予注明</td></tr>
<tr><td>工程总工期</td><td colspan="2">年　月　日</td></tr>
<tr><td>项目建设区</td><td colspan="2">项目征地租地占地和土地使用管辖范围</td></tr>
<tr><td colspan="5">建设项目水土保持工程主要技术指标</td></tr>
<tr><td>自然地理类型</td><td>地形地貌、气候类型、植被类型</td><td>“三区”公告</td><td colspan="2">项目所属“三区”</td></tr>
<tr><td>水土流失预测总量</td><td>责任范围内不采取水土保持措施时，可能造成的水土流失总量</td><td>方案目标值</td><td colspan="2">经治理后项目区达到的侵蚀模数</td></tr>
<tr><td>防治责任范围面积</td><td>项目建设区＋直接影响区面积</td><td>水土流失容许值</td><td colspan="2">对应地貌类型区容许的侵蚀模数</td></tr>
<tr><td>项目建设区面积</td><td>项目征地租地占地＋土地使用管辖范围</td><td>主要防治措施</td><td colspan="2">水土保持工程措施和植物措施的主要类型及其工程量</td></tr>
<tr><td>直接影响区面积</td><td>项目建设区外，因开发建设活动而造成水土流失及其直接危害的范围</td><td>弃渣场取料场工程</td><td colspan="2">渣场料场座数、占地面积、取料量和弃渣量、采用水土保持措施及其数量</td></tr>
<tr><td>水土流失背景值</td><td>项目区土壤侵蚀模数</td><td>水土保持工程投资</td><td colspan="2"></td></tr>
<tr><td colspan="5">水土保持监测主要技术指标</td></tr>
<tr><td>监测单位全称</td><td colspan="4"></td></tr>
<tr><td rowspan="5">监测内容</td><td>监　测　指　标</td><td>监测方法（设施）</td><td>监　测　指　标</td><td>监测方法（设施）</td></tr>
<tr><td>1.</td><td></td><td>5.</td><td></td></tr>
<tr><td>2.</td><td></td><td>6.</td><td></td></tr>
<tr><td>3.</td><td></td><td>7.</td><td></td></tr>
<tr><td>4.</td><td></td><td>…</td><td></td></tr>
</table>

续表

<table>
<tr><td rowspan="9">监测结论</td><td rowspan="7">防治效果</td><td>分类分级指标</td><td>目标值（%）</td><td>达到值（%）</td><td colspan="8">监测数量 hm²</td></tr>
<tr><td>扰动土地整治率</td><td></td><td></td><td>措施面积</td><td></td><td>永久建筑物面积</td><td></td><td>水面面积</td><td></td><td>扰动地表面积</td><td></td></tr>
<tr><td>水土流失治理度</td><td></td><td></td><td colspan="2">方案目标值</td><td colspan="2"></td><td colspan="2">项目区容许值</td><td colspan="2"></td></tr>
<tr><td>土壤流失控制比</td><td></td><td></td><td colspan="2">措施面积</td><td colspan="2"></td><td colspan="2">水土流失面积</td><td colspan="2"></td></tr>
<tr><td>拦 渣 率</td><td></td><td></td><td colspan="2">实际拦渣量</td><td colspan="2"></td><td colspan="2">总弃渣量</td><td colspan="2"></td></tr>
<tr><td>植被恢复系数</td><td></td><td></td><td colspan="2">植物措施面积</td><td colspan="2"></td><td colspan="2">可绿化面积</td><td colspan="2"></td></tr>
<tr><td>林草覆盖率</td><td></td><td></td><td colspan="2">林草总面积</td><td colspan="2"></td><td colspan="2">责任范围面积</td><td colspan="2"></td></tr>
<tr><td colspan="2">水土保持治理达标评价</td><td colspan="10">按照有关文件的规定标准，分析水土流失防治措施数量与质量，评价其达到规定标准的程度（达标情况）</td></tr>
<tr><td colspan="2">总体结论</td><td colspan="10">用简洁的文字从总体上对开发建设项目水土流失防治效果作出初步结论</td></tr>
<tr><td colspan="2">主要建议</td><td colspan="11">水土保持监测报告中建议内容的摘要</td></tr>
</table>

附录 2

水土保持监测报告提纲

综合说明
1　编制依据
1.1　法律法规
1.2　规范性文件
1.3　技术标准
1.4　技术资料及其批复文件
1.5　技术服务合同
2　建设项目及项目区概况
2.1　开发建设项目概况
2.2　项目区自然和社会经济概况
2.3　开发建设项目水土流失防治措施体系
3　水土保持监测布局
3.1　监测指导思想、原则和目标
3.2　监测范围及其分区
3.3　监测重点地段、重点对象与监测点布局
3.4　监测时段与工作进度
4　监测内容和方法
4.1　不同时段监测内容
4.2　各监测分区监测内容与监测点监测指标
5　监测结果与分析
6　结论与建议
6.1　结论
6.1.1　水土保持措施分类分级评价
6.1.2　水土保持治理达标评价
6.2　建议
监测数据附表
附图